庐山森林动态样地
树种及其分布格局

Lushan Forest Dynamics Plot:
Tree Species and Their Spatial Distribution

周赛霞 张佳鑫 王静轩 向泽宇 万慧霖 张昭臣 习 丹 | **主 编**
彭焱松 梁同军 唐忠炳 胡余楠 | **副主编**

Chief Editors: Zhou Saixia, Zhang Jiaxin, Wang Jingxuan, Xiang Zeyu,
Wan Huilin, Zhang Zhaochen, Xi Dan
Assistant Editors: Peng Yansong, Liang Tongjun, Tang Zhongbing, Hu Yunan

中国林业出版社
China Forestry Publishing House

图书在版编目（CIP）数据

庐山森林动态样地：树种及其分布格局 / 周赛霞等主编.

-- 北京：中国林业出版社, 2024. 12.

-- ISBN 978-7-5219-3095-5

Ⅰ. S718.3

中国国家版本馆CIP数据核字第2025UZ0766号

策划编辑：李　敏
责任编辑：王美琪
封面设计：北京美光制版有限公司

———————————————

出版发行：中国林业出版社
　　　　　（100009，北京市西城区刘海胡同7号，电话010-83143575）
电子邮箱：cfphzbs@163.com
网　　址：https://www.cfph.net
印　　刷：河北鑫汇壹印刷有限公司
版　　次：2024年12月第1版
印　　次：2024年12月第1次印刷
开　　本：889mm×1194mm　1/16
印　　张：12.5
字　　数：288千字
定　　价：128.00元

　　落叶阔叶林是我国北亚热带和中亚热带山地的地带性森林植被类型之一，江西的落叶阔叶林主要分布在赣北的庐山、赣西北的幕阜山和九岭山、赣西的武功山、赣东北的怀玉山和武夷山的中山地带。江西的落叶阔叶林区系成分比较复杂，种类也比较多，郁闭度一般在0.7~0.8，立木层一般有2~3个亚层，主要建群植物有：落叶的壳斗科栎属、栗属，胡桃科的化香树属，安息香科的拟赤杨属等一些落叶阔叶树种。江西的落叶阔叶林下限与常绿阔叶林相衔接，上限则与山地针叶林相衔接，生境特征为温度低，湿度大，雨量多，日照少，常年有云雾笼罩，土壤主要为砂页岩发育形成的山地黄棕壤。

　　江西庐山具有典型的亚热带森林生态系统及丰富的自然历史遗迹，也是中国东部植物区

系组成上重要的交汇点，其植被处于中亚热带常绿阔叶林带与北亚热带落叶阔叶林带的交汇区。庐山紧靠北亚热带和暖温带，分布有地带性的亚热带落叶阔叶林，植被丰富多样，具有过渡性，与暖温带的落叶阔叶林在结构上相比也更复杂，使其具有重要的生物多样性保护价值。庐山是开展亚热带山地森林群落动态研究的理想"实验室"，也是退化亚热带山地森林生态系统恢复与重建研究的珍贵天然参照系统。研究该区森林生态系统生物多样性的动态和维持机制，发挥好区域生态优势，对于建设长江大保护中游流域生态屏障，推进生态文明建设，实现区域绿色高质量发展具有重要作用。

江西省、中国科学院庐山植物园（简称"庐山植物园"）根据学科建设发展需求，结合自身科研优势，着眼于未来区域生态文明建设规划，同庐山国家级自然保护区管理局沟通协商，于2019—2021年牵头完成建立了庐山亚热带落叶阔叶林25hm^{2}森林监测大样地。样地高差达234m（海拔940～1174m），平均坡度达30°，有11万多株、48科89属171种胸径≥1cm的木本植物[主要为蔷薇科（Rosaceae）、樟科（Lauraceae）、荚蒾科（Viburnaceae）、壳斗科（Fagaceae）]，样地地形十分复杂，物种十分丰富，完成该样地的建设和持续监测离不开许多人的坚持和付出。

样地的建设和选址在华东师范大学王希华教授、张健教授，以及中国科学院植物研究所米湘成副研究员的指导下得以启动。除本书的作者外，参与样地建设或调查的还有东华理工大学、江西农业大学、江西中医药大学、华中农业大学、南京农业大学等高校的多名实习学生。同时，样地的建设和野外调查还得到了庐山植物园主任黄宏文研究员、党委书记魏宗贤研究员、庐山植物园詹选怀研究员、张乐华研究员等领导亲临指导和大力支持，江西农业大学原副校长杜天真教授、江西省林业局生态文明办郭英荣主任等领导也进行了现场调研和指导。

令人欣慰的是，《庐山森林动态样地——树种及其分布格局》一书已经编写完成，即将付梓面世。该书将会成为读者了解庐山生物资源和生态环境的重要文献，也是森林生态系统恢复、生物多样性保护、森林经营管理等相关人员、基层工作者和相关专业师生的重要参考资料。该书对国家生态文明建设、地方生态环境保护、社会经济的可持续发展和教育科研等具有重要意义。

在此，向中国林业出版社在本书出版过程中提供的支持和帮助表示感谢。由于时间仓促，加之编者水平有限，书中疏漏之处在所难免，敬请读者不吝赐教。

编　者

2024年8月

The deciduous broad-leaved forest is one of the zonal forest vegetation types in the subtropical mountains of northern and central China. In Jiangxi Province, deciduous broad-leaved forests are mainly distributed on Lushan in northern Jiangxi, Mufu Mountain and Jiuling Mountain in northwestern Jiangxi, Wugong Mountain in western Jiangxi, and Huaiyu Mountain and Wuyi Mountain in northeastern Jiangxi. The floristic composition of deciduous broad-leaved forests in Jiangxi is relatively complex, with a diverse range of species. The canopy density is generally around 0.7 to 0.8, and the standing tree layer typically consists of 2 to 3 sub-layers. The main constructive

species include deciduous broad-leaved *Quercus* and *Castanea* from the Fagaceae family, *Platycarya* from the Juglandaceae family, and *Alniphyllum* from the Styracaceae family. The lower limit of deciduous broad-leaved forests in Jiangxi adjoins evergreen broad-leaved forests, while the upper limit connects to mountain coniferous forests. The habitat features low temperature, high humidity, abundant rainfall and less sunshine, and is often shrouded in clouds and fog throughout the year. The soil is mainly yellow-brown soil formed by sandstone and shale.

Lushan in Jiangxi Province has a typical subtropical forest ecosystem and rich natural-historical relics. It serves as a crucial intersection in the floristic composition of eastern China's plant regions. Located at the convergence of the mid-subtropical evergreen broad-leaved forest zone and the northern subtropical deciduous broad-leaved forest zone, the reserve boasts unique transitional vegetation.

Lushan is adjacent to the north-subtropical and warm-temperate zones. Zonal subtropical deciduous broad-leaved forests are distributed here. The vegetation is rich and diverse, showing a transitional nature. Compared with the deciduous broad-leaved forests in the warm-temperate zone, they have a more complex structure, endowing Lushan with significant value for biodiversity conservation. Lushan serves as an ideal "laboratory" for studying the dynamics of subtropical montane forest communities. It is also a precious natural reference system for the research on the restoration and reconstruction of degraded subtropical montane forest ecosystems. Studying the dynamics and maintenance mechanisms of biodiversity in the forest ecosystems of this region and giving full play to the regional ecological advantages play a crucial role in building an ecological barrier in the middle reaches of the Yangtze River Basin, promoting ecological civilization construction, and achieving high-quality green development in the region.

Lushan Botanical Garden, Jiangxi Province and Chinese Academy of Sciences, leveraging their respective research strengths and aligning with the needs of academic development, have proactively collaborated with the Lushan National Nature Reserve Administration in planning for future regional ecological civilization construction. From 2019 to 2021, they spearheaded the establishment of a 25-hectare forest monitoring plot within the subtropical deciduous broad-leaved forest of Lushan mountain. This plot, characterized by a substantial elevation difference of 234 meters (ranging from 940 to 1174 meters above sea level) and an average slope of 30 degrees, showcases an exceptional level of topographical complexity.

Boasting a diverse array of over 110,000 woody plant individuals belonging to 171 species, 89 genera, and 48 families with a minimum diameter at breast height (DBH) of 1 centimeter, the plot is particularly rich in species from families such as Rosaceae, Lauraceae, Viburnaceae, and Fagaceae, among others. The successful establishment and ongoing monitoring of this plot, amidst its intricate terrain and unparalleled biodiversity, are a testament to the dedication and relentless efforts of numerous contributors.

The construction and site selection of Lushan plot were initiated under the insightful guidance of Prof. Wang Xihua and Prof. Zhang Jian from East China Normal University, along with Associate Professor Mi Xiangcheng from the Institute of Botany, Chinese Academy of Sciences. Besides the authors of this book, numerous intern students from East China University of Technology, Jiangxi Agricultural University, Jiangxi University of Traditional Chinese Medicine, Huazhong Agricultural University, and Nanjing Agricultural University also contributed to the construction and field surveys. Moreover, we received the leadership and invaluable support from Director Huang Hongwen, Party secretary Wei Zongxian, Prof. Zhan Xuanhuai, Prof. Zhang Lehua and other leaders of Lushan Botanical Garden. In addition, we benefited from the on-site guidance from esteemed leaders like Prof. Du Tianzhen, former Vice-President of Jiangxi Agricultural University, and Director Guo Yingrong from the Ecological Civilization Office of Jiangxi Provincial Forestry Administration.

It is heartening to announce that the book *Lushan Forest Dynamics Plot: Tree Species and Their Distribution Patterns* has been completed and is poised for publication. This work will serve as a vital resource for readers seeking to understand the biological resources and ecological environment of Lushan. It will also be an indispensable reference for professionals, grassroots workers, and students engaged in forest ecosystem restoration, biodiversity conservation, forest management, and other related fields. The book holds significant implications for national ecological civilization construction, local environmental protection, sustainable socio-economic development, and educational research.

We extend our profound gratitude to China Forestry Publishing House for their support and assistance throughout the publication process. Limited by time and knowledge, the omissions in the book are inevitable. We kindly invite readers to report them and offer us advice.

All Editors

August 2024

目 录
CONTENTS

1

庐山自然地理与植被

Introduction to Lushan Natural Geography and Vegetation

庐山位于江西省九江市东南部（29°26′～29°41′N、115°52′～116°08′E），北临长江、东望鄱阳湖，属于亚热带季风气候区，气候温和湿润，年均气温11.4℃，年降水量1917mm，年均相对湿度78%，年均雾日191d，山地小气候特征显著。庐山山体多峭壁悬崖，自东北向西南延伸约25km，宽约15km，山体相对高度1200~1400m，生物资源丰富，森林覆盖率达76.6%。庐山土壤垂直结构类型为：山麓至山顶依次分布红壤和黄壤（海拔400m以下）、山地黄壤（海拔400~800m）、山地黄棕壤（海拔800~1200m）、山地棕壤（海拔1200m以上）。

庐山植被覆盖率高，植被类型多样，具有暖温带落叶阔叶林向亚热常绿阔叶林过渡特点。按照《中国植被》的植被分类系统，庐山的植被类型可分为5个植被型组13个植被型82个群系。常绿阔叶林主要分布于海拔700m以下的山地，优势科有壳斗科（Fagaceae）、

樟科（Lauraceae）、山茶科（Theaceae）、金缕梅科（Hamamelidaceae）、木兰科（Magnoliaceae）等科的植物种类，常见的有石栎（*Lithocarpus glaber*）、细叶青冈（*Quercus shennongii*）、苦槠（*Castanopsis sclerophylla*）、樟（*Camphora officinarum*）等。常绿落叶阔叶混交林主要分布于海拔600~1000m。乔木层中优势种不明显，俗称"杂木林"。构成群落的常绿树种主要有细叶青冈、青冈（*Quercus glauca*）、甜槠（*Castanopsis eyrei*）、石栎、白楠（*Phoebe neurantha*）等，还有少量针叶树和毛竹。落叶树种主要有锥栗（*Castanea henryi*）、枹栎（*Quercus serrata*）、青榨槭（*Acer davidii*）、枫香（*Liquidambar formosana*）、小叶白辛树（*Pterostyrax corymbosus*）等。落叶阔叶林在庐山分布较广，海拔1300m以下都有分布，主要集中在海拔1000~1200m。主要建群种有锥栗、短柄枹、青榨槭、短毛椴（*Tilia chingiana*）、香果树（*Emmenopterys henryi*）、瘿椒树（*Tapiscia sinensis*）等。

Lushan is located in the southeastern part of Jiujiang, Jiangxi Province (29° 26′ – 29° 41′ N, 115° 52′ – 116° 08′ E), with the Yangtze River to the north and Poyang Lake to the east. It belongs to the subtropical monsoon climate zone, featuring a mild and humid climate, with an annual average temperature of 11.4℃, an annual precipitation of 1917 mm, an annual average relative humidity of 78%, and 191 foggy days per year. The mountain's microclimate characteristics are pronounced. Lushan is characterized by numerous cliffs and precipices, stretching approximately 25 km from northeast to southwest and about 15 km wide. The relative height of the mountain ranges from 1200

to 1400 m, boasting rich biological resources and a forest coverage rate of 76.6%. The vertical soil structure of Lushan is distributed in the following order from the foothill to the top: red soil and yellow soil (below 400 m above sea level), mountainous yellow soil (400–800 m above sea level), mountainous yellow-brown soil (800–1200 m above sea level), and mountainous brown soil (above 1200 m above sea level).

Lushan boasts rich and diverse vegetation, transitioning from warm-temperate deciduous broad-leaved forests to subtropical evergreen broad-leaved forests. According to the vegetation classification system of "Vegetation of China", Lushan's vegetation is categorized into 5 vegetation type groups, 13 vegetation types, and 82 alliances. Evergreen broad-leaved forests dominate below 700 m, featuring Fagaceae, Lauraceae, Theaceae, Hamamelidaceae, Magnoliaceae, with common species like *Lithocarpus glaber*, *Quercus shennongii*, *Castanopsis sclerophylla*, and *Camphora officinarum*. Mixed evergreen and deciduous broad-leaved forests thrive at 600–1000 m, characterized by a variety of trees, known as "mixed forests", including *Quercus shennongii*, *Quercus glauca*, *Castanopsis eyrei*, *Phoebe neurantha*, along with some conifers and bamboo. Deciduous species include *Castanea henryi*, *Quercus serrata*, *Acer davidii*, *Liquidambar formosana*, and *Pterostyrax corymbosus*. Deciduous broad-leavde forests are widespread below 1300 m, concentrated at 1000–1200 m, dominated by *Castanea henryi*, *Quercus serrata* var. *brevipetiolata*, *Acer davidii*, *Tilia chingiana*, *Emmenopterys henryi*, and *Tapiscia sinensis*.

2

庐山落叶阔叶林
25hm²森林动态样地

The 25 hm² Lushan Deciduous Broad-leaved Forest Dynamics Plot

2.1 庐山样地建设及调查方法
Plot Establishment and Community Survey Methods

选取的25hm²森林监测样地位于庐山仰天坪附近，呈西北—东南走向，长宽各为500m，海拔940~1174m。于2021年参照CTFS（Center for Tropical Forest Science，热带森林科学研究中心）技术规范，建成庐山森林动态监测样地。具体建设流程为：用差分全球定位系统（GPS）将25hm²样地分成625个20m×20m的样方，在样方的端点处设立水泥桩，并计算样地内每个基点经纬度及海拔，再利用差分GPS将每个样方细分为4个10m×10m样方。在每株大于1.3m高的木本植物的1.3m处漆上红漆，作为胸径测量标志。在每株木本植物钉上不锈钢牌（或铝合金牌）加以编号。根据样地建立时所测资料，并配合GPS测量其经纬度和海拔高度，计算样地内每个基点的相对海拔高度，并绘制等高线地形图。

植物调查时，以20m×20m样方为单位，并将其区分成16个5m×5m的小样方。以5m×5m样方为木本植物测量单元，对样方内所有木本植物（起测高度1.3m，起测胸径1cm）进行每木调查，记录种名、树高、胸径（DBH）、样方内坐标、生长状况等基本数据，同时记录样方的海拔、坡度、坡向、植被盖度等环境因子。

In 2021, following the standards of CTFS (Center for Tropical Forest Science), the Lushan Forest Dynamics Plot was established, located near Yangtianping, running northwest-southeast, with a length and width of 500 m each, and an altitude ranging from 940 to 1174 m. The construction process involved dividing the 25 hm² plot into 625 20 m × 20 m quadrats using differential GPS, installing cement posts at the endpoints of each quadrat, calculating the latitude, longitude, and altitude of each

base point within the plot, and further subdividing each quadrat into four 10 m × 10 m sub-quadrats. Trees taller than 1.3 m were marked at 1.3 m height with red paint for DBH measurement and numbered with stainless-steel (or aluminum-alloy) tags. Based on initial measurements and GPS data, the relative altitude of each base point was calculated, and a contour map was drawn.

During the surveys, the 20 m × 20 m quadrats were further divided into 16 5 m × 5 m sub-quadrats. Each 5 m × 5 m sub-quadrat served as the measurement unit for woody plants, wherein all woody plants (with a minimum height of 1.3 m and DBH of 1 cm) were surveyed, and their species name, tree height, DBH, coordinates within the sub-quadrat, growth status, and other basic data were recorded. Environmental factors such as altitude, slope, aspect, and vegetation coverage of the sub-quadrat were also recorded.

2.2 物种组成与群落结构
Species Composition and Community Structure

庐山样地地处中—北亚热带过渡带，所含森林类型众多，从中亚热带常绿阔叶林到亚热带中山落叶与常绿阔叶混交林和针叶林。庐山样地属于典型的山地落叶阔叶林，植物以泛热带分布科（72.92%）和北温带分布属（62.37%）占优势，样地内DBH≥1cm的木本植物独立个体有110244株，隶属于48科93属199种。其中，稀有种有81种，占总树种的40.7%，落叶树种有160种，占总树种的80.4%，在样地内占绝对优势。重要值≥1的物种共有30个，分别占样地总个体数和总胸高断面积的70.35%和57.41%，重要值最大的物种分别是乔木层的黄山松（*Pinus hwangshanensis*）、亚乔木层的四照花（*Cornus kousa* subsp. *chinensis*）和灌木层的杜鹃（*Rhododendron simsii*）。样地内树种整体径级分布呈倒"J"形，呈现出明显的优势种少、但稀有种物种数多的格局；优势种次生性较强且具有明显垂直分布特征，符合庐山整体植被特点。

The Lushan plot, situated in the transitional zone between the mid-subtropical and north-subtropical regions, hosts a diverse range of forest types, from the mid-subtropical evergreen broad-leaved forest to the subtropical montane mixed deciduous and evergreen broad-leaved forest, as well as coniferous forests. Characterized as a typical montane deciduous broad-leaved forest, the plot is dominated by pantropical families (72.92%) and north temperate genera (62.37%) of plants. Within the plot, there are 110244 individual woody plants with a DBH (diameter at breast height) of ≥1 cm, belonging to 199 species from 93 genera in 48 families. Notably, 81 species are rare, accounting for 40.7% of the total tree species, while deciduous tree species dominate in number with 160 species, constituting 80.4% of the total.

A total of 30 species have an importance value (IV) of ≥1, contributing 70.35% and 57.41% respectively to the total number of individuals and the total basal area of the plot. The species with the highest importance values are *Pinus taiwanensis* in the canopy layer, *Cornus kousa* subsp. *chinensis* in the understory layer, and *Rhododendron simsii* in the shrub layer. The overall diameter class distribution of tree species in the plot exhibits an inverse "J" shape, indicating a pattern of few dominant species but numerous rare species. The dominant species exhibit strong secondary succession characteristics and distinct vertical distribution patterns, which is in line with the overall vegetation characteristics of Lushan.

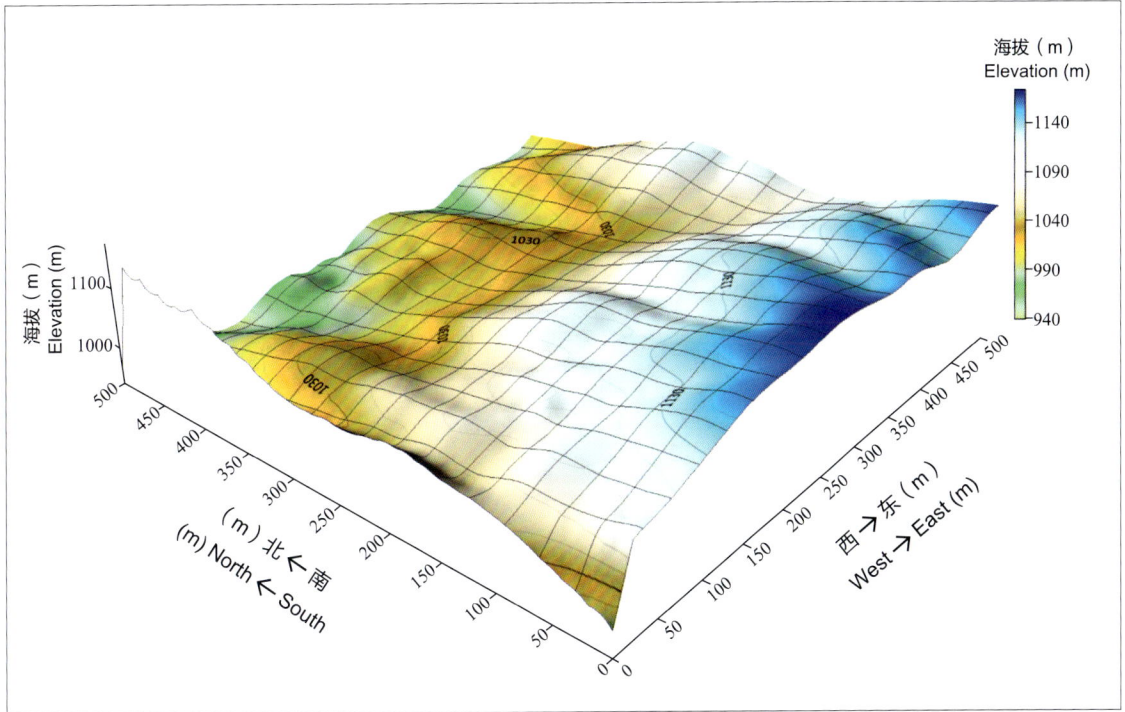

庐山 25hm² 样地地形
Topography of the 25 hm² Lushan plot

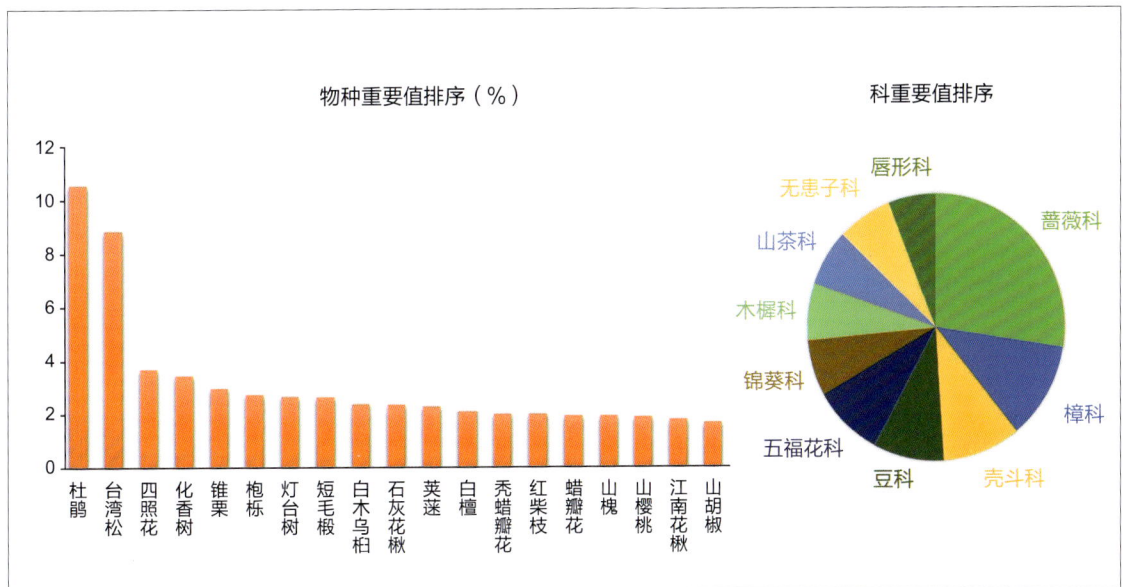

庐山样地树种科种重要值
Importance values of tree species and families in the Lushan plot

2.3 树种多度、重要值及胸径分级说明
Abundance, Importance Values, and DBH Classification of Tree Species

（1）树种多度只计主干；重要值=（相对高度+相对胸径+相对多度）/3。

（2）胸径分级标准（单位：cm，上限排除法）：

乔木层[1.0，2.5)，[2.5，5.0)，[5.0，10.0)，[10.0，25.0)，[25.0，50.0)，[50.0，100.0)，[100.0，+∞)；

亚乔木层[1.0，2.5)，[2.5，5.0)，[5.0，8.0)，[8.0，11.0)，[11.0，15.0)，[15.0，20.0)，[20.0，+∞)；

灌木层[1.0，2.0)，[2.0，3.0)，[3.0，4.0)，[4.0，5.0)，[5.0，7.0)，[7.0，10.0)，[10.0，+∞)。

(1) Only main trunks were counted for abundance; importance value=(relative height+relative diameter+relative abundance)/3。

(2) DBH classification criteria (unit: cm, upper limit method):

Tree layer [1.0, 2.5), [2.5, 5.0), [5.0, 10.0), [10.0, 25.0), [25.0, 50.0), [50.0, 100.0), [100.0, +∞);

Sub-tree layer [1.0, 2.5), [2.5, 5.0), [5.0, 8.0), [8.0, 11.0), [11.0, 15.0), [15.0, 20.0), [20.0, +∞);

Shrub layer [1.0, 2.0), [2.0, 3.0), [3.0, 4.0), [4.0, 5.0), [5.0, 7.0), [7.0, 10.0), [10.0, +∞).

2.4　物种排序说明
Explanations of Species Sorting

　　本书裸子植物依照克氏系统进行排序，被子植物依照APG IV 系统排序。APG IV系统基于被子植物系统发育研究成果，能更好地揭示物种的演化与进化关系，为国际上较为先进的被子植物分类系统。

The gymnosperms in this atlas are sorted according to the Christenhusz system, while the angiosperms are sorted according to the APG IV system. The APG IV system, based on the research achievements of angiosperm phylogeny, can better reveal the evolutionary and phylogenetic relationships of species and is an internationally advanced classification system for angiosperms.

3

树种及其分布格局

**Tree Species and Their
Distribution Patterns**

001 黄山松
Pinus hwangshanensis

松科 Pinaceae　松属 *Pinus*

代码（Sp.Code）：**PINTAI**

个体数（Individual number / 25hm²）：**3099**

最大胸径（Max DBH）：**65.8cm**

重要值排序（Important value rank）：**2/171**

常绿乔木。树皮深灰褐色，裂成不规则鳞状厚块片或薄片。针叶2针一束，稍硬直，长5~13cm，边缘有细锯齿，两面有气孔线；横切面半圆形。雄球花圆柱形。球果卵圆形，几无梗，向下弯垂；中部种鳞近矩圆形，鳞脐具短刺。花期4~5月，球果翌年10月成熟。

Evergreen trees. Bark dark grayish-brown, splitting into irregular scaly thick pieces or flakes. Needles 2-needle bundles, slightly rigid, 5–13 cm, margins finely serrate, with blowhole lines on both sides; cross-sections semicircular. Male strobili cylindrical. Strobiles ovate, nearly sessile, downward bending; middle seed scales nearly rectangular-circle, umbilicus squamae with short punctures. Fl. Apr.–May, strobiles mature in Oct. of the second year.

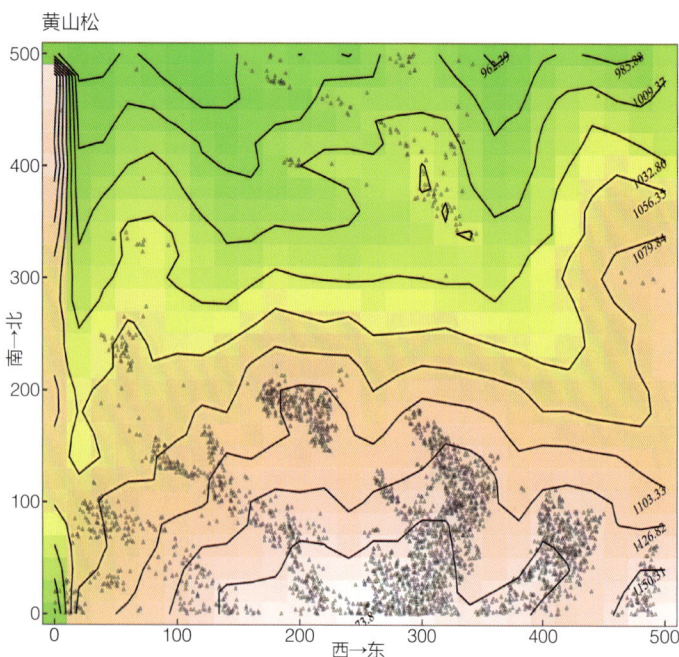
树干 / Trunk
摄影：王静轩 / Photo by: Wang Jingxuan

小枝 / Branchlets
摄影：王静轩 / Photo by: Wang Jingxuan

叶片 / Leaves
摄影：王静轩 / Photo by: Wang Jingxuan

个体分布图 / Distribution of individuals

径级分布表 / DBH class

径级区间 (Diameter class) (cm)	个体数 (No. of individuals)	比例 (Proportion) (%)
1.0~2.5	15	0.5
2.5~5.0	21	0.7
5.0~10.0	32	1.0
10.0~25.0	1831	59.1
25.0~50.0	1192	38.4
50.0~100.0	8	0.3
≥ 100.0	0	0.0

002 杉木
Cunninghamia lanceolata

柏科 Cupressaceae 杉木属 *Cunninghamia*

代码（Sp.Code）：**CUNLAN**

个体数（Individual number / 25hm²）：**15**

最大胸径（Max DBH）：**46.5cm**

重要值排序（Important value rank）：**112/171**

常绿乔木。树皮灰褐色，裂成长条片脱落，内皮淡红色。叶在主枝上辐射伸展，侧枝的叶基部扭转成二列状，披针形或条状披针形，通常微弯，呈镰状，革质，坚硬，长2~6cm，宽3~5mm，边缘有细缺齿。雄球花圆锥状。球果卵圆形；熟时苞鳞革质，向外反卷或不反卷。花期4月，球果10月下旬成熟。

Evergreen trees. Bark taupe, splitting and shedding into long strips, endothelium light red. Leaves radiate and extend on the main branch, leaf bases on lateral branches torsion into two rows, lanceolate or strip-shaped lanceolate, usually slightly bending, sickle-shape, leathery, vertical hard, 2–6 cm long, 3–5 mm wide, margins finely missing serrate. Male strobili conical. Strobiles ovate; bract scales leathery when mature, revolute outward or not revolute. Fl. Apr., strobiles mature in late Oct.

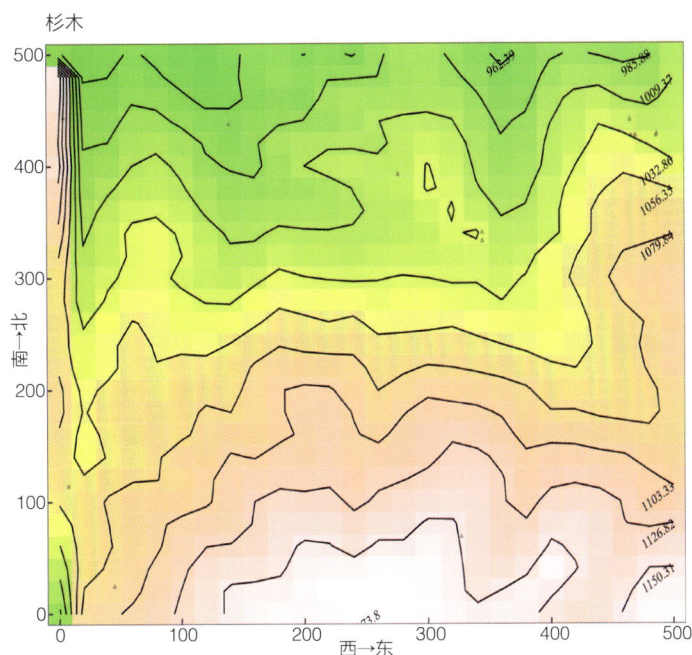

树干 / Trunk
摄影：王静轩 / Photo by: Wang Jingxuan

小枝和叶片 / Branchlets and leaves
摄影：王静轩 / Photo by: Wang Jingxuan

小枝和叶背 / Branchlets and leaf abaxial surfaces
摄影：王静轩 / Photo by: Wang Jingxuan

个体分布图 / Distribution of individuals

径级分布表 / DBH class

径级区间 (Diameter class) (cm)	个体数 (No. of individuals)	比例 (Proportion) (%)
1.0~2.5	1	6.7
2.5~5.0	1	6.7
5.0~10.0	3	20.0
10.0~25.0	8	53.3
25.0~50.0	2	13.3
50.0~100.0	0	0.0
≥ 100.0	0	0.0

003 三尖杉
Cephalotaxus fortunei

红豆杉科 Taxaceae　三尖杉属 *Cephalotaxus*

代码（Sp.Code）：**CEPFOR**

个体数（Individual number / 25hm²）：**220**

最大胸径（Max DBH）：**67.52cm**

重要值排序（Important value rank）：**58/171**

小乔木或乔木。树冠广圆形。叶排成二列，披针状条形，通常微弯，长4~13cm，上部渐窄，先端渐尖，基部楔形或宽楔形，上面中脉隆起，下面气孔带白色。种子椭圆状卵形或近圆球形，长约2.5cm，假种皮成熟时紫色或红紫色。花期4月，种子8~10月成熟。

Small trees or trees. Tree-crowns are broadly rounded. Leaves are arranged in two rows, lanceolate-strip-shaped, usually slightly bending, 4–13 cm long, gradually attenuating distally, apex acuminate, bases cuneate or broadly cuneate, adaxial midveins prominent, abaxial stomata white. Seeds are ellipsoid-ovoid or subrounded, about 2.5 cm in length, and the arils are purple or reddish-purple when mature. Fl. Apr., seeds mature from Aug.–Oct.

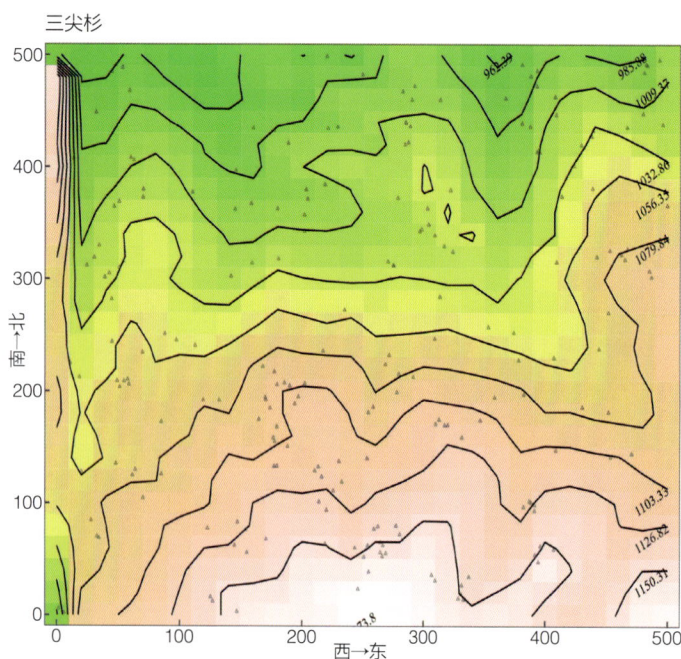

树干 / Trunk
摄影：王静轩 / Photo by: Wang Jingxuan

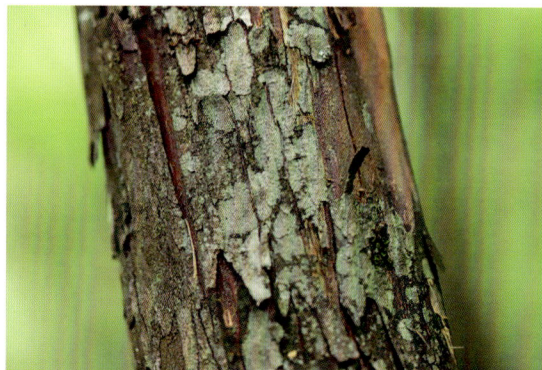

小枝和叶片 / Branchlets and leaves
摄影：王静轩 / Photo by: Wang Jingxuan

小枝和叶背 / Branchlets and leaf abaxial surfaces
摄影：王静轩 / Photo by: Wang Jingxuan

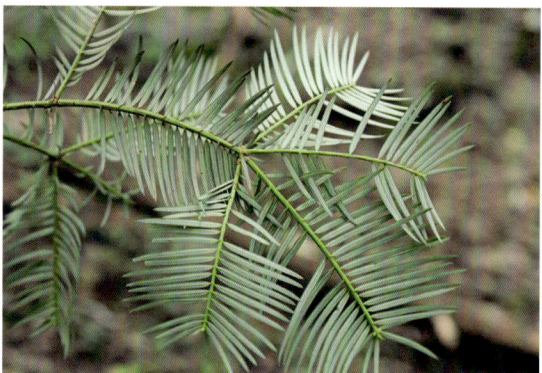

三尖杉

个体分布图 / Distribution of individuals

径级分布表 / DBH class

径级区间 (Diameter class) (cm)	个体数 (No. of individuals)	比例 (Proportion) (%)
1.0~2.5	137	62.3
2.5~5.0	76	34.5
5.0~8.0	5	2.2
8.0~11.0	0	0.0
11.0~15.0	1	0.5
15.0~20.0	0	0.0
≥ 20.0	1	0.5

004 玉兰
Yulania denudata

木兰科 Magnoliaceae　玉兰属 *Yulania*

代码（Sp.Code）：**YULDEN**

个体数（Individual number / 25hm²）：**105**

最大胸径（Max DBH）：**34.62cm**

重要值排序（Important value rank）：**73/171**

落叶乔木。冬芽及花梗密被淡灰黄色长绢毛。叶纸质，倒卵形，先端宽圆、平截或稍凹。花蕾卵圆形，花先叶开放；花被片9枚，白色，基部常带粉红色。聚合蓇葖果圆柱形。花期2~3月，果期8~9月。

Deciduous trees. Winter buds and pedicels are densely grayish-yellow long-sericeous. Leaves are papery, ovoid, with apexes broadly rounded, truncate or slightly concave. Buds are ovoid, and flowers appear before leaves; tepals are 9, white, with bases usually pinkish. Aggregate follicles cylindrical. Fl. Feb.–Mar., fr. Aug.–Sep.

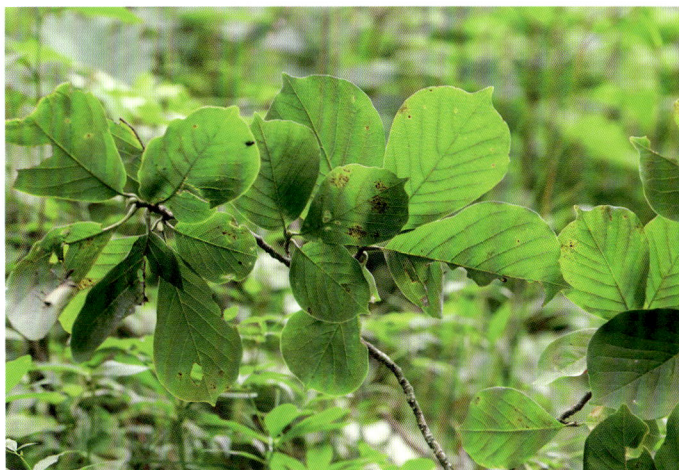
小枝和叶片 / Branchlets and leaves
摄影：王静轩 / Photo by: Wang Jingxuan

叶背 / Leaf abaxial surfaces
摄影：王静轩 / Photo by: Wang Jingxuan

树干 / Trunk
摄影：王静轩 / Photo by: Wang Jingxuan

径级分布表 / DBH class

径级区间 (Diameter class) (cm)	个体数 (No. of individuals)	比例 (Proportion) (%)
1.0~2.5	42	40.0
2.5~5.0	30	28.6
5.0~10.0	15	14.3
10.0~25.0	13	12.4
25.0~50.0	5	4.8
50.0~100.0	0	0.0
≥ 100.0	0	0.0

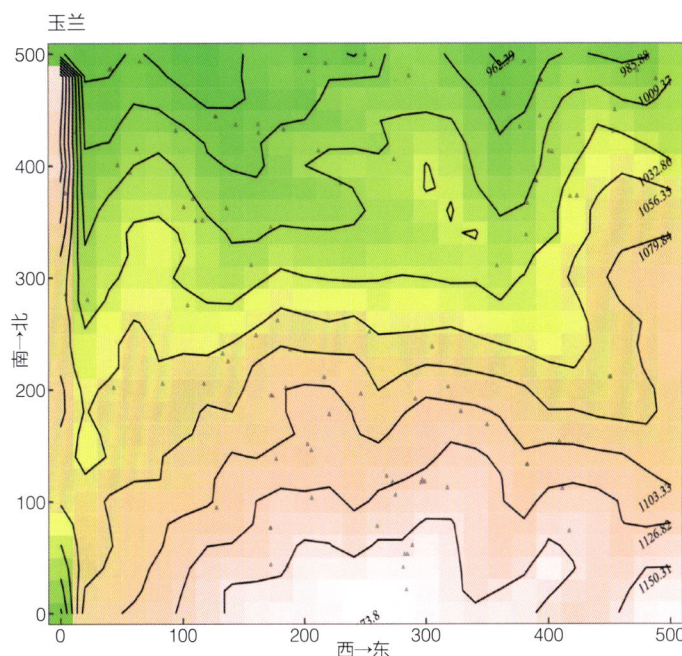
个体分布图 / Distribution of individuals

005 厚朴
Houpoea officinalis

木兰科 Magnoliaceae　厚朴属 *Houpoea*

代码（Sp.Code）：**HOUOFF**

个体数（Individual number / 25hm²）：**55**

最大胸径（Max DBH）：**30.8cm**

重要值排序（Important value rank）：**96/171**

落叶乔木。叶大，近革质，7~9片聚生于枝端，长圆状倒卵形，长22~45cm，宽10~24cm，先端具短急尖或圆钝或凹陷，基部楔形；叶柄粗壮。花白色，花被片9~12（17）枚。聚合蓇葖果长圆状卵圆形，长9~15cm。花期5~6月，果期8~10月。

Deciduous trees. Leaves are large, subleathery, 7–9 clustered at the top of branch, oblong-obovate, 22–45 cm long, 10–24 cm wide, apex shortly acute or obtuse or concave, bases cuneate; petioles are stout. Flowers are white, with tepals 9–12(17). Aggregate follicles are oblong-ovoid, 9–15 cm long. Fl. May–Jun., fr. Aug.–Oct.

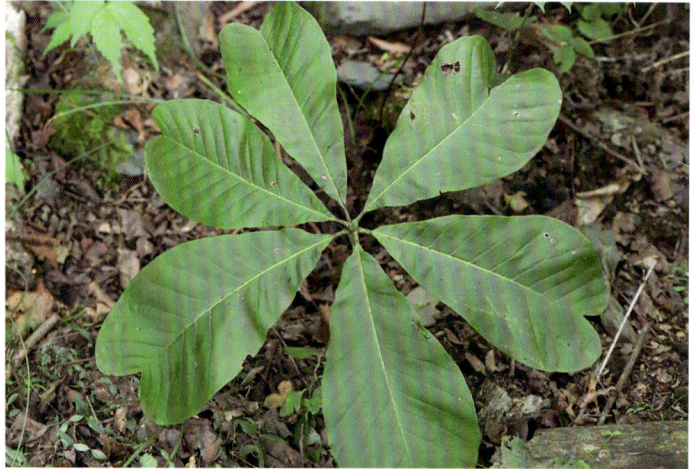
小枝和叶片 / Branchlets and leaves
摄影：王静轩 / Photo by: Wang Jingxuan

小枝和叶背 / Branchlets and leaf abaxial surfaces
摄影：王静轩 / Photo by: Wang Jingxuan

树干 / Trunk
摄影：王静轩 / Photo by: Wang Jingxuan

径级分布表 / DBH class

径级区间 (Diameter class) (cm)	个体数 (No. of individuals)	比例 (Proportion) (%)
1.0~2.5	30	54.6
2.5~5.0	13	23.6
5.0~10.0	8	14.5
10.0~25.0	3	5.5
25.0~50.0	1	1.8
50.0~100.0	0	0.0
≥ 100.0	0	0.0

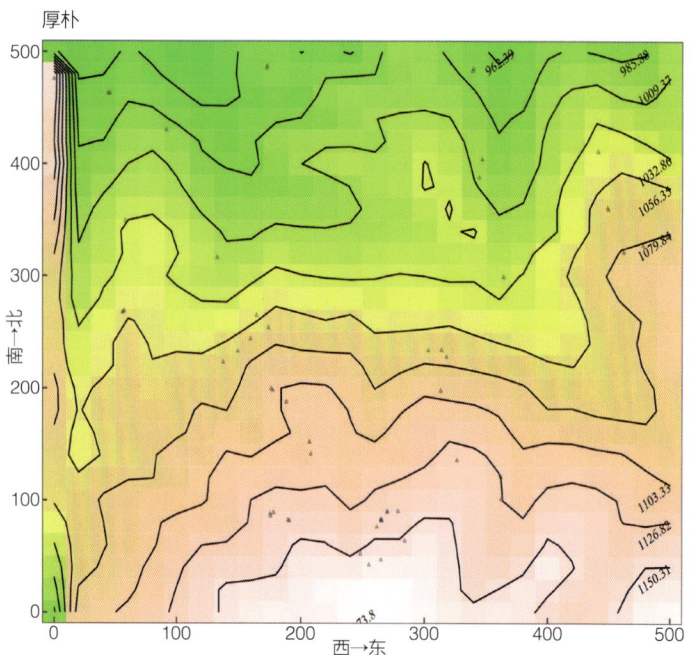
个体分布图 / Distribution of individuals

006 红果山胡椒
Lindera erythrocarpa

樟科 Lauraceae　山胡椒属 *Lindera*

代码（Sp.Code）：**LINERY**

个体数（Individual number / 25hm²）：**1**

最大胸径（Max DBH）：**4.82cm**

重要值排序（Important value rank）：**165/171**

落叶小乔木。叶互生，通常为倒披针形，基部狭楔形，常下延；羽状脉；叶柄长0.5~1cm。伞形花序着生于腋芽两侧各一。果球形，熟时红色；果梗长1.5~1.8cm。花期4月，果期9~10月。

Deciduous small trees. Leaves are alternate, usually oblanceolate-shaped, with bases narrowly cuneate, often decurrent; pinnate veins are present; petiole 0.5–1 cm long. Umbellate inflorescences are borne on both sides of the axillary bud. Fruits are globose, red when mature; fruit stems are 1.5–1.8 cm long. Fl. Apr., fr. Sep.–Oct.

果枝 / Fruiting branches
摄影：梁同军 / Photo by: Liang Tongjun

小枝和叶背 / Branchlets and leaf abaxial surfaces
摄影：唐忠炳 / Photo by: Tang Zhongbing

树干 / Trunk
摄影：唐忠炳 / Photo by: Tang Zhongbing

径级分布表 / DBH class

径级区间 (Diameter class) (cm)	个体数 (No. of individuals)	比例 (Proportion) (%)
1.0~2.5	0	0.0
2.5~5.0	1	100.0
5.0~8.0	0	0.0
8.0~11.0	0	0.0
11.0~15.0	0	0.0
15.0~20.0	0	0.0
≥ 20.0	0	0.0

红果山胡椒

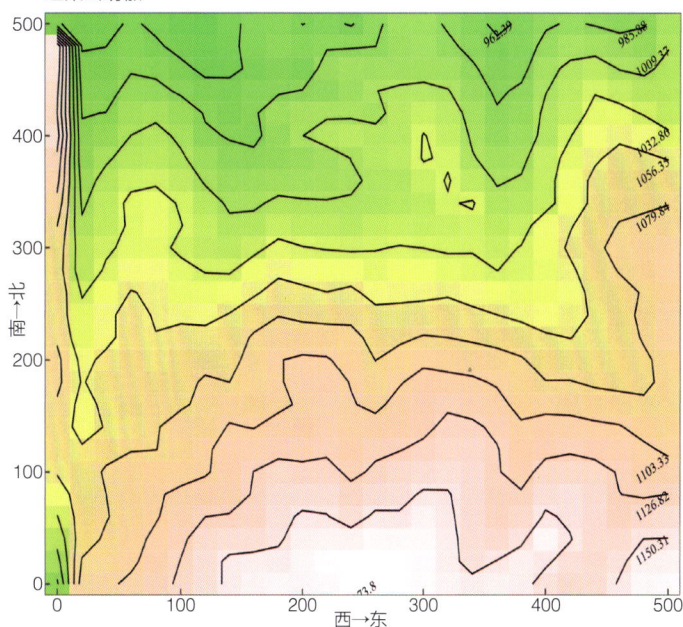

个体分布图 / Distribution of individuals

007 山胡椒
Lindera glauca

樟科 Lauraceae　山胡椒属 *Lindera*

代码（Sp.Code）：**LINGLA**

个体数（Individual number / 25hm²）：**2492**

最大胸径（Max DBH）：**19cm**

重要值排序（Important value rank）：**19/171**

落叶灌木或小乔木。叶互生，宽椭圆形、椭圆形、倒卵形至狭倒卵形，上面深绿色，下面淡绿色，被白色柔毛，纸质，羽状脉；叶枯后不落，翌年新叶发出时落下。伞形花序腋生。果梗长1~1.5cm。花期3~4月，果期7~8月。

Deciduous shrubs or small trees. Leaves are alternate, broadly elliptic, elliptic, obovate to narrowly obovate, adaxially dark green, abaxially light green, covered with white pubescence, papery, pinninerved; they remain indeciduous after withering and become deciduous when the new leaves come out in the following year. Umbels are axillary. Fruit stems are 1–1.5 cm long. Fl. Mar.–Apr., fr. Jul.–Aug.

小枝和叶片 / Branchlets and leaves
摄影：王静轩 / Photo by: Wang Jingxuan

小枝和叶背 / Branchlets and leaf abaxial surfaces
摄影：王静轩 / Photo by: Wang Jingxuan

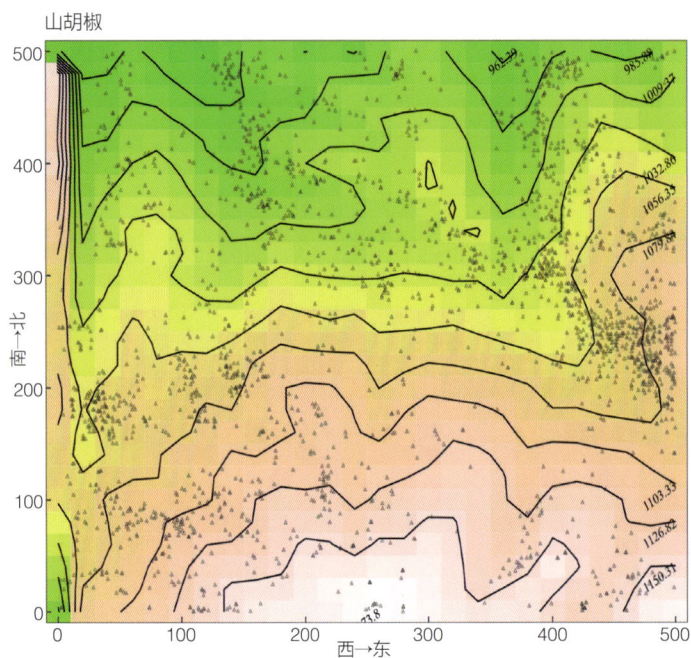
树干 / Trunk
摄影：王静轩 / Photo by: Wang Jingxuan

径级分布表 / DBH class

径级区间 (Diameter class) (cm)	个体数 (No. of individuals)	比例 (Proportion) (%)
1.0~2.5	817	32.8
2.5~5.0	1297	52.0
5.0~8.0	355	14.2
8.0~11.0	19	0.8
11.0~15.0	2	0.1
15.0~20.0	2	0.1
≥ 20.0	0	0.0

山胡椒
个体分布图 / Distribution of individuals

008 绿叶甘橿
Lindera neesiana

樟科 Lauraceae　山胡椒属 *Lindera*

代码（Sp.Code）：**LINNEE**

个体数（Individual number / 25hm²）：**78**

最大胸径（Max DBH）：**10.13cm**

重要值排序（Important value rank）：**97/171**

落叶灌木或小乔木。树皮绿色或绿褐色，光滑。叶互生，卵形至宽卵形，先端渐尖，基部圆形，上面深绿色，下面绿苍白色，三出脉或离基三出脉；叶柄长10~12mm。伞形花序具总梗。果近球形；果梗长4~7mm。花期4月，果期9月。

Deciduous shrubs or small trees. Bark is green or greenish-brown, smooth. Leaves are alternate, ovate to broadly ovate, with apexes gradually pointed, bases circular, adaxially dark green, abaxially greenish-pale white, with 3-veins triple or 3-veins away from the base; petioles are 10–12 mm long. Umbels have peduncles. Fruits are nearly spherical; fruit stems 4–7 mm long. Fl. Apr., fr. Sep.

小枝和叶片 / Branchlets and leaves
摄影：王静轩 / Photo by: Wang Jingxuan

小枝和叶背 / Branchlets and leaf abaxial surfaces
摄影：王静轩 / Photo by: Wang Jingxuan

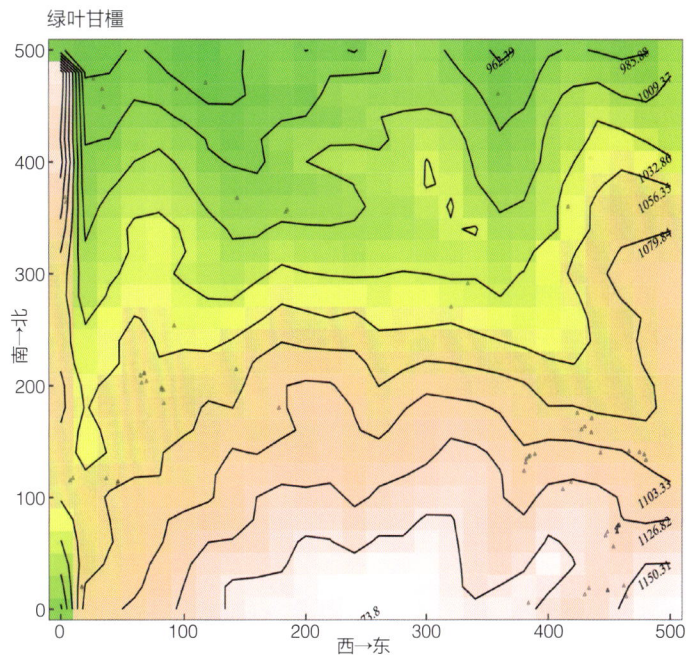
树干 / Trunk
摄影：王静轩 / Photo by: Wang Jingxuan

径级分布表 / DBH class

径级区间 (Diameter class) (cm)	个体数 (No. of individuals)	比例 (Proportion) (%)
1.0~2.5	69	88.5
2.5~5.0	8	10.3
5.0~8.0	0	0.0
8.0~11.0	1	1.2
11.0~15.0	0	0.0
15.0~20.0	0	0.0
≥ 20.0	0	0.0

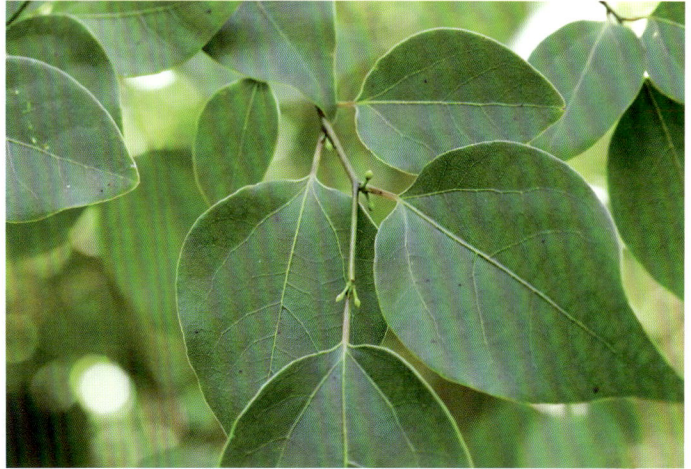
绿叶甘橿
个体分布图 / Distribution of individuals

009 三桠乌药
Lindera obtusiloba

樟科 Lauraceae　山胡椒属 *Lindera*

代码（Sp.Code）：**LINOBT**

个体数（Individual number / 25hm²）：**159**

最大胸径（Max DBH）：**32.55cm**

重要值排序（Important value rank）：**71/171**

落叶乔木或灌木。叶互生，近圆形至扁圆形，先端急尖，全缘或3裂，常明显3裂；三出脉；叶柄被黄白色柔毛。花序在腋生混合芽。果广椭圆形，成熟时红色，后变紫黑色。花期3~4月，果期8~9月。

Deciduous trees or shrubs. Leaf blades are alternate, subrounded to oblate, with apexes acute, margins entire or 3-lobed, usually obviously 3-lobed; there are ternate veins; petioles are yellowish-white tomentose. Inflorescences are mixed buds in axils. Fruits are broadly elliptic, red when mature, then turn purplish black. Fl. Mar.–Apr., fr. Jun.–Sep.

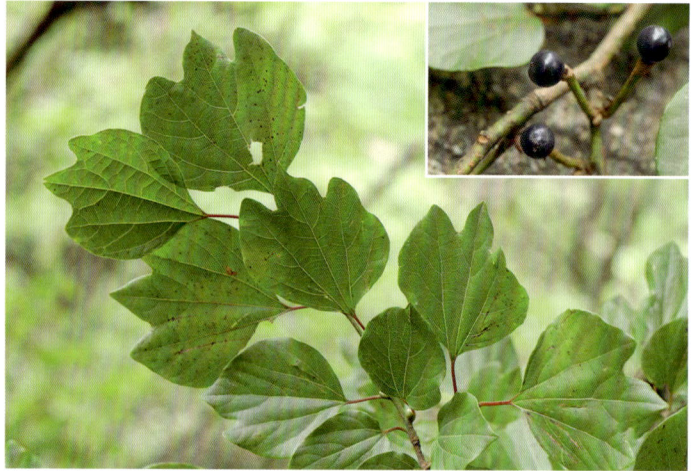

小枝和叶片 / Branchlets and leaves
摄影：王静轩 / Photo by: Wang Jingxuan

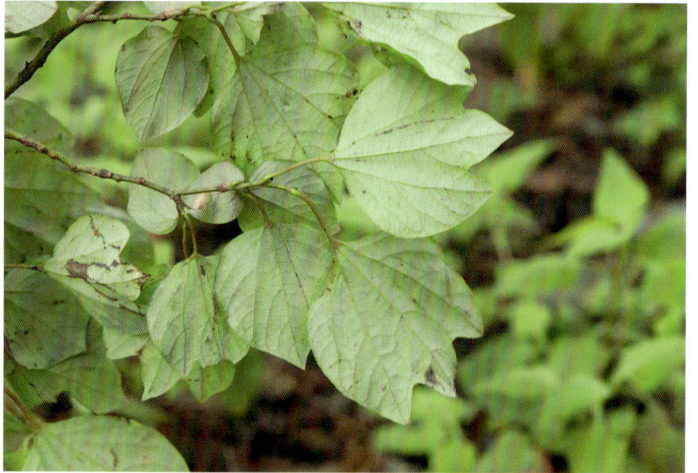

小枝和叶背 / Branchlets and leaf abaxial surfaces
摄影：王静轩 / Photo by: Wang Jingxuan

树干 / Trunk
摄影：王静轩 / Photo by: Wang Jingxuan

径级分布表 / DBH class

径级区间 (Diameter class) (cm)	个体数 (No. of individuals)	比例 (Proportion) (%)
1.0~2.5	15	9.5
2.5~5.0	46	28.9
5.0~10.0	66	41.5
10.0~25.0	31	19.5
25.0~50.0	1	0.6
50.0~100.0	0	0.0
≥ 100.0	0	0.0

三桠乌药

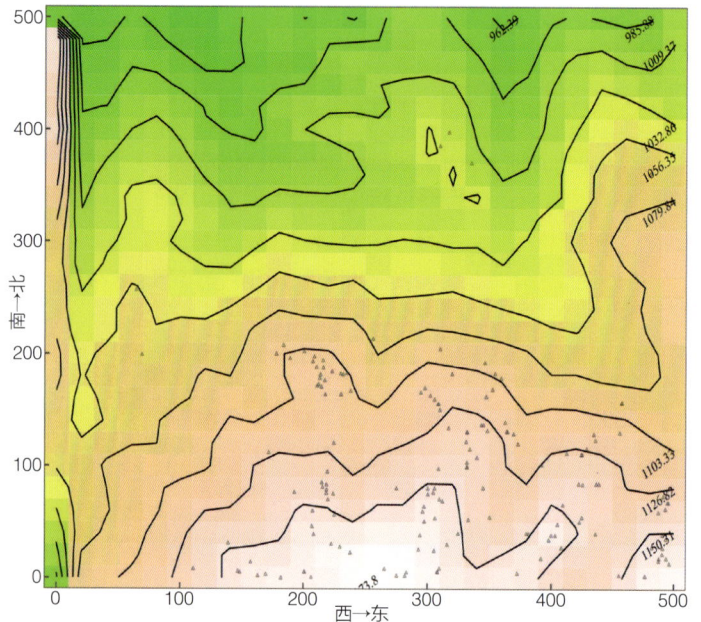

个体分布图 / Distribution of individuals

010 山橿
Lindera reflexa

樟科 Lauraceae　山胡椒属 *Lindera*

代码（Sp.Code）：**LINREF**

个体数（Individual number / 25hm²）：**551**

最大胸径（Max DBH）：**18.62cm**

重要值排序（Important value rank）：**52/171**

落叶灌木或小乔木。树皮棕褐色，有纵裂及斑点。叶互生，通常卵形或倒卵状椭圆形，纸质，上面绿色，下面带绿苍白色，被白色柔毛，羽状脉。伞形花序着生于叶芽两侧各一，具总梗。果球形，熟时红色。花期4月，果期8月。

Deciduous shrubs or small trees. Bark is tan, with diastemata and spots. Leaves are alternate, usually ovate or inverted-oval, papery, adaxially green, abaxially greenish-pale, covered with white pubescence, pinninerved. Umbels born on both sides of leaf bud, one on each side, with peduncles. Fruits are spherical, red when mature. Fl. Apr., fr. Aug.

小枝和叶片 / Branchlets and leaves
摄影：王静轩 / Photo by: Wang Jingxuan

小枝和叶背 / Branchlets and leaf abaxial surfaces
摄影：王静轩 / Photo by: Wang Jingxuan

树干 / Trunk
摄影：王静轩 / Photo by: Wang Jingxuan

径级分布表 / DBH class

径级区间 (Diameter class) (cm)	个体数 (No. of individuals)	比例 (Proportion) (%)
1.0~2.5	533	96.7
2.5~5.0	15	2.7
5.0~8.0	1	0.2
8.0~11.0	0	0.0
11.0~15.0	1	0.2
15.0~20.0	1	0.2
≥ 20.0	0	0.0

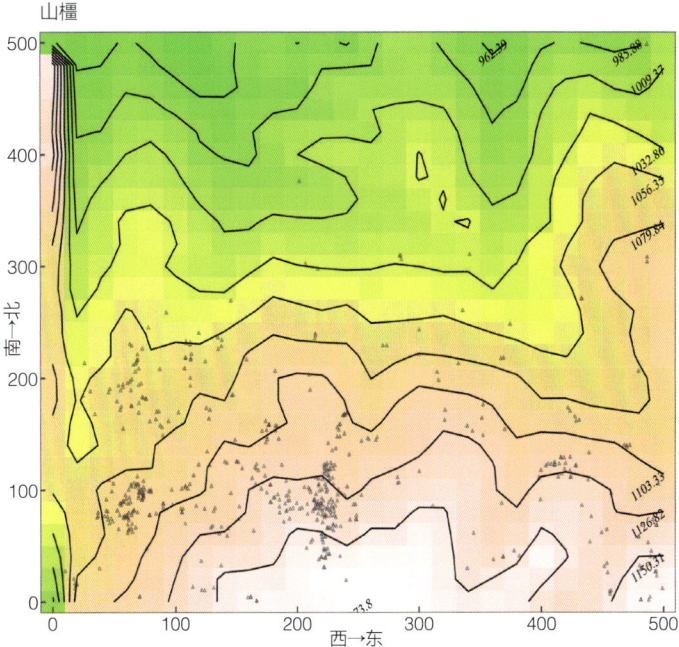
个体分布图 / Distribution of individuals

011 红脉钓樟
Lindera rubronervia

樟科 Lauraceae   山胡椒属 *Lindera*

代码（Sp.Code）：**LINRUB**

个体数（Individual number / 25hm²）：358

最大胸径（Max DBH）：**12.1cm**

重要值排序（Important value rank）：**59/171**

落叶灌木或小乔木。幼枝条平滑。叶互生，卵形；纸质，有时近革质，上面深绿色，下面淡绿色，离基三出脉。伞形花序腋生。果近球形，直径1cm；果梗长1~1.5cm。花期3~4月，果期8~9月。

Deciduous shrubs or small trees. Young branchlets are smooth. Leaves are alternate, oval-shaped; papery, sometimes nearly leathery, with the top dark green and pale green underneath, with 3-veins away from the base. Umbels are axillary. Fruits are nearly spherical, 1 cm in diameter; fruit stems are 1–1.5 cm long. Fl. Mar.–Apr., fr. Aug.–Sep.

小枝和叶片 / Branchlets and leaves
摄影：王静轩 / Photo by: Wang Jingxuan

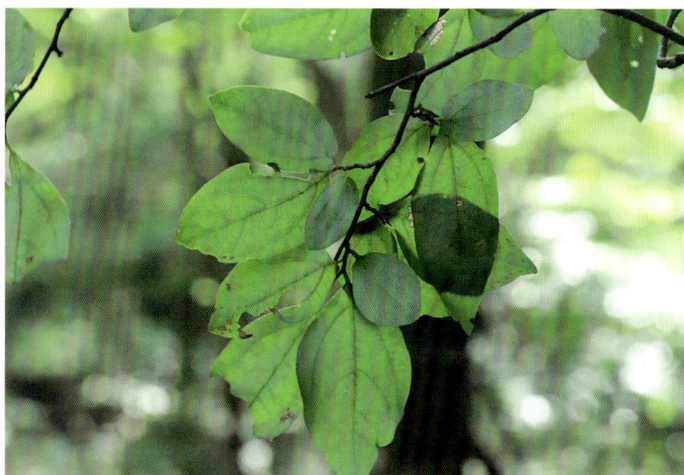

小枝和叶背 / Branchlets and leaf abaxial surfaces
摄影：王静轩 / Photo by: Wang Jingxuan

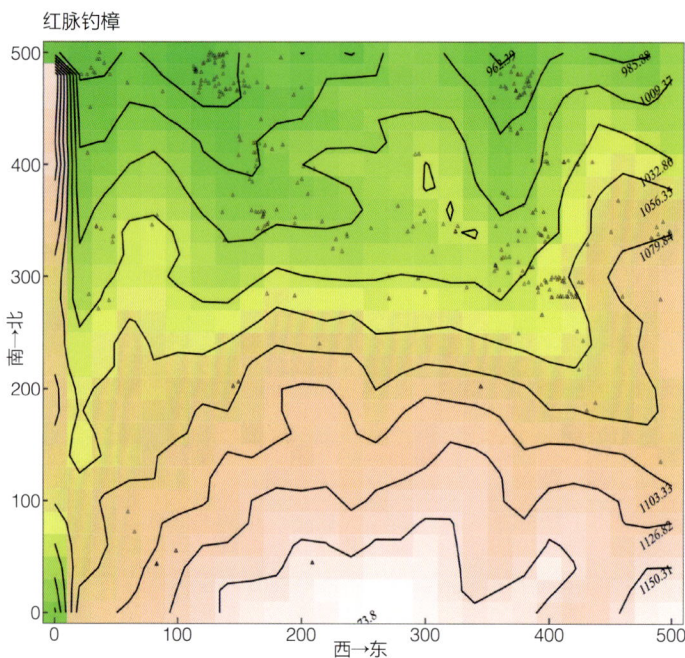

树干 / Trunk
摄影：王静轩 / Photo by: Wang Jingxuan

径级分布表 / DBH class

径级区间 (Diameter class) (cm)	个体数 (No. of individuals)	比例 (Proportion) (%)
1.0~2.5	119	33.2
2.5~5.0	146	40.8
5.0~8.0	81	22.6
8.0~11.0	11	3.1
11.0~15.0	1	0.3
15.0~20.0	0	0.0
≥ 20.0	0	0.0

个体分布图 / Distribution of individuals

012 浙江新木姜子

Neolitsea aurata var. *chekiangensis*

樟科 Lauraceae 新木姜子属 *Neolitsea*

代码（Sp.Code）：**NEOAUR**

个体数（Individual number / 25hm²）：**5**

最大胸径（Max DBH）：**6.4cm**

重要值排序（Important value rank）：**135/171**

常绿小乔木。叶互生或聚生枝顶呈轮生状，披针形或倒披针形，较狭窄，宽0.9~2.4cm，下面薄被棕黄色丝状毛，毛易脱落，近于无毛，具白粉。花期2~3月，果期9~10月。

Evergreen small trees. Leaves are alternate or clustered in the branch top like wheels, lanceolate or inverted lanceolate, narrow, 0.9–2.4 cm wide, abaxially sparse brown-yellow filamentous hairs, which are easy to fall off, nearly glabrous, and with white powder. Fl. Feb.–Mar., fr. Sep.–Oct.

小枝和叶背 / Branchlets and leaf abaxial surfaces
摄影：梁同军 / Photo by: Liang Tongjun

小枝和叶片 / Branchlets and leaves
摄影：梁同军 / Photo by: Liang Tongjun

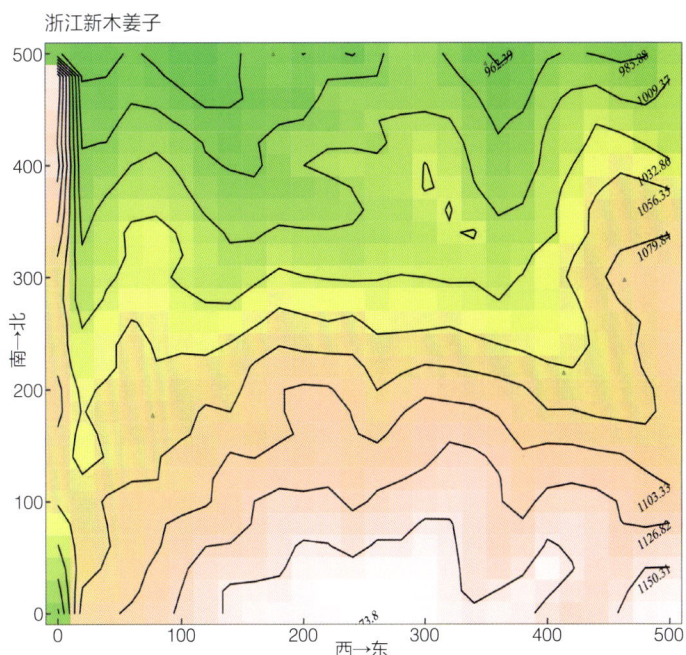

树干 / Trunk
摄影：梁同军 / Photo by: Liang Tongjun

径级分布表 / DBH class

径级区间 (Diameter class) (cm)	个体数 (No. of individuals)	比例 (Proportion) (%)
1.0~2.5	3	60.0
2.5~5.0	1	20.0
5.0~8.0	1	20.0
8.0~11.0	0	0.0
11.0~15.0	0	0.0
15.0~20.0	0	0.0
≥ 20.0	0	0.0

浙江新木姜子

个体分布图 / Distribution of individuals

013 檫木
Sassafras tzumu

樟科 Lauraceae　檫木属 *Sassafras*

代码（Sp.Code）：**SASTZU**

个体数（Individual number / 25hm²）：**67**

最大胸径（Max DBH）：**68.5cm**

重要值排序（Important value rank）：**51/171**

落叶乔木。叶互生，聚集于枝顶，卵形或倒卵形，全缘或2~3浅裂；叶柄纤细，长（1）2~7cm。花序顶生，先叶开放；花黄色。果近球形，果梗长1.5~2cm。花期3~4月，果期5~9月。

Deciduous trees. Leaves are alternate and clustered at branch apex, ovate or obovate, with margins entire or 2–3-lobed; petioles are slender, (1) 2–7 cm. Inflorescences are terminal, and the leaves open first. Flowers are yellow. Fruits are nearly spherical, and pedicels are 1.5–2 cm long. Fl. Mar.–Apr., fr. May–Sep.

小枝和叶片 / Branchlets and leaves
摄影：王静轩 / Photo by: Wang Jingxuan

小枝和叶背 / Branchlets and leaf abaxial surfaces
摄影：王静轩 / Photo by: Wang Jingxuan

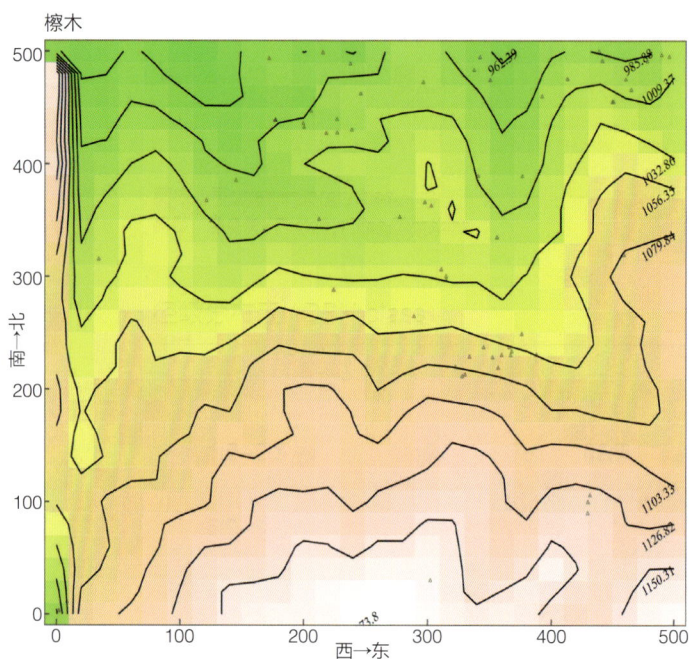
树干 / Trunk
摄影：王静轩 / Photo by: Wang Jingxuan

径级分布表 / DBH class

径级区间 (Diameter class) (cm)	个体数 (No. of individuals)	比例 (Proportion) (%)
1.0~2.5	3	4.5
2.5~5.0	1	1.5
5.0~10.0	5	7.5
10.0~25.0	13	19.4
25.0~50.0	38	56.7
50.0~100.0	7	10.4
≥ 100.0	0	0.0

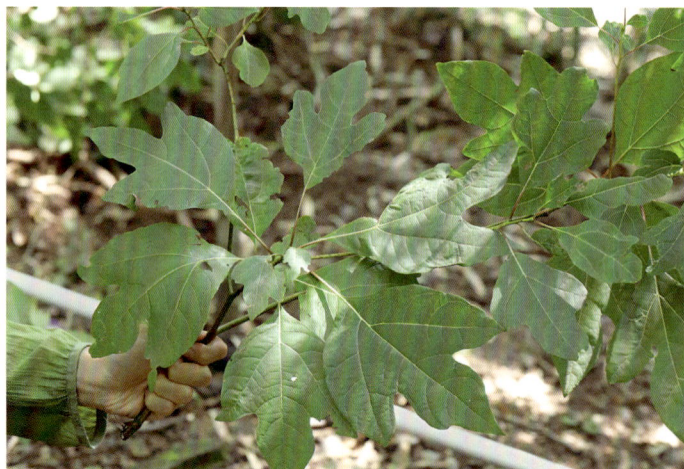
檫木
个体分布图 / Distribution of individuals

014 山鸡椒
Litsea cubeba

樟科 Lauraceae　木姜子属 *Litsea*

代码（Sp.Code）：**LITCUB**

个体数（Individual number / 25hm²）：**271**

最大胸径（Max DBH）：**12.83cm**

重要值排序（Important value rank）：**54/171**

落叶灌木或小乔木。小枝细长，绿色，无毛，枝、叶具芳香味。叶互生，披针形或长圆形。伞形花序单生或簇生，先叶开放或与叶同时开放，花被裂片6枚。果近球形，无毛，幼时绿色，成熟时黑色。花期2~3月，果期7~8月。

Deciduous shrubs or small trees. Branchlets are slender, green, glabrous, the branches and leaves are aromatic. Leaves are alternate, lanceolate or oblong. Umbels are solitary or clustered, appearing with or before leaves. Perianth lobes are 6. Fruits are nearly spherical, glabrous, green when young, and black when mature. Fl. Feb.–Mar., fr. Jul.–Aug.

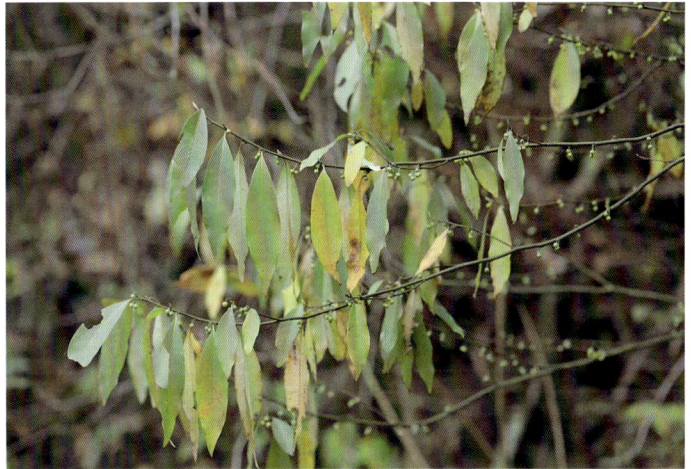

小枝和叶片 / Branchlets and leaves
摄影：梁同军 / Photo by: Liang Tongjun

叶背 / Leaf abaxial surfaces
摄影：唐忠炳 / Photo by: Tang Zhongbing

树干 / Trunk
摄影：梁同军 / Photo by: Liang Tongjun

径级分布表 / DBH class

径级区间 (Diameter class) (cm)	个体数 (No. of individuals)	比例 (Proportion) (%)
1.0~2.5	90	33.2
2.5~5.0	115	42.4
5.0~8.0	46	17.0
8.0~11.0	17	6.3
11.0~15.0	3	1.1
15.0~20.0	0	0.0
≥ 20.0	0	0.0

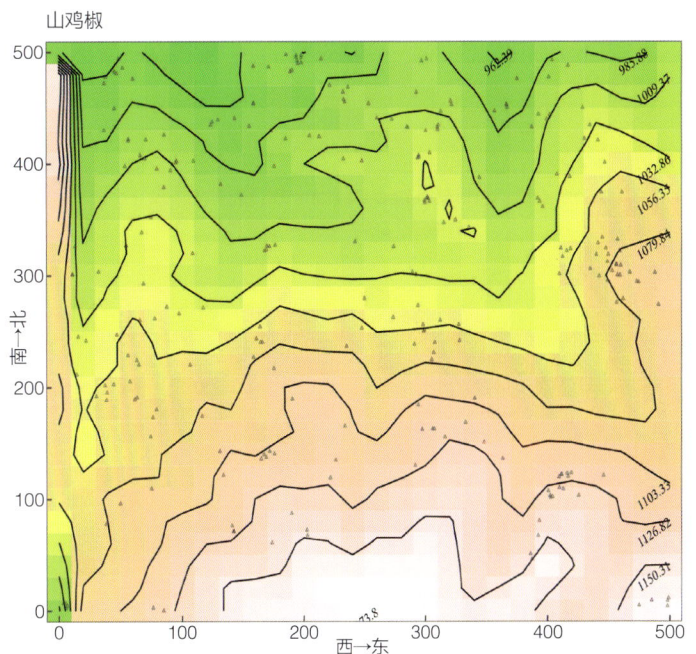

山鸡椒

个体分布图 / Distribution of individuals

015 黄丹木姜子
Litsea elongata

樟科 Lauraceae 木姜子属 *Litsea*

代码（Sp.Code）：**LITELO**

个体数（Individual number / 25hm²）：**1550**

最大胸径（Max DBH）：**27cm**

重要值排序（Important value rank）：**27/171**

常绿小乔木。树皮灰黄色或褐色。叶互生，长圆形、长圆状披针形至倒披针形，上面无毛，下面被短柔毛；叶柄长1~2.5cm，密被褐色绒毛。伞形花序单生，少簇生。果长圆形。花期5~11月，果期2~6月。

Evergreen small trees. Bark is gray-yellow or brown. Leaves are alternate, oblong and oblong-lanceolate to oblanceolate, adaxially glabrous, abaxially pubescent. Petioles are 1–2.5 cm long, with dense brown fluff. Umbels are solitary or in a few clusters. Fruits are oblong. Fl. May–Nov., fr. Feb.–Jun.

小枝和叶片 / Branchlets and leaves
摄影：王静轩 / Photo by: Wang Jingxuan

小枝和叶背 / Branchlets and leaf abaxial surfaces
摄影：王静轩 / Photo by: Wang Jingxuan

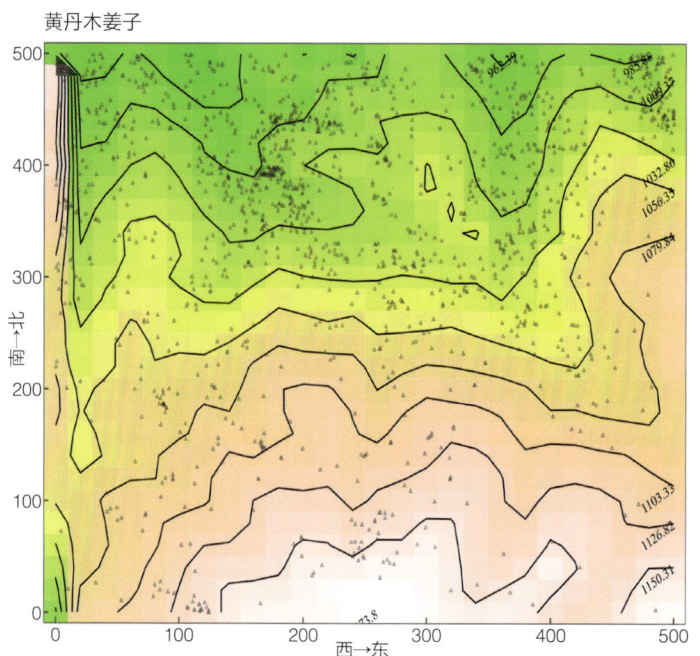
树干 / Trunk
摄影：王静轩 / Photo by: Wang Jingxuan

径级分布表 / DBH class

径级区间 (Diameter class) (cm)	个体数 (No. of individuals)	比例 (Proportion) (%)
1.0~2.5	773	49.9
2.5~5.0	546	35.2
5.0~8.0	182	11.7
8.0~11.0	36	2.3
11.0~15.0	8	0.5
15.0~20.0	4	0.3
≥ 20.0	1	0.1

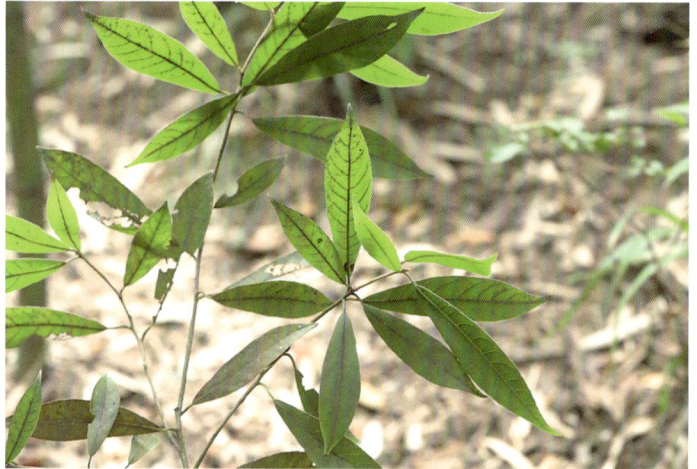
黄丹木姜子
个体分布图 / Distribution of individuals

016 木姜子
Litsea pungens

樟科 Lauraceae　木姜子属 *Litsea*

代码（Sp.Code）：**LITPUN**

个体数（Individual number / 25hm²）：**3**

最大胸径（Max DBH）：**7.95cm**

重要值排序（Important value rank）：**144/171**

落叶小乔木。嫩枝被灰色绢毛，2年生枝毛秃净。顶芽无毛。叶互生，常聚生于枝顶，纸质，披针形或倒披针形，先端短尖，基部楔形，下面被短绢毛，后渐脱落变无毛或沿中脉有稀疏毛；叶柄纤细，长1~2cm，初有柔毛，后无毛。花序腋生。果球形，蓝黑色。花期3~5月，果期7~9月。

Deciduous small trees. Young branches are gray-sericeous, and biennial branches are bald. Terminal buds are glabrous. Leaves are alternate, usually clustered at the top of branches, papery, lanceolate or shortly acute, apexes shortly acute, bases cuneate, abaxially short-sericeous, becoming glabrous after gradually deciduous or sparsely hairy along the midvein; petioles are slender, 1–2 cm long, pilose at first, then glabrous. Inflorescences are axillary. Fruits are globose, blue-black. Fl. Mar.–May, fr. Jul.–Sep.

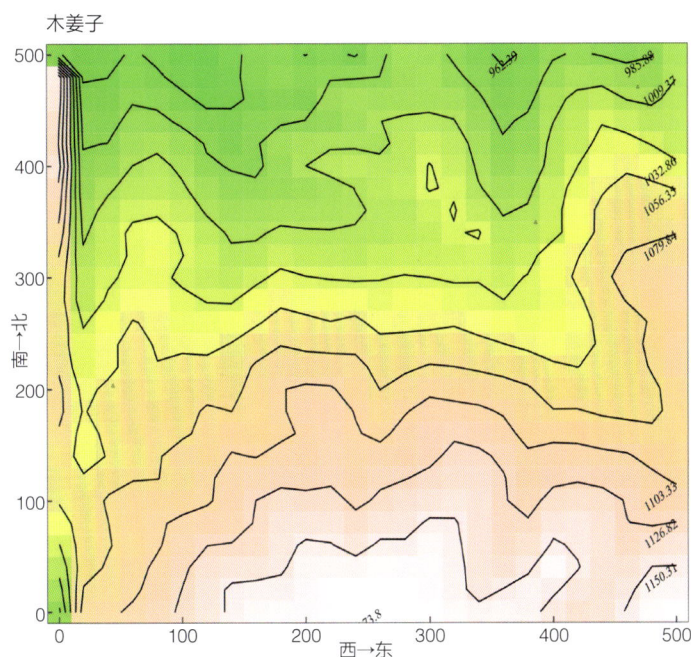

树干 / Trunk
摄影：薛凯 / Photo by: Xue Kai

小枝和叶片 / Branchlets and leaves
摄影：朱仁斌 / Photo by: Zhu Renbin

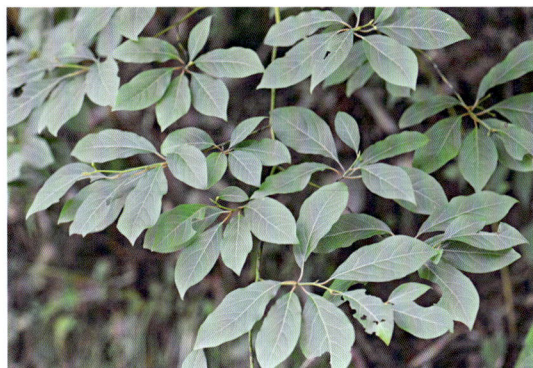

小枝和叶背 / Branchlets and leaf abaxial surfaces
摄影：张成 / Photo by: Zhang Cheng

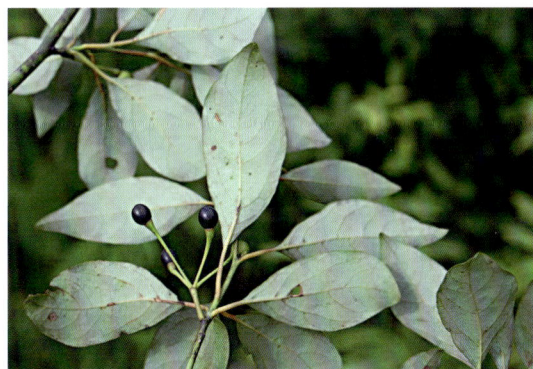

木姜子

个体分布图 / Distribution of individuals

径级分布表 / DBH class

径级区间 (Diameter class) (cm)	个体数 (No. of individuals)	比例 (Proportion) (%)
1.0~2.5	0	0.0
2.5~5.0	1	33.3
5.0~8.0	2	66.7
8.0~11.0	0	0.0
11.0~15.0	0	0.0
15.0~20.0	0	0.0
≥ 20.0	0	0.0

017 泡花树
Meliosma cuneifolia

清风藤科 Sabiaceae　泡花树属 *Meliosma*

代码（Sp.Code）：**MELCUN**

个体数（Individual number / 25hm²）：**175**

最大胸径（Max DBH）：**16.5cm**

重要值排序（Important value rank）：**77/171**

落叶灌木或乔木。小枝近无毛。单叶，纸质，倒卵形或椭圆形，先端短渐尖，中部以下渐狭，约3/4以上具锐尖齿，上面初被短粗毛，下面被白色平伏毛，侧脉16~20条，直达齿尖，脉腋具明显髯毛；叶柄长1~2cm。圆锥花序顶生，直立。核果扁球形。花期6~7月，果期9~11月。

Deciduous shrubs or trees. Branchlets are subglabrous. Single leaf, papery, obovate or elliptic, apexes shortly acuminate, gradually narrow below the middle, more than 3/4 acute dental, adaxially short hirtellous, abaxially white flat hairy, lateral veins 16–20, straight to the tip of serrature, vein axils with conspicuous beards; petioles are 1–2 cm. Panicles are terminal, erect. Drupes are oblate-globose. Fl. Jun.–Jul., fr. Sep.–Nov.

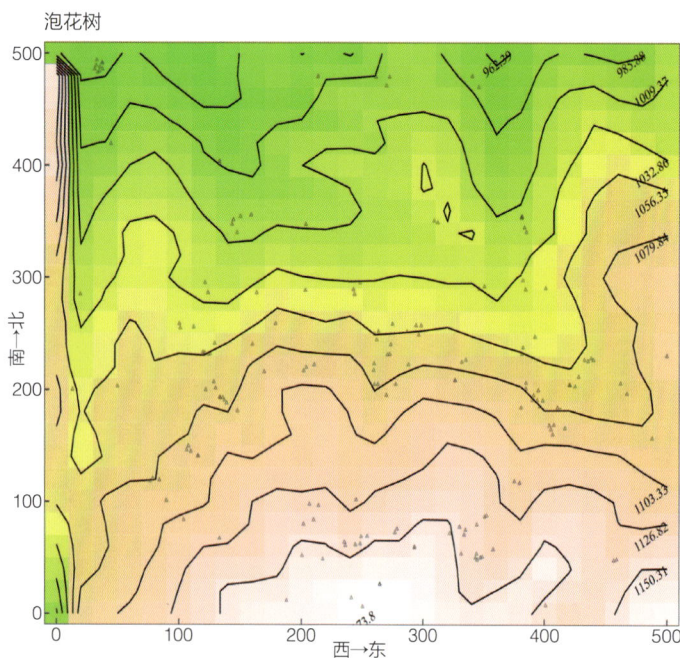
树干 / Trunk
摄影：梁同军 / Photo by: Liang Tongjun

小枝和叶片 / Branchlets and leaves
摄影：梁同军 / Photo by: Liang Tongjun

小枝和叶背 / Branchlets and leaf abaxial surfaces
摄影：梁同军 / Photo by: Liang Tongjun

个体分布图 / Distribution of individuals

径级分布表 / DBH class

径级区间 (Diameter class) (cm)	个体数 (No. of individuals)	比例 (Proportion) (%)
1.0~2.5	111	63.4
2.5~5.0	46	26.3
5.0~10.0	14	8.0
10.0~25.0	4	2.3
25.0~50.0	0	0.0
50.0~100.0	0	0.0
≥ 100.0	0	0.0

018 多花泡花树
Meliosma myriantha

清风藤科 Sabiaceae　泡花树属 *Meliosma*

代码（Sp.Code）：**MELMYR**

个体数（Individual number / 25hm²）：**701**

最大胸径（Max DBH）：**26.45cm**

重要值排序（Important value rank）：**36/171**

落叶乔木。单叶，膜质或薄纸质，倒卵状椭圆形、倒卵状长圆形或长圆形，先端锐渐尖，基部圆钝，基部至顶端有侧脉伸出的刺状锯齿，嫩叶面被疏短毛，后脱落无毛，叶背被展开疏柔毛；侧脉每边20~25（30）条，直达齿端，脉腋有髯毛。圆锥花序顶生，直立。核果倒卵形或球形。花期夏季，果期5~9月。

Deciduous trees. Leaves are simple, membranous or thin-papery, obovate-elliptic, obovate-oblong, or oblong, with apexes sharply acuminate, bases obtusely rounded, bases to apexes with prickly serrations by lateral veins extending; tender leaf surfaces are sparsely short-hairy, then become glabrescent and finally glabrous; leaves are abaxially covered with expanded and sparsely pilose; lateral veins 20–25(30) on each side, straight to the tooth end, and there are bearded hairs in the leaf axils. Panicles are terminal, erect. Drupes are obovoid or globose. Fl. summer, fr. May–Sep.

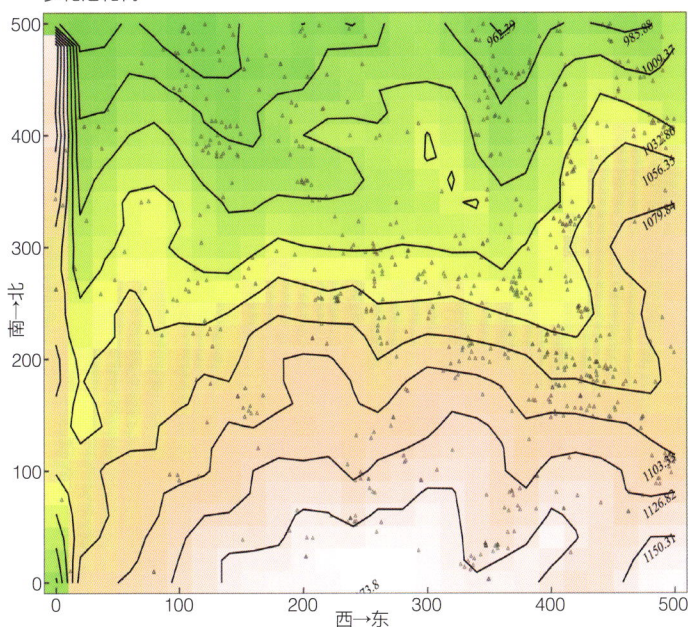
树干 / Trunks
摄影：朱鑫鑫 / Photo by: Zhu Xinxin

小枝和叶片 / Branchlets and leaves
摄影：朱鑫鑫 / Photo by: Zhu Xinxin

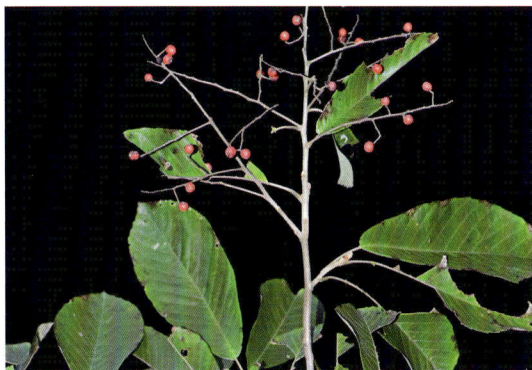
小枝和叶背 / Branchlets and leaf abaxial surfaces
摄影：朱鑫鑫 / Photo by: Zhu Xinxin

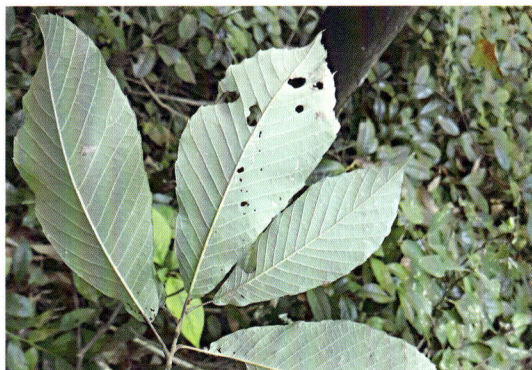
多花泡花树
个体分布图 / Distribution of individuals

径级分布表 / DBH class

径级区间 (Diameter class) (cm)	个体数 (No. of individuals)	比例 (Proportion) (%)
1.0~2.5	297	42.4
2.5~5.0	251	35.8
5.0~10.0	126	18.0
10.0~25.0	26	3.7
25.0~50.0	1	0.1
50.0~100.0	0	0.0
≥ 100.0	0	0.0

019 柔毛泡花树

Meliosma myriantha var. pilosa

清风藤科 Sabiaceae　泡花树属 *Meliosma*

代码（Sp.Code）：**MELMYRPIL**

个体数（Individual number / 25hm²）：**150**

最大胸径（Max DBH）：**18.18cm**

重要值排序（Important value rank）：**76/171**

落叶乔木。树皮鳞片状剥落。幼枝及叶柄被褐色平伏柔毛。单叶，膜质或薄纸质，卵形，先端锐渐尖，基部圆钝，边缘全部或除基部外有锯齿，两面和叶柄均密被长柔毛，侧脉10~20对，直达齿端，脉腋有髯毛；叶柄长1~2cm。圆锥花序顶生，直立。核果倒卵球形或球形。花期6月，果期8~10月。

Deciduous trees. Bark scales and flakes off. Young branches and petioles are covered with brown pubescent pilose. Single leaf, liquid membrane or thin papery, oval, apexes acute, bases rounded, entire margins serrated except at the base; both sides of the leaf and petioles are densely covered with long hairs; lateral veins are 10–20 pairs, direct to the tooth end, vein axils with bearded hairs; petioles are 1–2 cm long. Panicles are terminal, upright. Drupes are inverted-ovoid or spherical. Fl. Jun., fr. Aug.–Oct.

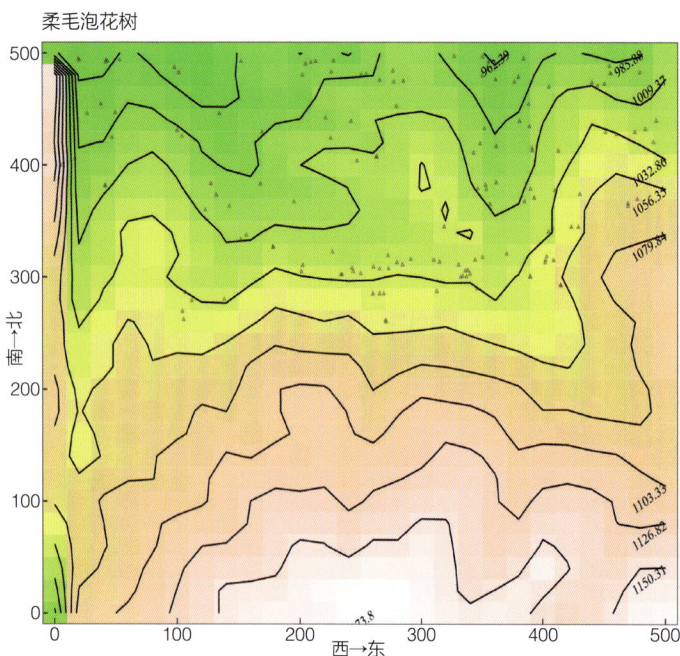
树干 / Trunk
摄影：叶喜阳 / Photo by: Ye Xiyang

小枝和叶片 / Branchlets and leaves
摄影：华国军 / Photo by: Hua Guojun

小枝和叶背 / Branchlets and leaf abaxial surfaces
摄影：金洪刚 / Photo by: Jin Honggang

柔毛泡花树
个体分布图 / Distribution of individuals

径级分布表 / DBH class

径级区间 (Diameter class) (cm)	个体数 (No. of individuals)	比例 (Proportion) (%)
1.0~2.5	55	36.6
2.5~5.0	63	42.0
5.0~10.0	28	18.7
10.0~25.0	4	2.7
25.0~50.0	0	0.0
50.0~100.0	0	0.0
≥ 100.0	0	0.0

020 异色泡花树
Meliosma myriantha var. discolor

清风藤科 Sabiaceae　泡花树属 *Meliosma*

代码（Sp.Code）：**MELMYRDIS**

个体数（Individual number / 25hm²）：**2**

最大胸径（Max DBH）：**2.82cm**

重要值排序（Important value rank）：**154/171**

落叶乔木或小乔木。树皮灰褐色，小块状脱落。幼枝及叶柄被褐色平伏柔毛。单叶，膜质或薄纸质，倒卵状椭圆形、倒卵状长圆形或长圆形，边缘锯齿不达基部；侧脉较稀疏每边12~22（24）条，叶背被疏毛或仅中脉及侧脉被毛余无毛。花序被毛亦较稀疏。花期夏季，果期5~9月。

Deciduous trees or small trees. Bark is grayish-brown with small pieces falling off. Young branches and petioles are brown and flat-pilose. Simple leaf, membranous or thinly-papery, obovate-elliptic, obovate-oblong or oblong, margins serrate except at the base; lateral veins are sparser, 12–22(24) on each side, abaxially sparsely hairy or only mid-veins and lateral veins hairy while others are glabrous; inflorescences are sparsely hairy. Fl. summer, fr. May–Sep.

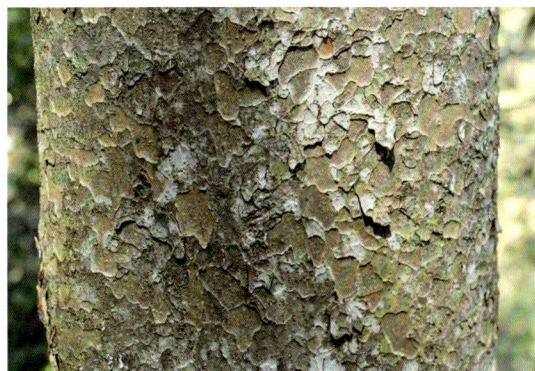

树干 / Trunk
摄影：甄爱国 / Photo by: Zhen Aiguo

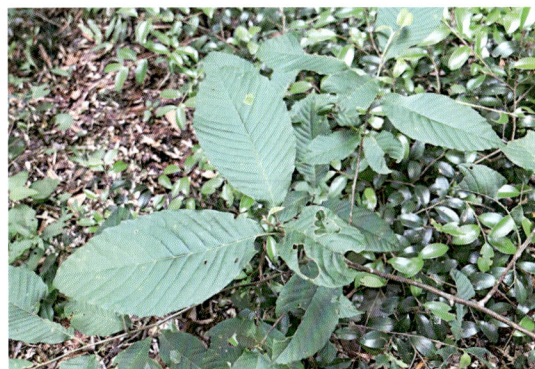

小枝和叶片 / Branchlets and leaves
摄影：王静轩 / Photo by: Wang Jingxuan

小枝和叶背 / Branchlets and leaf abaxial surfaces
摄影：王静轩 / Photo by: Wang Jingxuan

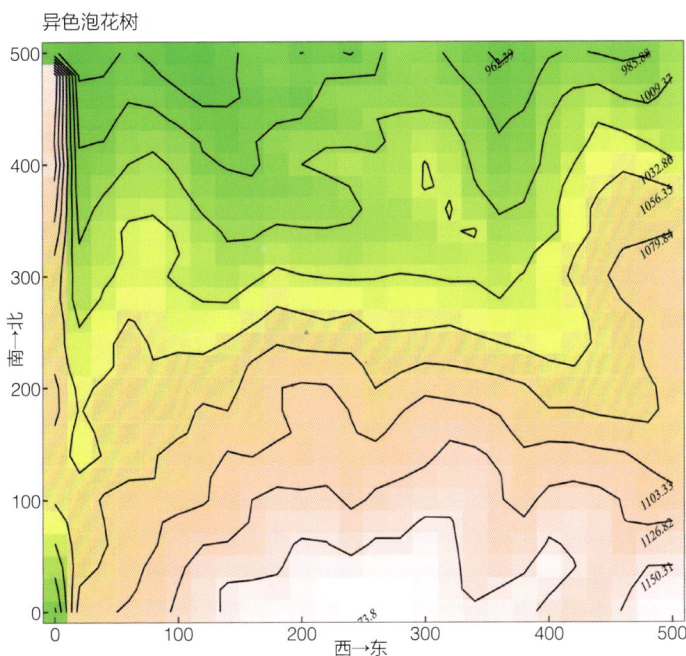

异色泡花树

个体分布图 / Distribution of individuals

径级分布表 / DBH class

径级区间 (Diameter class) (cm)	个体数 (No. of individuals)	比例 (Proportion) (%)
1.0~2.5	1	50.0
2.5~5.0	1	50.0
5.0~10.0	0	0.0
10.0~25.0	0	0.0
25.0~50.0	0	0.0
50.0~100.0	0	0.0
≥ 100.0	0	0.0

021 垂枝泡花树
Meliosma flexuosa

清风藤科 Sabiaceae　泡花树属 *Meliosma*

代码（Sp.Code）：	**MELFLE**
个体数（Individual number / 25hm²）：	**290**
最大胸径（Max DBH）：	**11.2cm**
重要值排序（Important value rank）：	**62/171**

小乔木。芽、嫩枝、嫩叶中脉、花序轴均被淡褐色长柔毛。单叶，膜质，倒卵形或倒卵状椭圆形，先端渐尖或骤狭渐尖；叶柄长，基部稍膨大包裹腋芽。圆锥花序顶生，向下弯垂。果近卵形。花期5~6月，果期7~9月。

Small trees. Buds, twigs, mid-ribs of young leaves, and inflorescence axes are all light-brown villous. Simple leaf, membranous, obovate or obovate-elliptic, apexes acuminate or abruptly acuminate; petioles are long, and their bases slightly expanded to wrap the axillary buds. Panicles are terminal, bent downward. Fruits are nearly ovate. Fl. May–Jun., fr. Jul.–Sep.

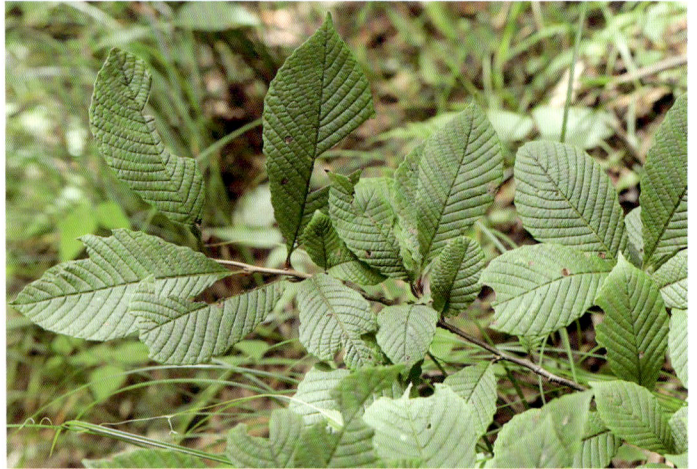
小枝和叶片 / Branchlets and leaves
摄影：王静轩 / Photo by: Wang Jingxuan

小枝和叶背 / Branchlets and leaf abaxial surfaces
摄影：王静轩 / Photo by: Wang Jingxuan

树干 / Trunk
摄影：王静轩 / Photo by: Wang Jingxuan

径级分布表 / DBH class

径级区间 (Diameter class) (cm)	个体数 (No. of individuals)	比例 (Proportion) (%)
1.0~2.5	165	56.9
2.5~5.0	101	34.8
5.0~8.0	19	6.6
8.0~11.0	4	1.4
11.0~15.0	1	0.3
15.0~20.0	0	0.0
≥ 20.0	0	0.0

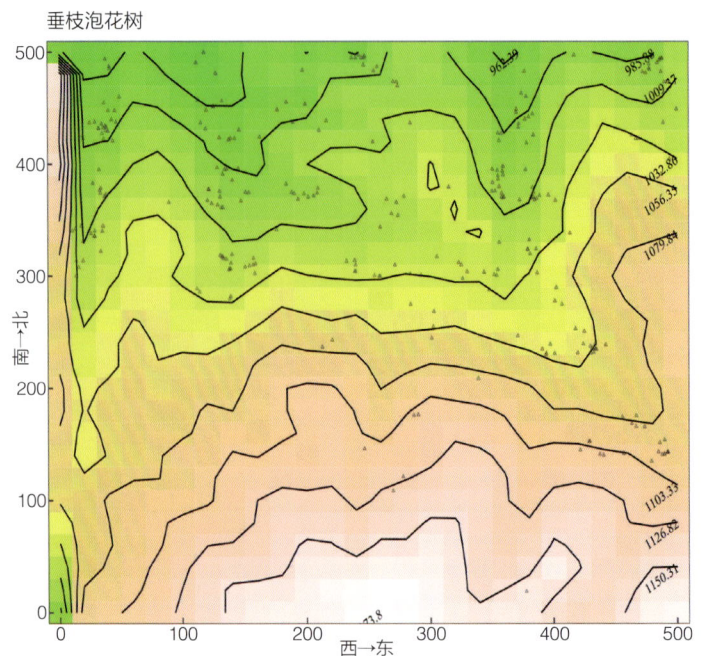
垂枝泡花树

个体分布图 / Distribution of individuals

022　红柴枝
Meliosma oldhamii

清风藤科 Sabiaceae　泡花树属 *Meliosma*

代码（Sp.Code）：**MELOLD**

个体数（Individual number / 25hm²）：**1460**

最大胸径（Max DBH）：**47.47cm**

重要值排序（Important value rank）：**13/171**

落叶乔木。羽状复叶连柄长15~30cm；有小叶7~15片，叶总轴、小叶柄及叶两面均被褐色柔毛，小叶薄纸质，下部的卵形，中部的长圆状卵形或狭卵形，边缘具疏离的锐尖锯齿；脉腋有髯毛。圆锥花序顶生，直立；花白色。核果球形。花期5~6月，果期8~9月。

Deciduous trees. Pinnately compound leaves have petioles 15–30 cm long; there are 7–15 leaflets, the leaflets, rachides, petioles and both sides of the leaves are brown-pilose; the leaflets are thin-papery, abaxially ovate, oblong-ovate in the middle or narrow-ovate, with margins naring alienated sharp serrations; there are bearded hairs in the axils. Panicles are terminal, erect; flowers are white. Drupes are globose. Fl. May–Jun., fr. Aug.–Sep.

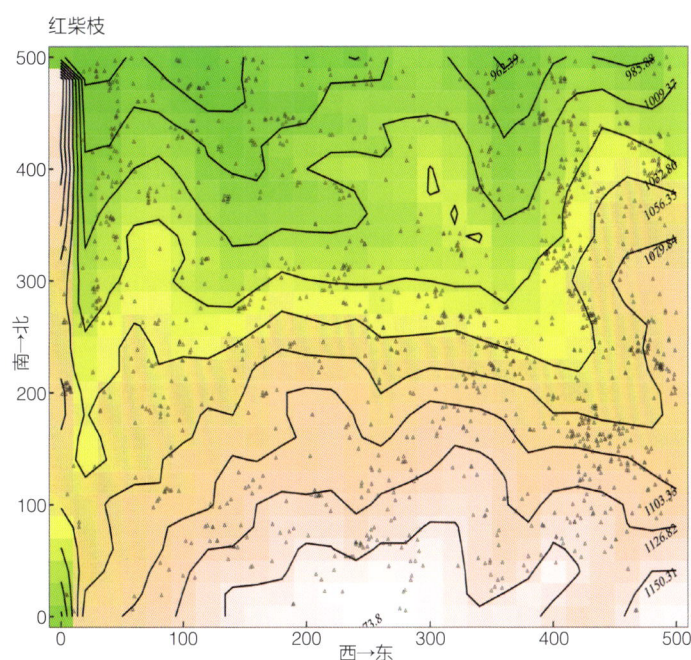

树干 / Trunk
摄影：王静轩 / Photo by: Wang Jingxuan

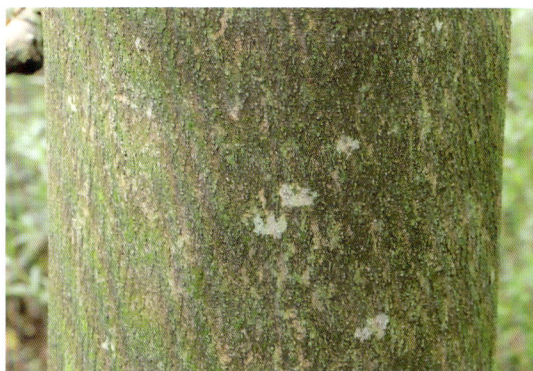

小枝和叶片 / Branchlets and leaves
摄影：王静轩 / Photo by: Wang Jingxuan

叶背 / Leaf abaxial surfaces
摄影：王静轩 / Photo by: Wang Jingxuan

红柴枝

个体分布图 / Distribution of individuals

径级分布表 / DBH class

径级区间 (Diameter class) (cm)	个体数 (No. of individuals)	比例 (Proportion) (%)
1.0~2.5	254	17.4
2.5~5.0	235	16.1
5.0~10.0	379	26.0
10.0~25.0	538	36.8
25.0~50.0	54	3.7
50.0~100.0	0	0.0
≥ 100.0	0	0.0

023 枫香树
Liquidambar formosana

蕈树科 Altingiaceae　枫香树属 *Liquidambar*

代码（Sp.Code）：**LIQFOR**

个体数（Individual number / 25hm²）：**4**

最大胸径（Max DBH）：**9cm**

重要值排序（Important value rank）：**138/171**

落叶乔木。叶薄革质，阔卵形，掌状3裂，中央裂片较长，先端尾状渐尖；两侧裂片平展；基部心形；掌状脉3~5条，在上下两面均显著，网脉明显可见；边缘有锯齿，齿尖有腺状突。头状果序圆球形，木质。种子多数，褐色，多角形或有窄翅。花期3~4月，果期10月。

Deciduous trees. Leaves are thinly leathery, broad-ovate, palmately 3-lobed, the central lobe is longer, with apexes caudate-acuminate; the lobes on both sides are flat; bases are cordate; palmate veins are 3–5, significant on both sides, and network veins are clearly visible; margins are serrate, with tooth tips having glandular processes. Head infructescences are spherical, woody. There are alarge number of seeds, which are brown, mostly polygonal or with narrow wings. Fl. Mar.–Apr., fr. Oct.

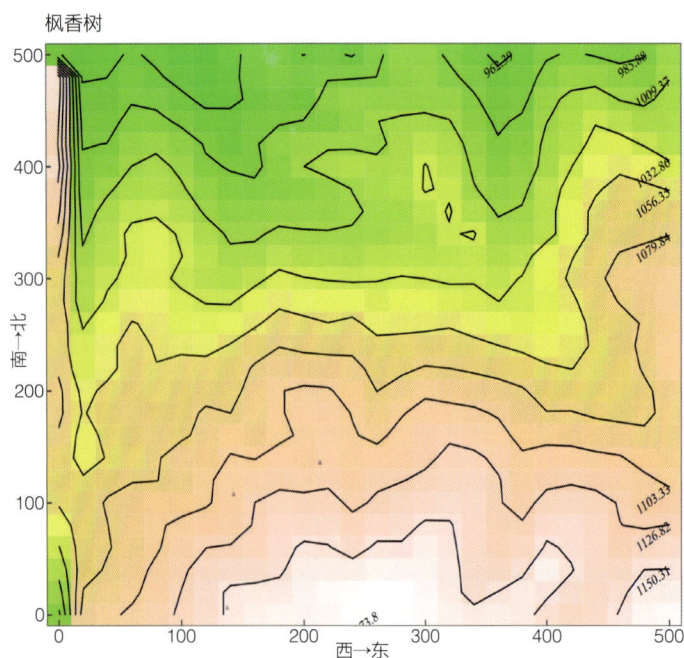

树干 / Trunk
摄影：王静轩 / Photo by: Wang Jingxuan

小枝和叶片 / Branchlets and leaves
摄影：王静轩 / Photo by: Wang Jingxuan

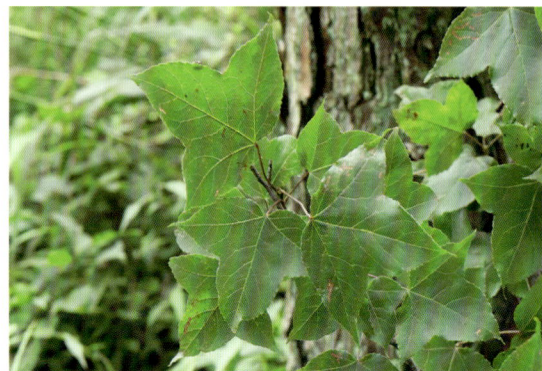

小枝和叶背 / Branchlets and leaf abaxial surfaces
摄影：王静轩 / Photo by: Wang Jingxuan

枫香树

个体分布图 / Distribution of individuals

径级分布表 / DBH class

径级区间 (Diameter class) (cm)	个体数 (No. of individuals)	比例 (Proportion) (%)
1.0~2.5	1	25.0
2.5~5.0	0	0.0
5.0~10.0	3	75.0
10.0~25.0	0	0.0
25.0~50.0	0	0.0
50.0~100.0	0	0.0
≥ 100.0	0	0.0

024 金缕梅
Hamamelis mollis

金缕梅科 Hamamelidaceae 金缕梅属 *Hamamelis*

代码（Sp.Code）：**HAMMOL**

个体数（Individual number / 25hm²）：**325**

最大胸径（Max DBH）：**24.92cm**

重要值排序（Important value rank）：**65/171**

落叶灌木或小乔木。嫩枝有星状绒毛，老枝秃净，芽体长卵形，有灰黄色绒毛。叶纸质或薄革质，阔倒卵圆形，先端短急尖，基部不等侧心形，上面稍粗糙，有稀疏星状毛，不发亮，下面密生灰色星状绒毛。头状或短穗状花序腋生；花瓣带状。蒴果卵圆形，密被黄褐色星状绒毛。花期2~3月，果期9~11月。

Deciduous shrubs or small trees. Young branchlets are star-shaped tomentose, old branchlets are bald clean, buds are long-ovate, grayish-yellow tomentose. Leaf blades are papery or thinly leathery, broadly obovate, with apexes shortly acute, bases asymmetrically cordate, adaxially slightly scabrous, with sparsely star-shaped tomentose, not shiny, abaxially densely grey star-shaped tomentose. Capitula or short spikes are axillary; petals are ribbon-like. Capsules are ovate, densely yellowish-brown star-shaped tomentose. Fl. Feb.–Mar., fr. Sep.–Nov.

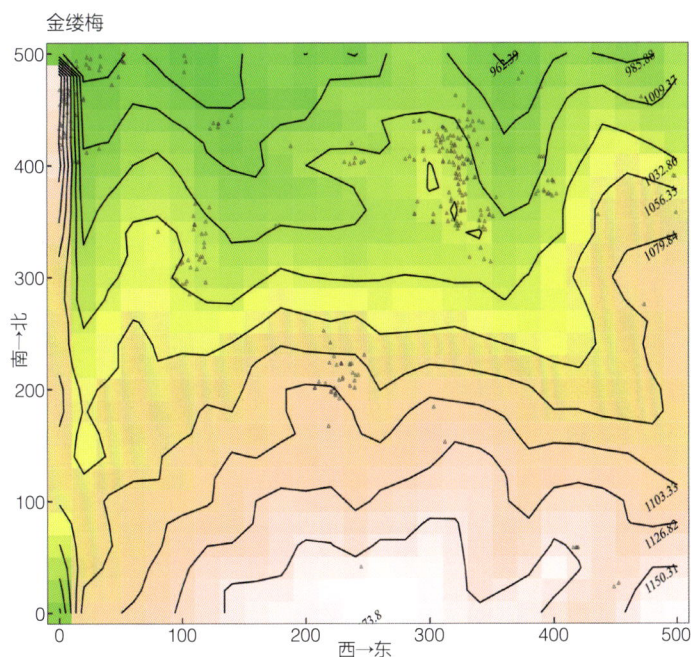

树干 / Trunk
摄影：王静轩 / Photo by: Wang Jingxuan

小枝和叶片 / Branchlets and leaves
摄影：王静轩 / Photo by: Wang Jingxuan

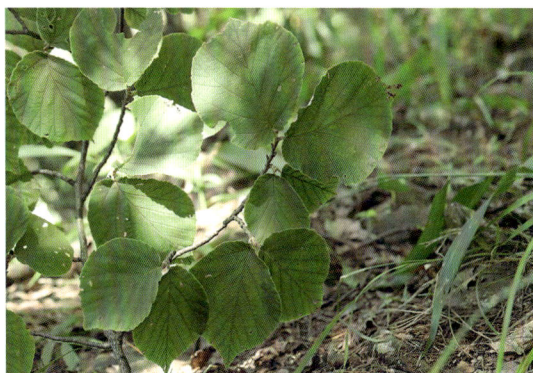

小枝和叶背 / Branchlets and leaf abaxial surfaces
摄影：王静轩 / Photo by: Wang Jingxuan

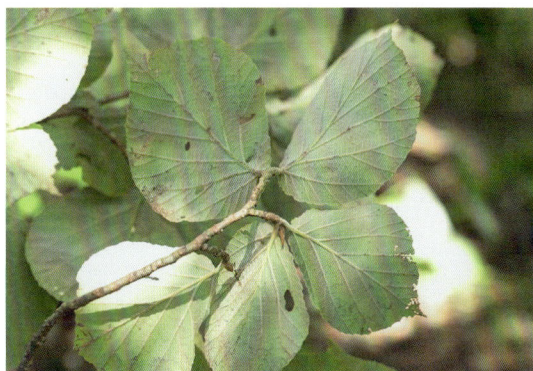

金缕梅

个体分布图 / Distribution of individuals

径级分布表 / DBH class

径级区间 (Diameter class) (cm)	个体数 (No. of individuals)	比例 (Proportion) (%)
1.0~2.5	51	15.7
2.5~5.0	104	32.0
5.0~8.0	105	32.3
8.0~11.0	49	15.1
11.0~15.0	12	3.7
15.0~20.0	3	0.9
≥ 20.0	1	0.3

025 蜡瓣花
Corylopsis sinensis

金缕梅科 Hamamelidaceae 蜡瓣花属 *Corylopsis*

代码（Sp.Code）：**CORSIN**

个体数（Individual number / 25hm²）：**2824**

最大胸径（Max DBH）：**30.41cm**

重要值排序（Important value rank）：**16/171**

落叶灌木。嫩枝有柔毛，老枝秃净，有皮孔；芽体椭圆形，外面有柔毛。叶薄革质，倒卵圆形或倒卵形，先端急短尖或略钝，基部不等侧心形，下面有灰褐色星状柔毛。总状花序长3~4cm；花序柄长约1.5cm，被毛。果序长4~6cm；蒴果近圆球形。花期2~3月，果期9~10月。

Deciduous shrubs. Young branchlets are tomentose, old branchlets are bald clean, with lenticels; buds are elliptic, tomentose. Leaf blades are thinly leathery, obovate-rounded or obovate, with apexes shortly acute or obtuse, bases asymmetry cordate, abaxially taupe star-shaped tomentose. Racemes are 3–4 cm long; peduncles are ca.1.5 cm long and tomentose. Infructescences are 4–6 cm long; capsules are subrounded. F1. Feb.–Mar., fr. Sep.–Oct.

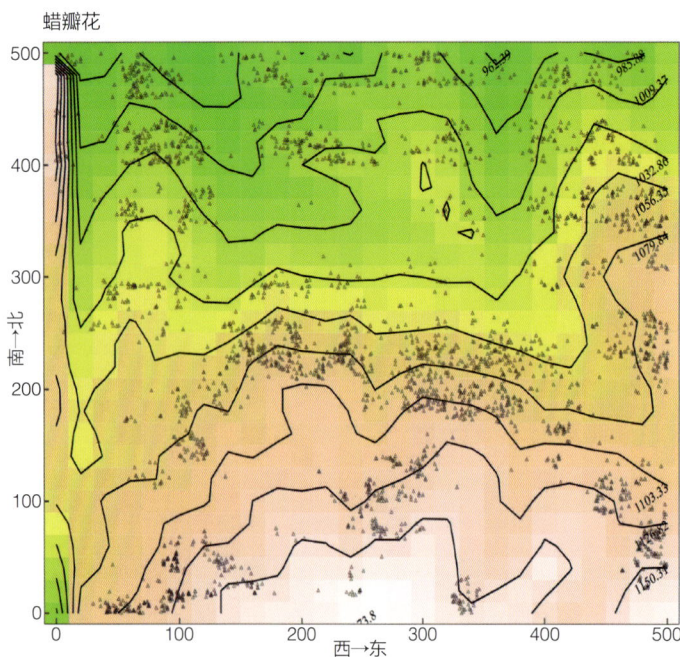
树干 / Trunk
摄影：王静轩 / Photo by: Wang Jingxuan

小枝和叶片 / Branchlets and leaves
摄影：王静轩 / Photo by: Wang Jingxuan

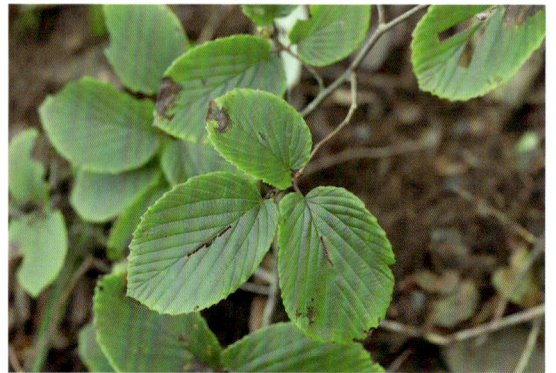
小枝和叶背 / Branchlets and leaf abaxial surfaces
摄影：王静轩 / Photo by: Wang Jingxuan

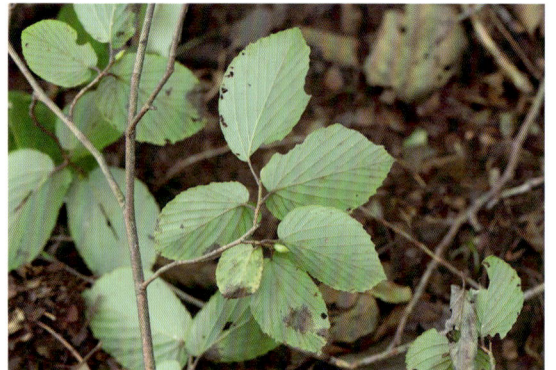
蜡瓣花
个体分布图 / Distribution of individuals

径级分布表 / DBH class

径级区间 (Diameter class) (cm)	个体数 (No. of individuals)	比例 (Proportion) (%)
1.0~2.0	261	9.2
2.0~3.0	32	1.2
3.0~4.0	582	20.6
4.0~5.0	604	21.4
5.0~7.0	954	33.8
7.0~10.0	362	12.8
≥ 10.0	29	1.0

026 秃蜡瓣花

Corylopsis sinensis var. calvescens

金缕梅科 Hamamelidaceae　蜡瓣花属 *Corylopsis*

代码（Sp.Code）：**CORSINCAL**

个体数（Individual number / 25hm²）：**3501**

最大胸径（Max DBH）：**15.77cm**

重要值排序（Important value rank）：**14/171**

落叶小乔木。嫩枝及芽体无毛。叶阔卵形或矩圆状倒卵形，先端尖或渐尖，基部不等侧心形，或近于平截，下面带灰色，秃净无毛，或仅在背脉上有毛，边缘有刺状齿突。总状花序长3~4cm，花序柄及花序轴均有绒毛，总苞状鳞片有毛，萼筒及子房有毛，萼齿无毛。蒴果有星状毛。花期2~3月，果期9~10月。

Deciduous small trees. Young branches and bud bodies are glabrous. Leaves are broadly ovate or oblong-obovate, with apexes acute or acuminate, bases irregularly cordate, or near truncate, abaxially gray, bald and clean, only the back veins with hairs, margins with thorn-shaped odontoid. Racemes are 3–4 cm long, the inflorescence stem and inflorescence axes are covered with fluff, involucre-like scales are hairy, calyx tubes and ovaries are hairy, calyx teeth are hairy. Capsules are with star hairs. Fl. Feb.–Mar., fr. Sep.–Oct.

树干 / Trunk
摄影：王静轩 / Photo by: Wang Jingxuan

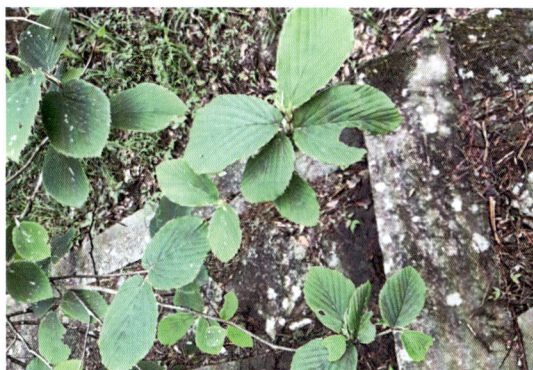

小枝和叶片 / Branchlets and leaves
摄影：王静轩 / Photo by: Wang Jingxuan

小枝和叶背 / Branchlets and leaf abaxial surfaces
摄影：王静轩 / Photo by: Wang Jingxuan

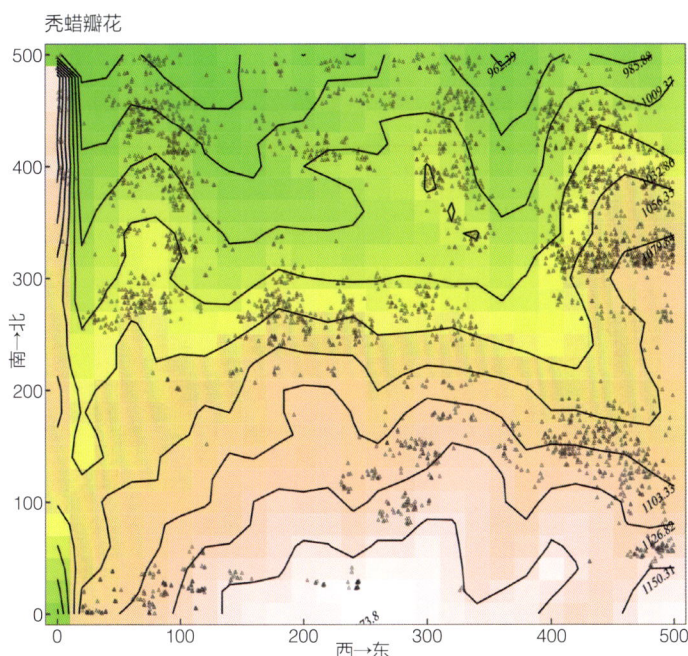

秃蜡瓣花

个体分布图 / Distribution of individuals

径级分布表 / DBH class

径级区间 (Diameter class) (cm)	个体数 (No. of individuals)	比例 (Proportion) (%)
1.0~2.5	400	11.4
2.5~5.0	1555	44.4
5.0~8.0	1373	39.2
8.0~11.0	161	4.6
11.0~15.0	11	0.4
15.0~20.0	1	0.0
≥ 20.0	0	0.0

027 交让木
Daphniphyllum macropodum

虎皮楠科 Daphniphyllaceae 虎皮楠属 *Daphniphyllum*

代码（Sp.Code）：**DAPMAC**

个体数（Individual number / 25hm²）：**1**

最大胸径（Max DBH）：**6.2cm**

重要值排序（Important value rank）：**163/171**

灌木或小乔木。小枝粗壮。叶革质，长圆形至倒披针形，叶背淡绿色；叶柄紫红色，粗壮，长3~6cm。果椭圆形，先端具宿存柱头，基部圆形，暗褐色，有时被白粉，具疣状皱褶。花期3~5月，果期8~10月。

Shrubs or small trees. Branchlets are stout. Leaf blades are leathery, oblong to oblanceolate, light green abaxially; petioles are purplish red, stout, 3–6 cm long. Fruits are ellipsoidal, with apexes having persistent stigma, bases rounded, dark brown, sometimes pruinose and verrucose rugose. Fl. Mar.–May, fr. Aug.–Oct.

树干 / Trunk
摄影：彭焱松 / Photo by: Peng Yansong

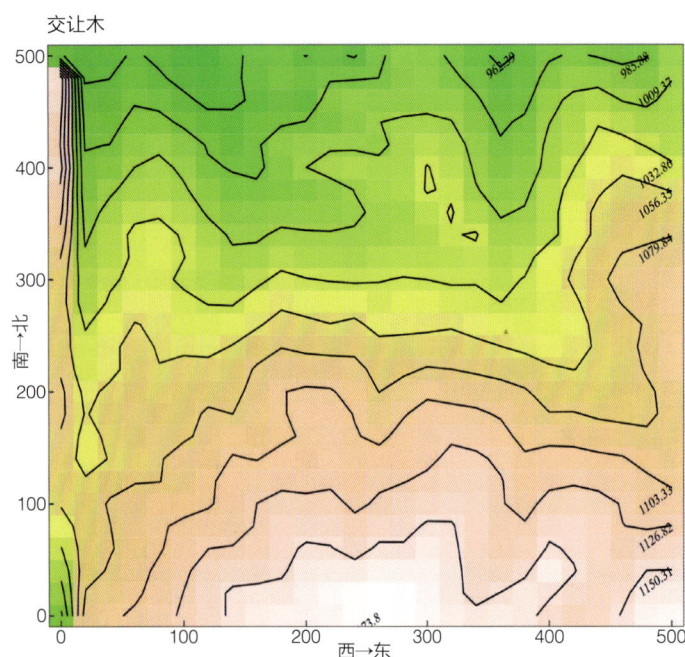

花枝 / Flowering branches
摄影：彭焱松 / Photo by: Peng Yansong

小枝和叶片 /
Branchlets and leaves
摄影：彭焱松 /
Photo by: Peng Yansong

叶背 / Leaf abaxial surfaces
摄影：彭焱松 /
Photo by: Peng Yansong

交让木

个体分布图 / Distribution of individuals

径级分布表 / DBH class

径级区间 (Diameter class) (cm)	个体数 (No. of individuals)	比例 (Proportion) (%)
1.0~2.5	0	0.0
2.5~5.0	0	0.0
5.0~8.0	1	100.0
8.0~11.0	0	0.0
11.0~15.0	0	0.0
15.0~20.0	0	0.0
≥ 20.0	0	0.0

028 黄檀

Dalbergia hupeana

豆科 Fabaceae　黄檀属 *Dalbergia*

代码（Sp.Code）：**DALHUP**

个体数（Individual number / 25hm²）：**529**

最大胸径（Max DBH）：**29.1cm**

重要值排序（Important value rank）：**39/171**

落叶乔木。树皮暗灰色，呈薄片状剥落。羽状复叶长15~25cm；小叶3~5对，近革质，椭圆形至长圆状椭圆形，先端钝或稍凹入，基部圆形或阔楔形，两面无毛。圆锥花序顶生或生于最上部的叶腋间；花冠白色或淡紫色。荚果长圆形或阔舌状。花期5~7月，果期9~11月。

Deciduous trees. Bark is dull gray, with flake-like spalling. Leaves are pinnate 15–25 cm long; there are 3–5 pairs leaflets, which are near-leathery, elliptic to oblong-elliptic, with apexes obtuse or slightly emarginate, bases rounded or broadly cuneate, and both surfaces are glabrous. Panicles are terminal or extend into axils of uppermost leaves; corollas are white or light purple. Pods are oblong or broadly tongued. Fl. May–Jul., fr. Sep.–Nov.

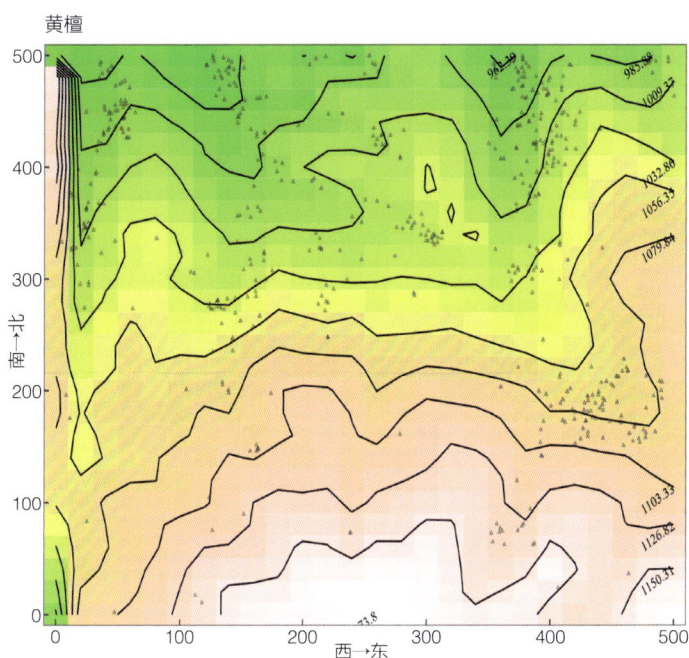

树干 / Trunk
摄影：王静轩 / Photo by: Wang Jingxuan

小枝和叶片 / Branchlets and leaves
摄影：王静轩 / Photo by: Wang Jingxuan

小枝和叶背 / Branchlets and leaf abaxial surfaces
摄影：王静轩 / Photo by: Wang Jingxuan

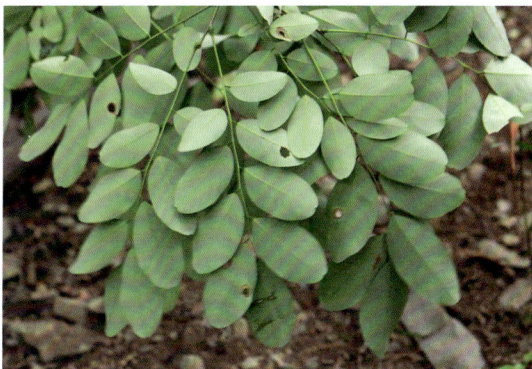

黄檀

个体分布图 / Distribution of individuals

径级分布表 / DBH class

径级区间 (Diameter class) (cm)	个体数 (No. of individuals)	比例 (Proportion) (%)
1.0~2.5	60	11.3
2.5~5.0	98	18.5
5.0~10.0	181	34.2
10.0~25.0	186	35.2
25.0~50.0	4	0.8
50.0~100.0	0	0.0
≥ 100.0	0	0.0

029 绿叶胡枝子
Lespedeza buergeri

豆科 Fabaceae　胡枝子属 *Lespedeza*

代码（Sp.Code）：**LESBUE**

个体数（Individual number / 25hm²）：**39**

最大胸径（Max DBH）：**5.36cm**

重要值排序（Important value rank）：**98/171**

直立灌木。羽状三出复叶；小叶卵状椭圆形，长3~7cm，宽1.5~2.5cm，先端急尖，基部稍尖或钝圆，上面鲜绿色，光滑无毛，下面灰绿色，密被贴生的毛。总状花序腋生，在枝上部者构成圆锥花序；花冠淡黄绿色。荚果长圆状卵形。花期6~7月，果期8~9月。

Erect shrubs. Leaves are plumose trifoliolate; leaflets are ovate-elliptic, 3–7 cm long, 1.5–2.5 cm wide, with apexes acute, bases slightly sharp or obtuse, adaxially bright green, smooth and glabrous, abaxially glaucous, densely attached hair. Racemes are axillary, and those on the upper part of branches form panicles; corollas are yellowish-green. Pods are oblong-ovate. Fl. Jun.–Jul., fr. Aug.–Sep.

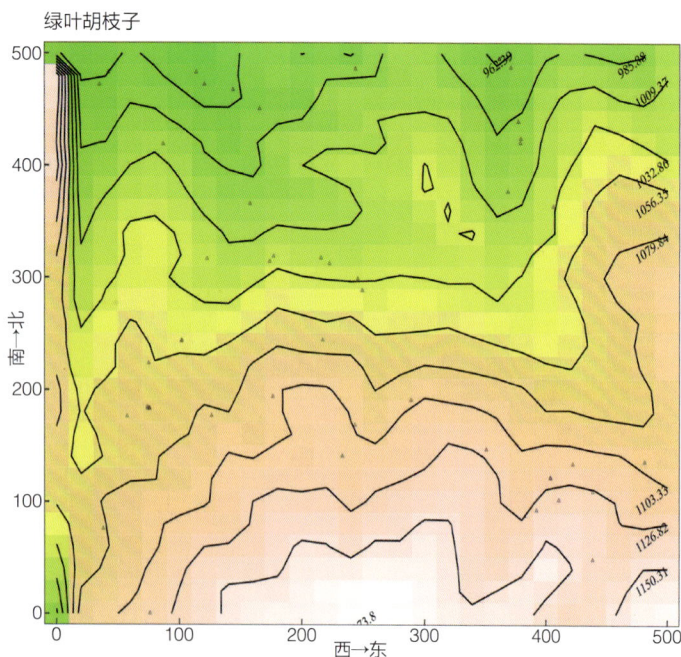

树干 / Trunk
摄影：梁同军 / Photo by: Liang Tongjun

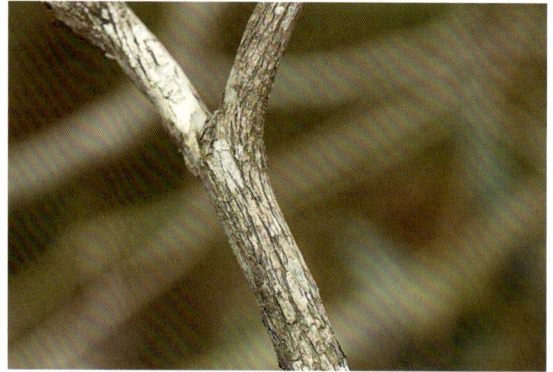

小枝和叶片 / Branchlets and leaves
摄影：唐忠炳 / Photo by: Tang Zhongbing

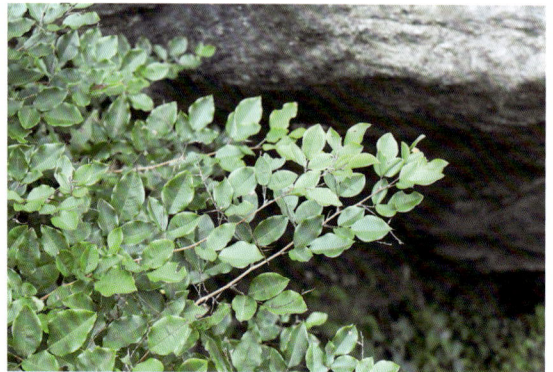

小枝和叶背 / Branchlets and leaf abaxial surfaces
摄影：唐忠炳 / Photo by: Tang Zhongbing

绿叶胡枝子

个体分布图 / Distribution of individuals

径级分布表 / DBH class

径级区间 (Diameter class) (cm)	个体数 (No. of individuals)	比例 (Proportion) (%)
1.0~2.0	31	79.5
2.0~3.0	4	10.3
3.0~4.0	2	5.0
4.0~5.0	1	2.6
5.0~7.0	1	2.6
7.0~10.0	0	0.0
≥ 10.0	0	0.0

030 中华胡枝子

Lespedeza chinensis

豆科 Fabaceae　胡枝子属 *Lespedeza*

代码（Sp.Code）：**LESCHI**

个体数（Individual number / 25hm^2）：**1**

最大胸径（Max DBH）：**1.9cm**

重要值排序（Important value rank）：**167/171**

落叶小灌木。羽状复叶具3片小叶，小叶倒卵状长圆形、长圆形、卵形或倒卵形，长1.5~4cm，宽1~1.5cm，先端截形、微凹或钝头，具小刺尖，边缘稍反卷，上面无毛或疏生短柔毛，下面密被白色伏毛。总状花序腋生，不超出叶，少花；花冠白色或黄色。花期8~9月，果期10~11月。

Deciduous small shrubs. Leaves are pinnate with 3 leaflets. The leaflets are obovate-oblong, oblong, ovate or obovate, 1.5–4 cm long, 1–1.5 cm wide, with apexes truncate, emarginate or obtuse, and with small thorn tips, the margins are slightly involute, the upper surface (adaxially) is glabrous or has sparse short pubescence, while the lower surface (abaxially) has densely white pubescence. Racemes are axillary, shorter than the leaves, with sparse flowers; corollas are white or yellow. Fl. Aug.–Sep., fr. Oct.–Nov.

枝干 / Branches
摄影：王雷宏 / Photo by: Wang Leihong

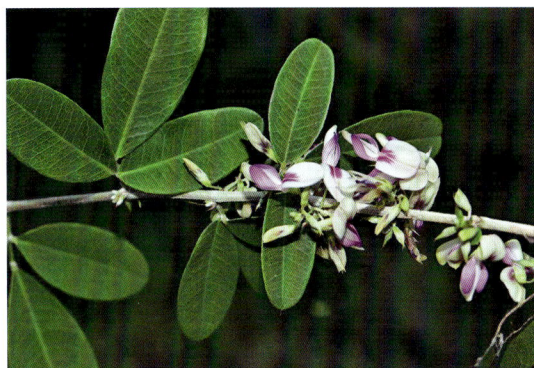

小枝和花 / Branchlets and flowers
摄影：张成 / Photo by: Zhang Cheng

叶背和花 / Leaf abaxial surfaces and flowers
摄影：张成 / Photo by: Zhang Cheng

中华胡枝子

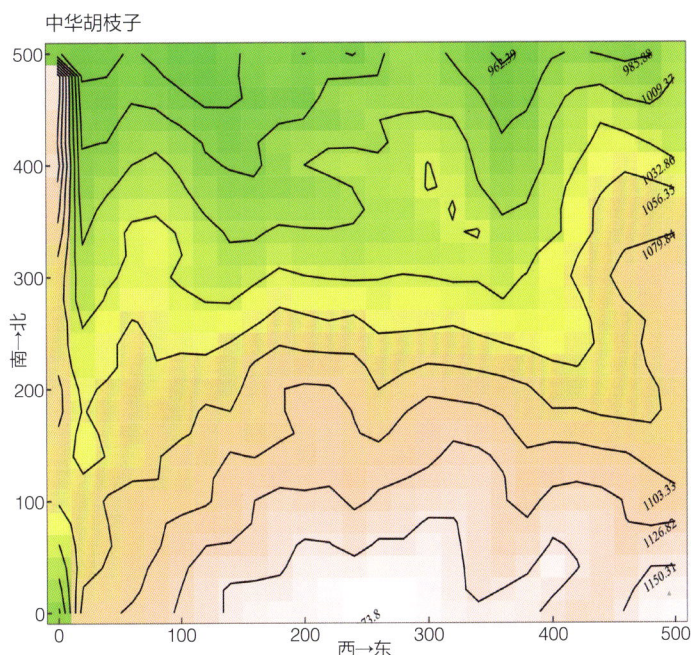

个体分布图 / Distribution of individuals

径级分布表 / DBH class

径级区间 (Diameter class) (cm)	个体数 (No. of individuals)	比例 (Proportion) (%)
1.0~2.0	1	100.0
2.0~3.0	0	0.0
3.0~4.0	0	0.0
4.0~5.0	0	0.0
5.0~7.0	0	0.0
7.0~10.0	0	0.0
≥ 10.0	0	0.0

031 美丽胡枝子
Lespedeza thunbergii subsp. *formosa*

豆科 Fabaceae　胡枝子属 *Lespedeza*

代码（Sp.Code）：**LESTHU**

个体数（Individual number / 25hm²）：**3**

最大胸径（Max DBH）：**2.8cm**

重要值排序（Important value rank）：**134/171**

落叶直立灌木。羽状三出复叶；小叶椭圆形、长圆状椭圆形或卵形，稀倒卵形，两端稍尖或稍钝，长2.5~6cm，宽1~3cm，上面绿色，稍被短柔毛，下面淡绿色，贴生短柔毛。总状花序单一，腋生，比叶长；花冠红紫色。花期7~9月，果期9~10月。

Evergreen erect shrubs. Leaves are plumose ternate compound; leaflets are elliptic, oblong-elliptic or ovate, sparsely obovate, with both ends slightly pointed or obtuse, 2.5–6 cm long, 1–3 cm wide, adaxially green and slightly pubescent, abaxially light green and adhesive-pubescent. Raceme are single, axillary, and longer than leaves; corollas are reddish-purple. Fl. Jul.–Sep., fr. Sep.–Oct.

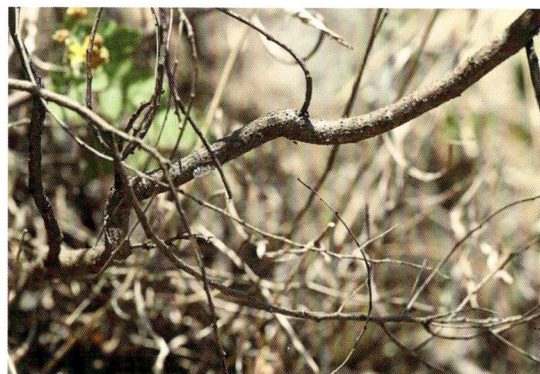

树干 / Trunk
摄影：梁同军 / Photo by: Liang Tongjun

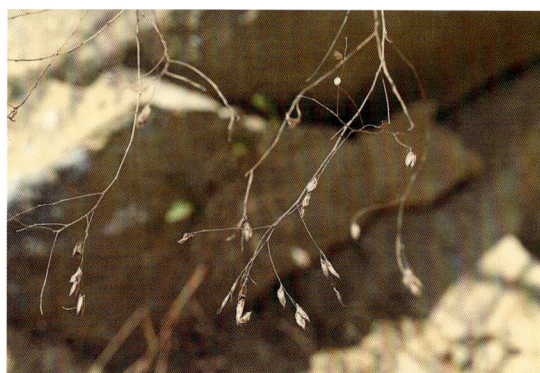

果枝 / Fruiting branches
摄影：梁同军 / Photo by: Liang Tongjun

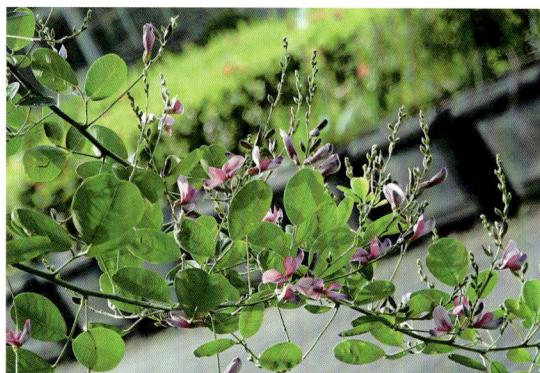

花枝 / Flowering branches
摄影：区崇烈 / Photo by: Qu Chonglie

美丽胡枝子

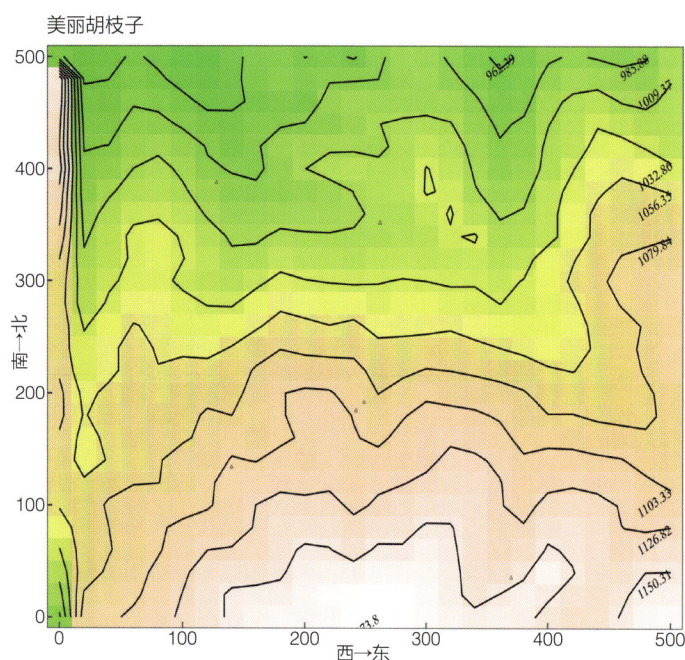

个体分布图 / Distribution of individuals

径级分布表 / DBH class

径级区间 (Diameter class) (cm)	个体数 (No. of individuals)	比例 (Proportion) (%)
1.0~2.0	3	100.0
2.0~3.0	0	0.0
3.0~4.0	0	0.0
4.0~5.0	0	0.0
5.0~7.0	0	0.0
7.0~10.0	0	0.0
≥ 10.0	0	0.0

032 马鞍树

Maackia hupehensis

豆科 Fabaceae 马鞍树属 *Maackia*

代码（Sp.Code）：	**MAAHUP**
个体数（Individual number / 25hm²）：	**230**
最大胸径（Max DBH）：	**51.6cm**
重要值排序（Important value rank）：	**47/171**

落叶乔木。树皮绿灰色或灰黑褐色，平滑。羽状复叶，上部的对生，下部的近对生，卵形、卵状椭圆形或椭圆形，上面无毛，下面密被平伏褐色短柔毛，中脉尤密。总状花序；总花梗密被淡黄褐色柔毛；花冠白色。荚果阔椭圆形或长椭圆形，扁平。花期6~7月，果期8~9月。

Deciduous trees. Bark is green-gray or gray-brown and smooth. Leaves are plumose compound, opposite distally, sub-opposite proximally, ovate, ovate-elliptic, or elliptic, adaxially glabrous, abaxially densely flat-brown pubescent, especially dense on the midribs. Racemes are present; total pedicels are densely covered with yellowish-brown tomentum; corollas are white. Pods are broadly elliptical or long-elliptical and flat. Fl. Jun.–Jul., fr. Aug.–Sep.

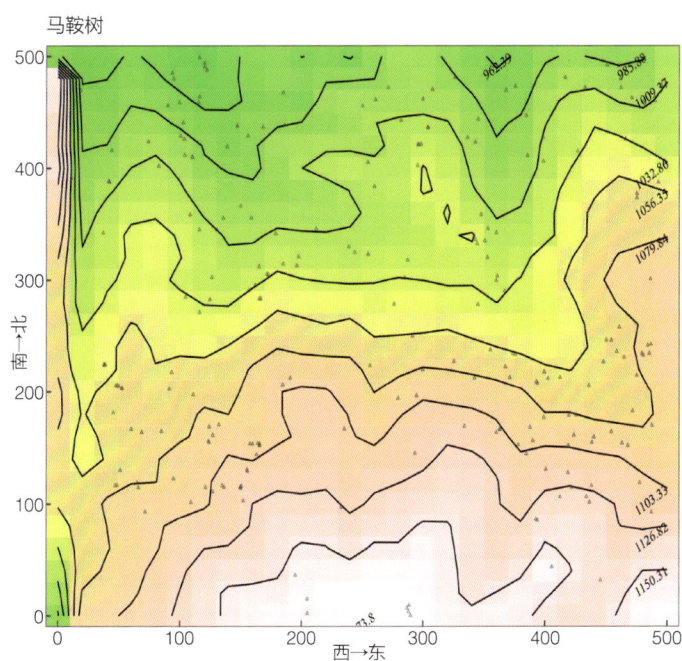
树干 / Trunk
摄影：王静轩 / Photo by: Wang Jingxuan

小枝和叶片 / Branchlets and leaves
摄影：王静轩 / Photo by: Wang Jingxuan

小枝和叶背 / Branchlets and leaf abaxial surfaces
摄影：王静轩 / Photo by: Wang Jingxuan

个体分布图 / Distribution of individuals

径级分布表 / DBH class

径级区间 (Diameter class) (cm)	个体数 (No. of individuals)	比例 (Proportion) (%)
1.0~2.5	16	7.0
2.5~5.0	27	11.8
5.0~10.0	53	23.0
10.0~25.0	110	47.8
25.0~50.0	23	10.0
50.0~100.0	1	0.4
≥ 100.0	0	0.0

033 山槐
Albizia kalkora

豆科 Fabaceae　合欢属 *Albizia*

代码（Sp.Code）：**ALBKAL**

个体数（Individual number / 25hm²）：**1135**

最大胸径（Max DBH）：**32.85cm**

重要值排序（Important value rank）：**15/171**

落叶小乔木或灌木。二回羽状复叶；羽片2~4对；小叶5~14对，长圆形或长圆状卵形，基部不等侧，两面均被短柔毛，中脉稍偏于上侧。头状花序2~7个生于叶腋，或于枝顶排成圆锥花序；花初白色，后变黄。荚果带状。花期5~6月，果期8~10月。

Deciduous small trees or shrubs. Leaves are bipinnately compound; there are 2–4 pairs pinnae; leaflets are 5–14 pairs, oblong or oblong-ovate, with bases unequal, both surfaces pubescent, and mid-veins slightly close to the upper margins. Capitate inflorescences are 2–7 in the axils, or arranged in a paniculate inflorescence；flowers are white first, then tum yellow. Pod are band-shaped. Fl. May–Jun., fr. Aug.–Oct.

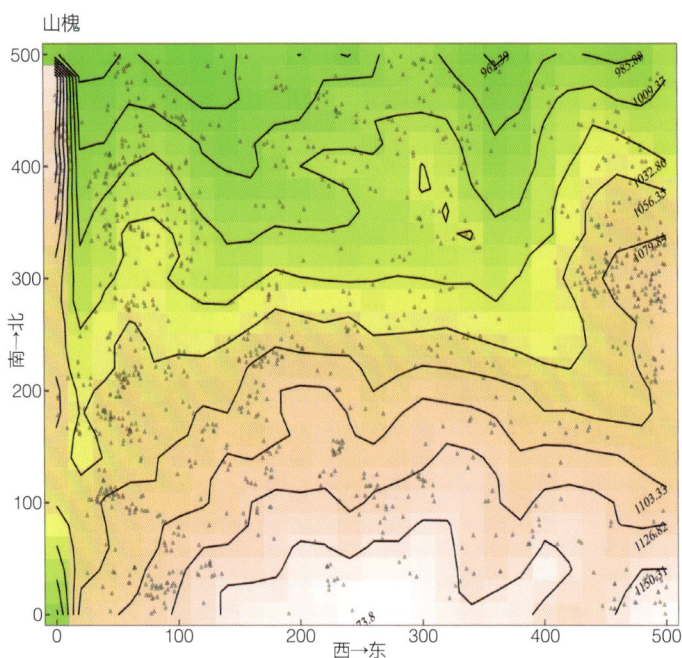
树干 / Trunk
摄影：王静轩 / Photo by: Wang Jingxuan

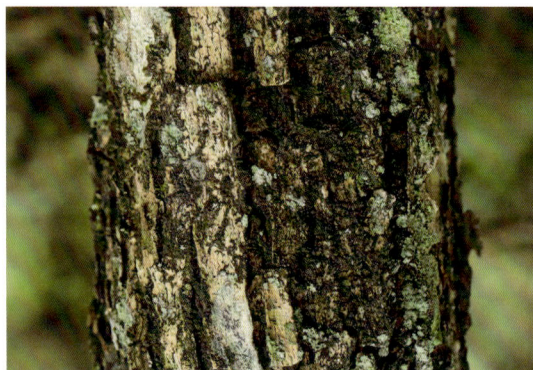
小枝和叶片 / Branchlets and leaves
摄影：王静轩 / Photo by: Wang Jingxuan

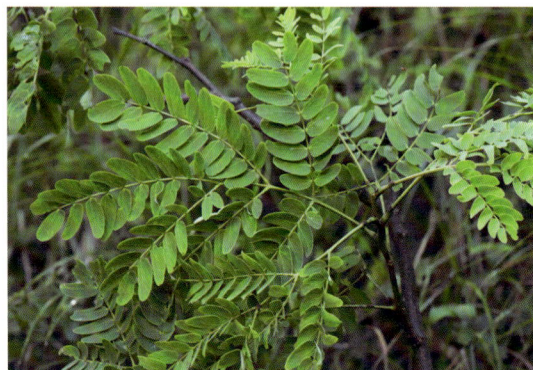
小枝和叶背 / Branchlets and leaf abaxial surfaces
摄影：王静轩 / Photo by: Wang Jingxuan

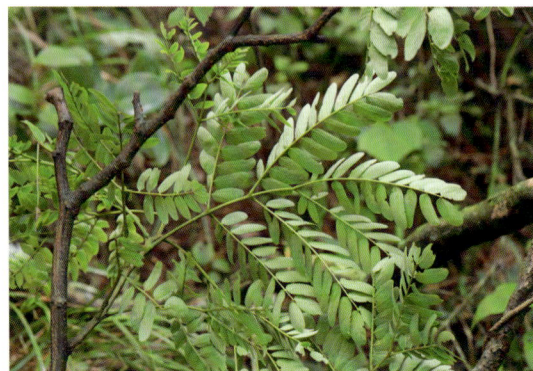
个体分布图 / Distribution of individuals

径级分布表 / DBH class

径级区间 (Diameter class) (cm)	个体数 (No. of individuals)	比例 (Proportion) (%)
1.0~2.5	17	1.5
2.5~5.0	17	1.5
5.0~8.0	84	7.4
8.0~11.0	193	17.0
11.0~15.0	407	35.9
15.0~20.0	328	28.9
≥ 20.0	89	7.8

034 水榆花楸
Sorbus alnifolia

蔷薇科 Rosaceae　花楸属 *Sorbus*

代码（Sp.Code）：**SORALN**

个体数（Individual number / 25hm²）：**621**

最大胸径（Max DBH）：**54.55cm**

重要值排序（Important value rank）：**35/171**

落叶乔木。小枝幼时微具柔毛，老时无毛。叶片卵形至椭圆卵形，边缘有不整齐的尖锐重锯齿，上下两面无毛或在下面的中脉和侧脉上微具短柔毛；叶柄无毛或微具稀疏柔毛。复伞房花序较疏松；花瓣白色。果实椭圆形或卵形。花期5月，果期8~9月。

Deciduous trees. Branchlets are sparsely tomentose when young, and glabrous when old. Leaf blades are ovoid to elliptic-ovate, with margins irregular and sharply bi-serrate, glabrous on both sides or with abaxially mid-veins and lateral veins sparsely tomentose; petioles are glabrous or slightly sparsely tomentose. Compound corymbs are sparsely; petals are white. Fruits are elliptic or ovoid. Fl. May, fr. Jun.–Sep.

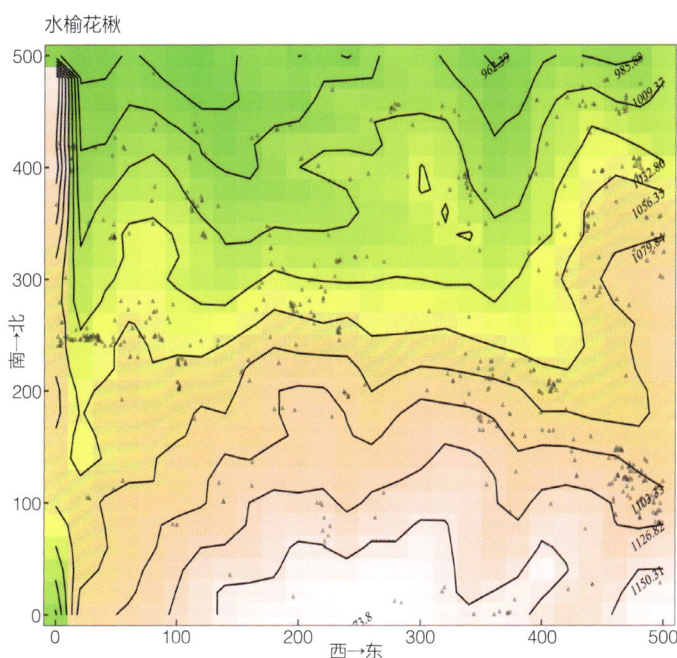

树干 / Trunk
摄影：王静轩 / Photo by: Wang Jingxuan

小枝和叶片 / Branchlets and leaves
摄影：王静轩 / Photo by: Wang Jingxuan

小枝和叶背 / Branchlets and leaf abaxial surfaces
摄影：王静轩 / Photo by: Wang Jingxuan

水榆花楸

个体分布图 / Distribution of individuals

径级分布表 / DBH class

径级区间 (Diameter class) (cm)	个体数 (No. of individuals)	比例 (Proportion) (%)
1.0~2.5	125	20.1
2.5~5.0	154	24.8
5.0~10.0	174	28.0
10.0~25.0	159	25.6
25.0~50.0	8	1.3
50.0~100.0	1	0.2
≥ 100.0	0	0.0

035 石灰花楸

Sorbus folgneri

蔷薇科 Rosaceae 花楸属 *Sorbus*

代码（Sp.Code）：**SORFOL**

个体数（Individual number / 25hm²）：**2502**

最大胸径（Max DBH）：**38.62cm**

重要值排序（Important value rank）：**10/171**

落叶乔木。嫩枝、叶柄、叶片下面和花序上均密被白色绒毛。叶片卵形至椭圆卵形，先端急尖或短渐尖，基部宽楔形或圆形，边缘有细锯齿或在新枝上的叶片边缘有重锯齿和浅裂片；侧脉通常8~15对，直达叶边锯齿顶端；叶柄长5~15mm。复伞房花序具多花。果实椭圆形。花期4~5月，果期7~8月。

Deciduous trees. Young branchlets, petioles, the abaxial surface and inflorescences are densely covered with white tomentose. Leaves are ovate to elliptic-ovate, with apexes acute or shortly acuminate, bases broadly cuneate or rounded, margins are finely serrate, or young branchlets, the margins are bi-serrate and lobed; lateral veins are usually 8–15 pairs, straight to the distally of the serrated edge; petioles are 5–15 mm long. Compound corymb inflorescences have many flowers. Fruits are elliptic. Fl. Apr.–May, fr. Jul.–Aug.

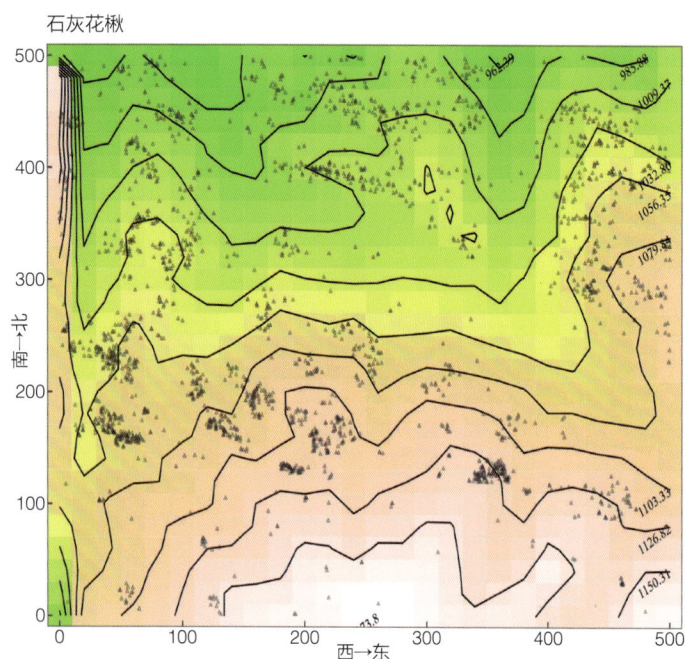

树干 / Trunk
摄影：王静轩 / Photo by: Wang Jingxuan

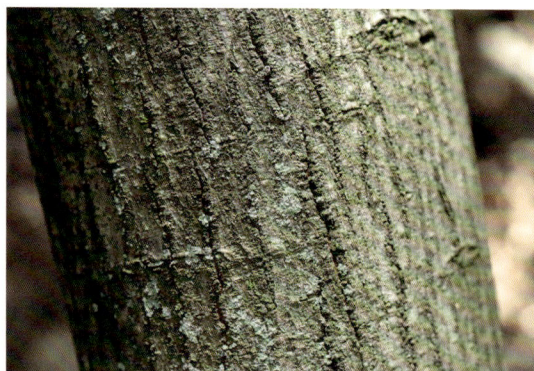

小枝和叶片 / Branchlets and leaves
摄影：王静轩 / Photo by: Wang Jingxuan

小枝和叶背 / Branchlets and leaf abaxial surfaces
摄影：王静轩 / Photo by: Wang Jingxuan

石灰花楸

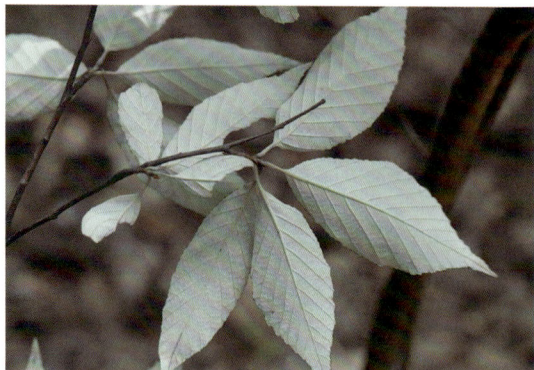

个体分布图 / Distribution of individuals

径级分布表 / DBH class

径级区间 (Diameter class) (cm)	个体数 (No. of individuals)	比例 (Proportion) (%)
1.0~2.5	266	10.6
2.5~5.0	621	24.8
5.0~10.0	820	32.8
10.0~25.0	775	31.0
25.0~50.0	20	0.8
50.0~100.0	0	0.0
≥ 100.0	0	0.0

036 江南花楸

Sorbus hemsleyi

蔷薇科 Rosaceae 花楸属 *Sorbus*

代码（Sp.Code）：**SORHEM**

个体数（Individual number / 25hm²）：**1716**

最大胸径（Max DBH）：**37.98cm**

重要值排序（Important value rank）：**18/171**

落叶乔木或灌木。叶片卵形至长椭卵形，先端急尖或短渐尖，基部楔形，边缘有细锯齿并微向下卷；上面深绿色，无毛，下面除中脉和侧脉外均有灰白色绒毛，侧脉12~14对，直达叶边齿端；叶柄无毛或微有绒毛。复伞房花序；花梗被白色绒毛。果实近球形。花期5月，果期8~9月。

Deciduous trees or shrubs.Leaf blades are ovate to oblong-elliptic-ovate, with apexes acute or shortly acuminate, bases cuneate, margins are finely serrated and slightly curled downwards; the adaxial surface is dark green and glabrous, while the abaxial surface has grayish-white villi except on the midveins and lateral veins, lateral veins are 12–14 pairs, straightly reach leaf margin teeth end; petioles are glabrous or slightly villous. Compound corymb inflorescences are present; pedicels are covered with white fluff. Fruits are sub-globose. Fl. May, Fr. Aug.–Sep.

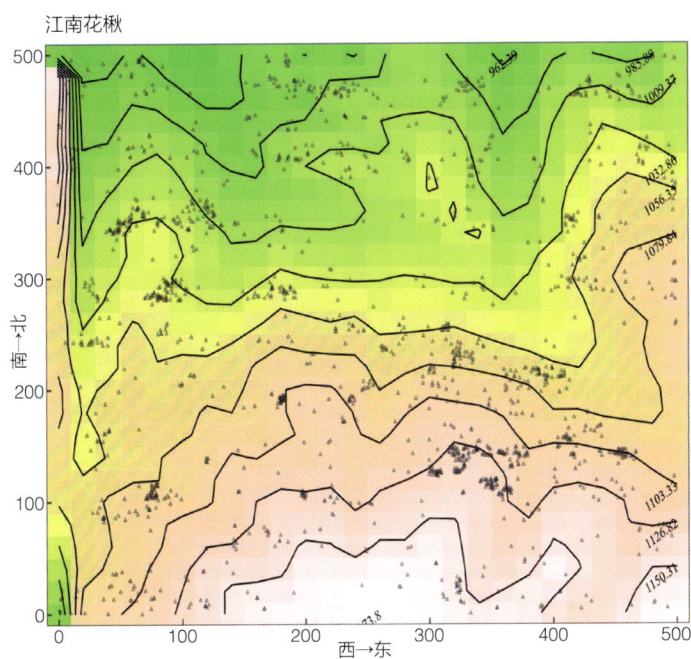

树干 / Trunk
摄影：彭焱松 / Photo by: Peng Yansong

小枝和叶片 / Branchlets and leaves
摄影：彭焱松 / Photo by: Peng Yansong

小枝和叶背 / Branchlets and leaf abaxial surfaces
摄影：彭焱松 / Photo by: Peng Yansong

江南花楸

个体分布图 / Distribution of individuals

径级分布表 / DBH class

径级区间 (Diameter class) (cm)	个体数 (No. of individuals)	比例 (Proportion) (%)
1.0~2.5	269	15.6
2.5~5.0	418	24.4
5.0~10.0	496	28.9
10.0~25.0	514	30.0
25.0~50.0	19	1.1
50.0~100.0	0	0.0
≥ 100.0	0	0.0

037 庐山花楸
Sorbus lushanensis

蔷薇科 Rosaceae　花楸属 *Sorbus*

代码（Sp.Code）：**SORLUS**

个体数（Individual number / 25hm²）：**644**

最大胸径（Max DBH）：**36.1cm**

重要值排序（Important value rank）：**33/171**

落叶乔木。嫩枝被稀疏绒毛，后脱落。叶纸质，椭圆形或宽卵形，先端急尖或短渐尖，基部楔形或近圆形，边缘有锯齿或重锯齿，上面疏生白色绒毛，后脱落，下面密被绿灰色绒毛，侧脉直达齿尖；叶柄被绿灰色绒毛。总花梗、花梗、萼筒及萼片均被稀疏白色柔毛。果椭球形或卵球形。花期4~5月，果期9~10月。

Deciduous trees. Young branchlets are sparsely covered with fluff, then glabrescent. Leaves are papery, elliptic, broadly ovate or near round, with margins having serrations or double serrations, adaxially sparsely white-pubescent, then glabrescent, abaxially densely green-gray-pubescent, lateral veins straight reaching the tip of the tooth; petioles are green-gray-pubescent. Peduncles, pedicels, calyx tubes and sepals all sparsely white pubescent. Fruits are ellipsoid or ovoid. Fl. Apr.–May, fr. Sep.–Oct.

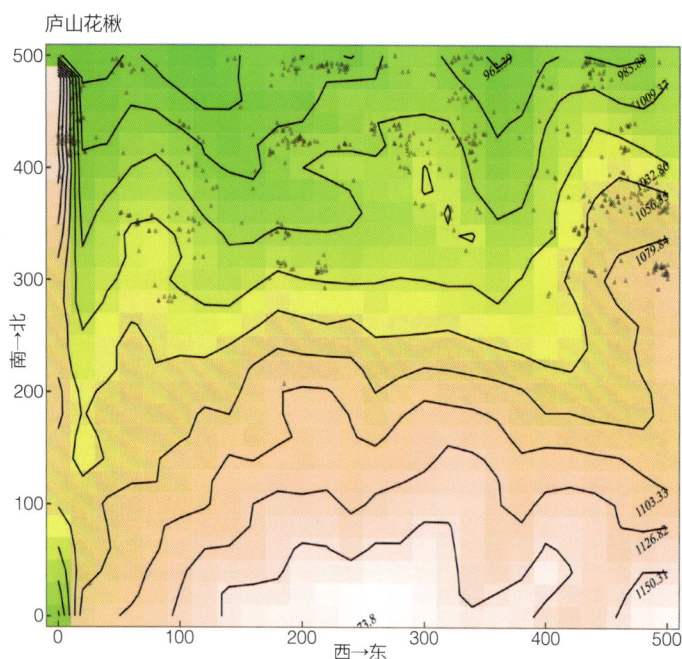
树干 / Trunk
摄影：王静轩 / Photo by: Wang Jingxuan

小枝和叶片 / Branchlets and leaves
摄影：王静轩 / Photo by: Wang Jingxuan

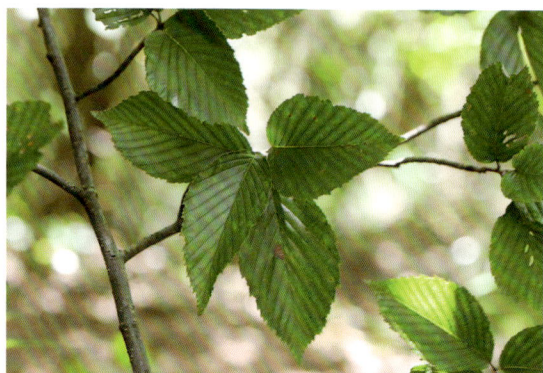
小枝和叶背 / Branchlets and leaf abaxial surfaces
摄影：王静轩 / Photo by: Wang Jingxuan

庐山花楸

个体分布图 / Distribution of individuals

径级分布表 / DBH class

径级区间 (Diameter class) (cm)	个体数 (No. of individuals)	比例 (Proportion) (%)
1.0~2.5	35	5.4
2.5~5.0	132	20.5
5.0~10.0	193	30.0
10.0~25.0	270	41.9
25.0~50.0	14	2.2
50.0~100.0	0	0.0
≥ 100.0	0	0.0

038 绣球绣线菊
Spiraea blumei

蔷薇科 Rosaceae　绣线菊属 *Spiraea*

代码（Sp.Code）：**SPIBLU**

个体数（Individual number / 25hm²）：**43**

最大胸径（Max DBH）：**3.95cm**

重要值排序（Important value rank）：**107/171**

落叶灌木。小枝细，无毛。叶片菱状卵形至倒卵形，先端圆钝或微尖，基部楔形，边缘自近中部以上有少数圆钝缺刻状锯齿或3~5浅裂，两面无毛。伞形花序有总梗，无毛；花瓣宽倒卵形，白色。花期4~6月，果期8~10月。

Deciduous shrubs. Branchlets slender, glabrous. Leaves are rhombic-ovate to obovate, apexes are obtuse or slightly acute, bases are cuneate, margins from near the middle above with obtuse serrations or 3–5 shallow fissures, glabrous on both sides. Umbels are pedunculate, glabrous; petals broadly obovate, white. Fl. Apr.–Jun., fr. Aug.–Oct.

小枝和叶片 / Branchlets and leaves
摄影：梁同军 / Photo by: Liang Tongjun

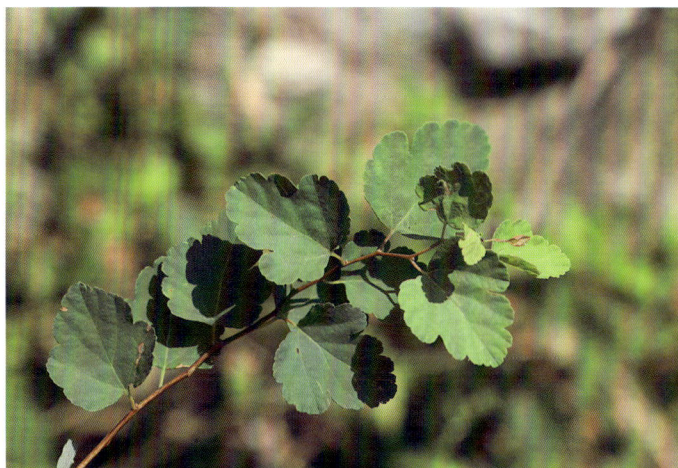
小枝和叶背 / Branchlets and leaf abaxial surfaces
摄影：梁同军 / Photo by: Liang Tongjun

树干 / Trunk
摄影：朱仁斌 / Photo by: Zhu Renbin

径级分布表 / DBH class

径级区间 (Diameter class) (cm)	个体数 (No. of individuals)	比例 (Proportion) (%)
1.0~2.0	35	81.4
2.0~3.0	6	14.0
3.0~4.0	2	4.6
4.0~5.0	0	0.0
5.0~7.0	0	0.0
7.0~10.0	0	0.0
≥ 10.0	0	0.0

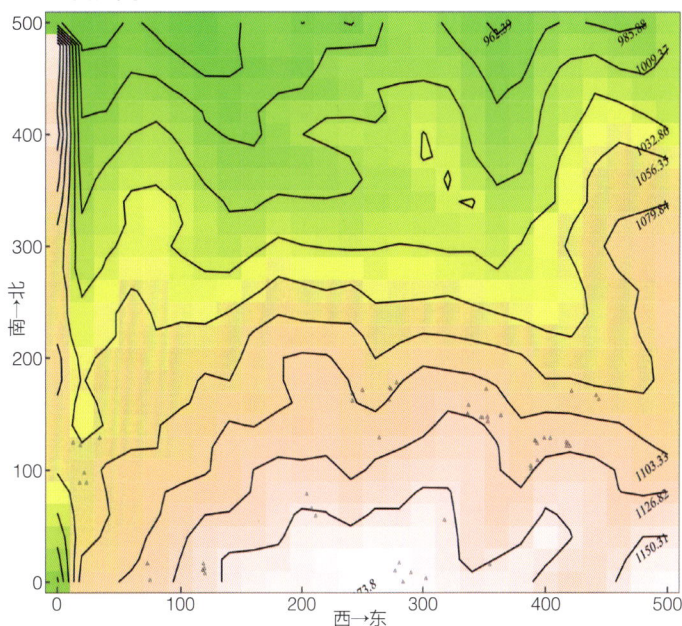
绣球绣线菊
个体分布图 / Distribution of individuals

039 中华绣线菊

Spiraea chinensis

蔷薇科 Rosaceae 绣线菊属 *Spiraea*

代码（Sp.Code）：	**SPICHI**
个体数（Individual number / 25hm²）：	**448**
最大胸径（Max DBH）：	**6.2cm**
重要值排序（Important value rank）：	**48/171**

落叶灌木。小枝幼时被黄色绒毛。叶片菱状卵形至倒卵形，先端急尖或圆钝，基部宽楔形或圆形，边缘有缺刻状粗锯齿，或具不明显3裂，上面暗绿色，被短柔毛，脉纹深陷，下面密被黄色绒毛；叶柄被短绒毛。伞形花序具花16~25朵；花瓣白色。蓇葖果开张。花期3~6月，果期6~10月。

Deciduous shrubs. Branchlets are covered with yellow pubescence when young. Leaf blades are rhombus ovate to obovate, apexes are acute or obtuse, bases are widely wedged or round, margins with notched coarse serrations, or with inconspicuous 3 cracks, adaxially dull green, with short pubescence, veins are in deep depression, abaxially with dense short yellow pubescence; petioles are with short pubescence. Umbels with 16–25 flowers; petals are white. Disk is undulate irregularly lobed. Fl. Mar.–Jun., fr. Jun.–Oct.

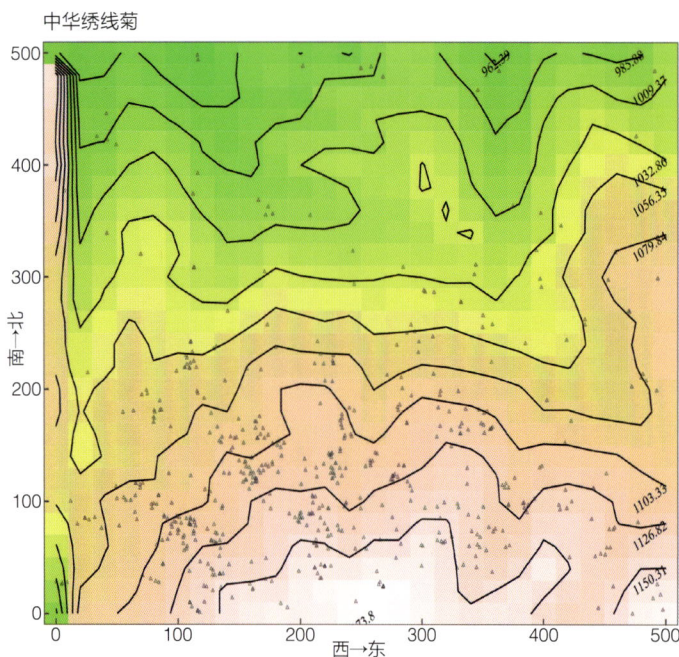

中华绣线菊

个体分布图 / Distribution of individuals

树干 / Trunk
摄影：王静轩 / Photo by: Wang Jingxuan

小枝和叶片 / Branchlets and leaves
摄影：王静轩 / Photo by: Wang Jingxuan

小枝和叶背 / Branchlets and leaf abaxial surfaces
摄影：王静轩 / Photo by: Wang Jingxuan

径级分布表 / DBH class

径级区间 (Diameter class) (cm)	个体数 (No. of individuals)	比例 (Proportion) (%)
1.0~2.0	402	89.7
2.0~3.0	21	4.7
3.0~4.0	19	4.2
4.0~5.0	4	0.9
5.0~7.0	2	0.5
7.0~10.0	0	0.0
≥ 10.0	0	0.0

040 迎春樱桃
Prunus discoidea

蔷薇科 Rosaceae 李属 *Prunus*

代码（Sp.Code）：**PRUDIS**

个体数（Individual number / 25hm²）：**2**

最大胸径（Max DBH）：**13.5cm**

重要值排序（Important value rank）：**158/171**

落叶乔木。嫩枝、叶片两面、叶柄、总花梗、花梗及萼筒外面均被疏柔毛。叶倒卵状长圆形或长椭圆形，先端骤尾尖或尾尖，基部楔形，边缘有缺刻状急尖锯齿，齿端有小盘状腺体，侧脉8~10对；叶柄长5~7mm，顶端有1~3个腺体。伞形花序有花常2朵；花瓣粉红色。核果红色，球形。花期3月，果期5月。

Deciduous trees. Young branchlets, both sides of the blade, petioles, the total pedicels, pedicels and the outer surface of the calyx tube are sparsely tomentose. Leaves obovate-long rounded or oblong-elliptic, apexes abruptly caudate or caudate, bases cuneate, margins lacerate and acute serrate, serrate apexes with small discoid glands, lateral veins 8–10 pairs; petioles 5–7 mm long, with 1–3 glands at the top. Umbels usually have 2 flowers; petals pink. Drupes red, spherical. Fl. Mar., fr. May.

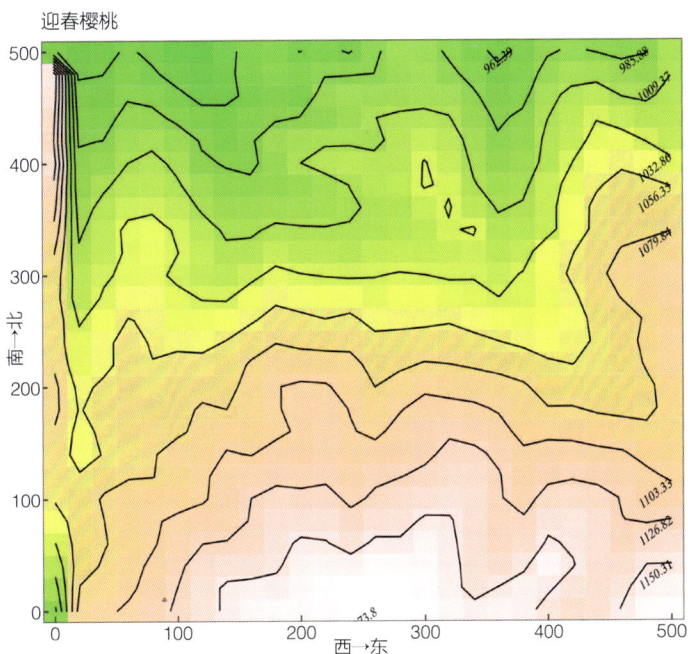
个体分布图 / Distribution of individuals

树干 / Trunk
摄影：王静轩 / Photo by: Wang Jingxuan

小枝和叶片 / Branchlets and leaves
摄影：王静轩 / Photo by: Wang Jingxuan

小枝和叶背 / Branchlets and leaf abaxial surfaces
摄影：王静轩 / Photo by: Wang Jingxuan

径级分布表 / DBH class

径级区间 (Diameter class) (cm)	个体数 (No. of individuals)	比例 (Proportion) (%)
1.0~2.5	0	0.0
2.5~5.0	0	0.0
5.0~10.0	1	50.0
10.0~25.0	1	50.0
25.0~50.0	0	0.0
50.0~100.0	0	0.0
≥ 100.0	0	0.0

041 山樱桃
Prunus serrulata

蔷薇科 Rosaceae 李属 *Prunus*

代码（Sp.Code）：**PRUSER**

个体数（Individual number / 25hm²）：**957**

最大胸径（Max DBH）：**45.98cm**

重要值排序（Important value rank）：**17/171**

落叶乔木。叶片卵状椭圆形或倒卵椭圆形，先端渐尖，基部圆形，边有渐尖单锯齿及重锯齿，齿尖有小腺体，叶两面无毛；侧脉6~8对；叶柄长1~1.5cm，无毛。花序伞房总状或近伞形，有花2~3朵；总苞片褐红色；花瓣白色，稀粉红色。核果球形或卵球形，紫黑色。花期4~5月，果期6~7月。

Deciduous trees. Leaves ovate-elliptic or obovate-elliptic, apexes acuminate, bases rounded, margins acuminate serrate or bi-serrate, and teeth with an apical gland, leaves glabrous on both sides; lateral veins 6–8 pairs; petioles 1–1.5 cm long, glabrous. The inflorescence is an umbelliferous racemose or nearly umbellate, with 2–3 flowers; involucral bracts maroon; petals white, rarely pink. Drupes spherical or ovate, purplish black. Fl. Apr.–May, fr. Jun.–Jul.

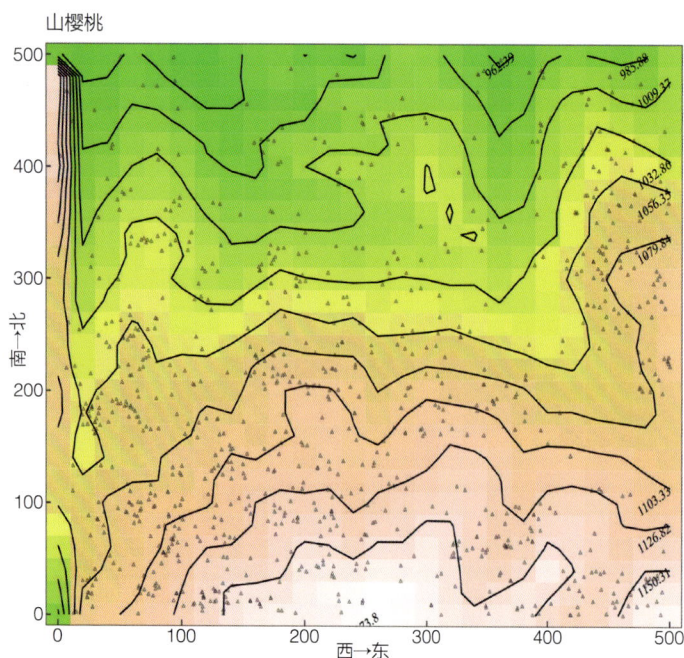
树干 / Trunk
摄影：王静轩 / Photo by: Wang Jingxuan

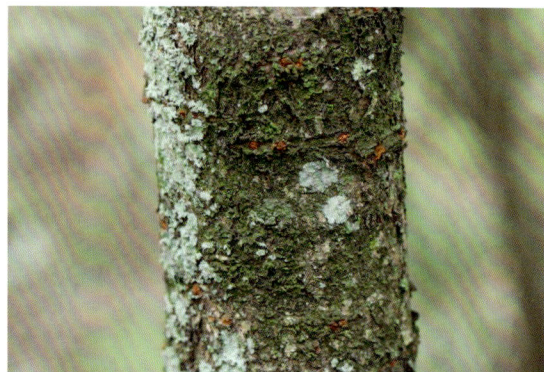
小枝和叶片 / Branchlets and leaves
摄影：王静轩 / Photo by: Wang Jingxuan

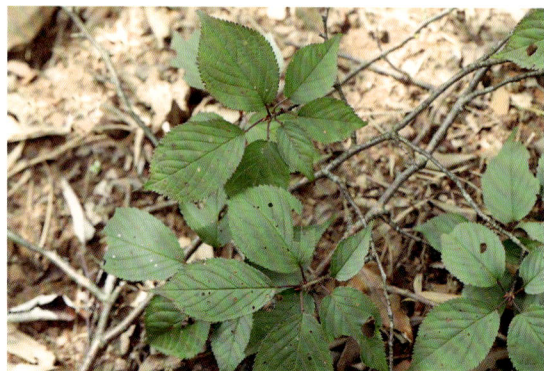
小枝和叶背 / Branchlets and leaf abaxial surfaces
摄影：王静轩 / Photo by: Wang Jingxuan

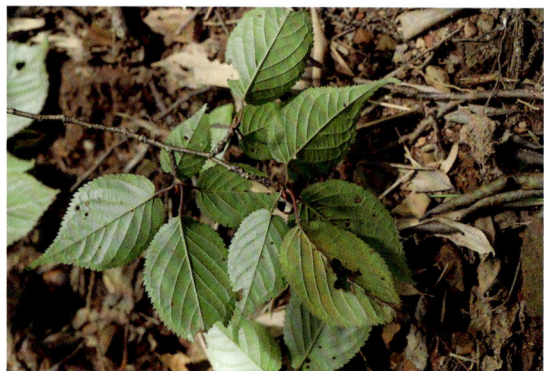
个体分布图 / Distribution of individuals

径级分布表 / DBH class

径级区间 (Diameter class) (cm)	个体数 (No. of individuals)	比例 (Proportion) (%)
1.0~2.5	120	12.5
2.5~5.0	118	12.3
5.0~10.0	175	18.3
10.0~25.0	447	46.7
25.0~50.0	97	10.2
50.0~100.0	0	0.0
≥ 100.0	0	0.0

042 尾叶樱桃
Prunus dielsiana

蔷薇科 Rosaceae 李属 *Prunus*

代码（Sp.Code）：**PRUDIE**

个体数（Individual number / 25hm²）：**124**

最大胸径（Max DBH）：**36.8cm**

重要值排序（Important value rank）：**68/171**

落叶乔木或灌木。叶片长椭圆形或倒卵状长椭圆形，先端尾状渐尖，基部圆形至宽楔形，叶边有尖锐单齿或重锯齿，齿端有圆钝腺体，上面暗绿色，无毛，下面淡绿色，中脉和侧脉密被开展柔毛，其余被疏柔毛；叶柄密被开展柔毛，先端或上部有1~3个腺体。花序伞形或近伞形；花瓣白色或粉红色。核果红色，近球形。花期3~4月，果期5~6月。

Deciduous trees or shrubs. Leaf blades are long elliptic or obovate-long elliptic, apexes caudately acuminate, bases round to broadly cuneate, leaf margins with sharp single-tooth or bi-serrations, tooth tips with round and blunt glands, adaxially dark green, glabrous, abaxially light green, midveins and lateral veins densely pubescent, the rest sparsely pubescent; petioles densely pubescent, apexes or upper part with 1–3 glands. Inflorescences umbellate or subumbellate; petals white or pink. Drupes red, nearly spherical. Fl. Mar.–Apr., fr. May–Jun.

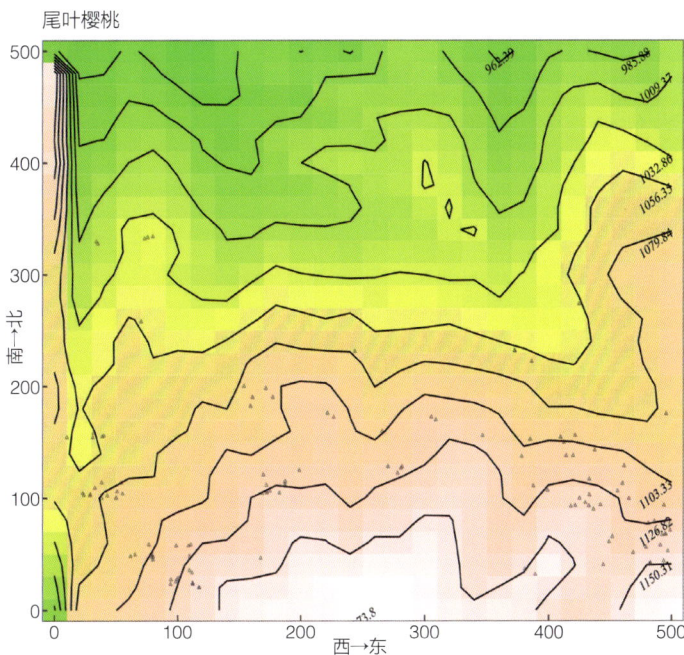

树干 / Trunk
摄影：梁同军 / Photo by: Liang Tongjun

小枝和叶片 / Branchlets and leaves
摄影：唐忠炳 / Photo by: Tang Zhongbing

小枝和叶背 / Branchlets and leaf abaxial surfaces
摄影：唐忠炳 / Photo by: Tang Zhongbing

尾叶樱桃

个体分布图 / Distribution of individuals

径级分布表 / DBH class

径级区间 (Diameter class) (cm)	个体数 (No. of individuals)	比例 (Proportion) (%)
1.0~2.5	3	2.4
2.5~5.0	9	7.3
5.0~10.0	36	29.0
10.0~25.0	61	49.2
25.0~50.0	15	12.1
50.0~100.0	0	0.0
≥ 100.0	0	0.0

043 樟木
Prunus buergeriana

蔷薇科 Rosaceae 李属 *Prunus*

代码（Sp.Code）：**PRUBUE**

个体数（Individual number / 25hm²）：**719**

最大胸径（Max DBH）：**69.71cm**

重要值排序（Important value rank）：**22/171**

落叶乔木。叶片椭圆形或长圆椭圆形，边缘有贴生锐锯齿，两面无毛；叶柄长1~1.5cm，通常无毛，无腺体，有时在叶片基部边缘两侧各有1个腺体。总状花序具多花，通常20~30朵，长6~9cm；花瓣白色，宽倒卵形。核果近球形或卵球形。花期4~5月，果期5~10月。

Deciduous trees. Leaf blades are elliptic or oblong-elliptic, margins sharply and flat serrate, glabrous; petioles 1–1.5 cm long, usually glabrous, glandless, sometimes there is a gland on each sides of the edge of the leaf base. Raceme has with many flowers, usually and is 20–30, and is 6–9 cm long; Petals white, are broadly obtuse. Drupes are subrounded or ovoid. Fl. Apr.–May, fr. May–Oct.

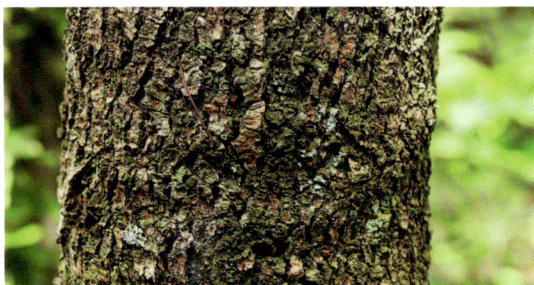
小枝和叶片 / Branchlets and leaves
摄影：王静轩 / Photo by: Wang Jingxuan

小枝和叶背 / Branchlets and leaf abaxial surface
摄影：王静轩 / Photo by: Wang Jingxuan

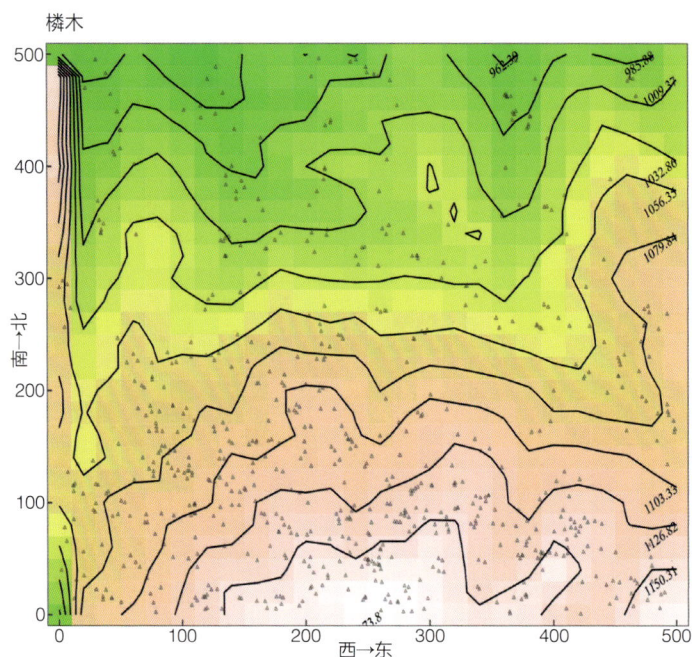
树干 / Trunk
摄影：王静轩 / Photo by: Wang Jingxuan

径级分布表 / DBH class

径级区间 (Diameter class) (cm)	个体数 (No. of individuals)	比例 (Proportion) (%)
1.0~2.5	166	23.1
2.5~5.0	145	20.2
5.0~10.0	119	16.5
10.0~25.0	170	23.6
25.0~50.0	114	15.9
50.0~100.0	5	0.7
≥ 100.0	0	0.0

个体分布图 / Distribution of individuals

044 刺叶桂樱
Prunus spinulosa

蔷薇科 Rosaceae 李属 *Prunus*

代码（Sp.Code）：	**PRUSPI**
个体数（Individual number / 25hm²）：	**2**
最大胸径（Max DBH）：	**8.26cm**
重要值排序（Important value rank）：	**161/171**

常绿乔木。嫩枝微被柔毛，后脱落。叶薄革质，长圆形或倒卵状长圆形，先端渐尖至尾尖，基部宽楔形至近圆形，中部以上常有少数针状锯齿，侧脉8~14对。花序单生叶腋，有细短柔毛。果椭球形，褐色至黑褐色。花期9~10月，果期11月至翌年3月。

Evergreen trees. Twigs are slightly pubescent, then the pubescence falls off. Leaves thinly leathery, oblong or obovate oblong, apexes acuminate to caudate, bases broadly cuneate to suborbicular, usually with a few needle-like serrations above the middle, lateral veins 8–14 pairs. Inflorescence solitary in leaf axils, covered with fine pubescence. Fruits ellipsoid, brown to dark brown. Fl. Sep.–Oct., fr. Nov.–Mar. of the following year.

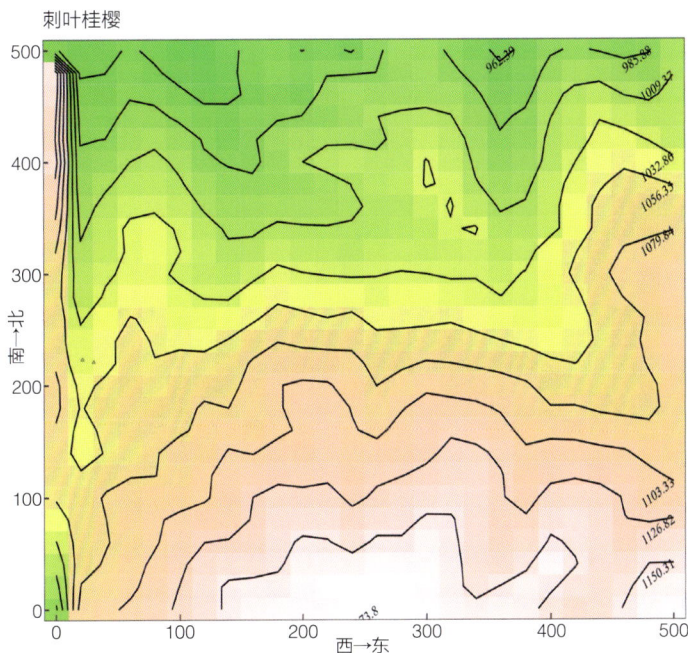

树干 / Trunk
摄影：顾余兴 / Photo by: Gu Yuxing

小枝和叶片 / Branchlets and leaves
摄影：唐忠炳 / Photo by: Tang Zhongbing

小枝和叶背 / Branchlets and leaf abaxial surfaces
摄影：唐忠炳 / Photo by: Tang Zhongbing

刺叶桂樱

个体分布图 / Distribution of individuals

径级分布表 / DBH class

径级区间 (Diameter class) (cm)	个体数 (No. of individuals)	比例 (Proportion) (%)
1.0~2.5	1	50.0
2.5~5.0	0	0.0
5.0~10.0	1	50.0
10.0~25.0	0	0.0
25.0~50.0	0	0.0
50.0~100.0	0	0.0
≥ 100.0	0	0.0

045 灰叶稠李
Prunus grayana

蔷薇科 Rosaceae 李属 *Prunus*

代码（Sp.Code）：**PRUGRA**

个体数（Individual number / 25hm²）：**22**

最大胸径（Max DBH）：**11.58cm**

重要值排序（Important value rank）：**116/171**

落叶乔木。嫩枝被短绒毛，后脱落无毛。叶灰绿色，卵状长圆形或长圆形，先端长渐尖或长尾尖，基部圆形或近心形，边缘有尖锐锯齿或缺刻状锯齿，两面无毛或下面沿中脉有柔毛；叶柄长0.5~1cm，无毛，无腺体。总状花序有多花。核果卵球形，黑褐色。花期4~5月，果期6月。

Deciduous trees. Twigs are short pubescent, then the pubescent falls off and they become glabrous. Leaves grayish green, ovate-oblong or oblong, apexes long acuminate or long caudate, bases round or subcordate, margins sharp serrate or incised serrate, both surfaces glabrous or abaxially pilose along the midvein; petioles 0.5–1 cm long, glabrous and glandless. Racemes have many flowers. Drupes ovoid, dark brown. Fl. Apr.–May, fr. Jun.

树干 / Trunk
摄影：唐忠炳 / Photo by: Tang Zhongbing

小枝和叶片 / Branchlets and leaves
摄影：唐忠炳 / Photo by: Tang Zhongbing

果枝 / Fruiting branches
摄影：唐忠炳 / Photo by: Tang Zhongbing

径级分布表 / DBH class

径级区间 (Diameter class) (cm)	个体数 (No. of individuals)	比例 (Proportion) (%)
1.0~2.5	7	31.8
2.5~5.0	6	27.3
5.0~10.0	7	31.8
10.0~25.0	2	9.1
25.0~50.0	0	0.0
50.0~100.0	0	0.0
≥ 100.0	0	0.0

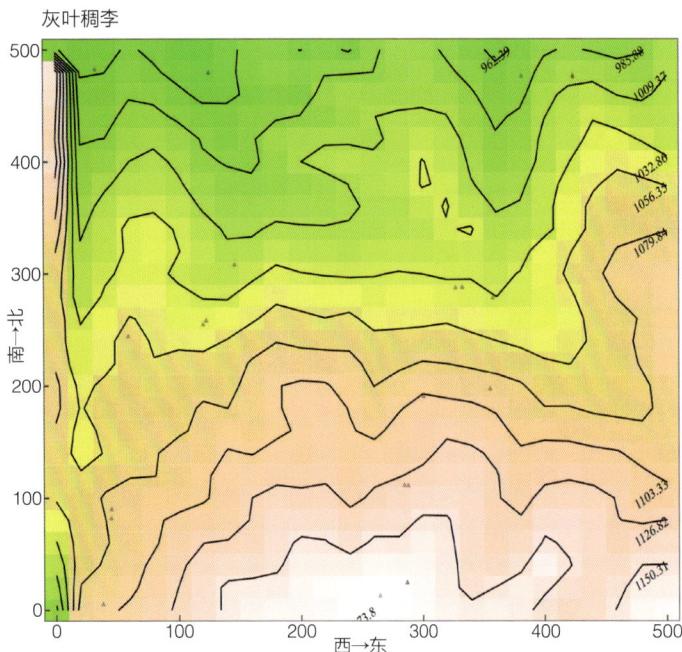

灰叶稠李

个体分布图 / Distribution of individuals

046 细齿稠李

Prunus obtusata

薔薇科 Rosaceae　李属 *Prunus*

代码（Sp.Code）：**PRUOBT**

个体数（Individual number / 25hm²）：**183**

最大胸径（Max DBH）：**27.9cm**

重要值排序（Important value rank）：**69/171**

落叶乔木。小枝幼时红褐色，被短柔毛或无毛。叶片窄长圆形、椭圆形或倒卵形，先端急尖或渐尖，基部近圆形或宽楔形，边缘有细密锯齿，上面暗绿色，无毛，下面淡绿色，无毛；叶柄被短柔毛或无毛，通常顶端两侧各具1个腺体。总状花序具多花；花瓣白色。核果卵球形；果梗被短柔毛。花期4~5月，果期6~10月。

Deciduous trees. Branchlets reddish brown when young, either pubescent or glabrous. Leaf blades narrowly oblong, elliptic or obovate, apexes acute or acuminate, bases nearly round or broadly cuneate, margins finely and densely serrated, adaxially dark green, glabrous, abaxially light green, glabrous; petioles pubescent or glabrous, usually with 1 gland on each side at the top. Racemes bear many flowers; petals white. Drupes ovoid; fruit stems pubescent. Fl. Apr.–May, fr. Jun.–Oct.

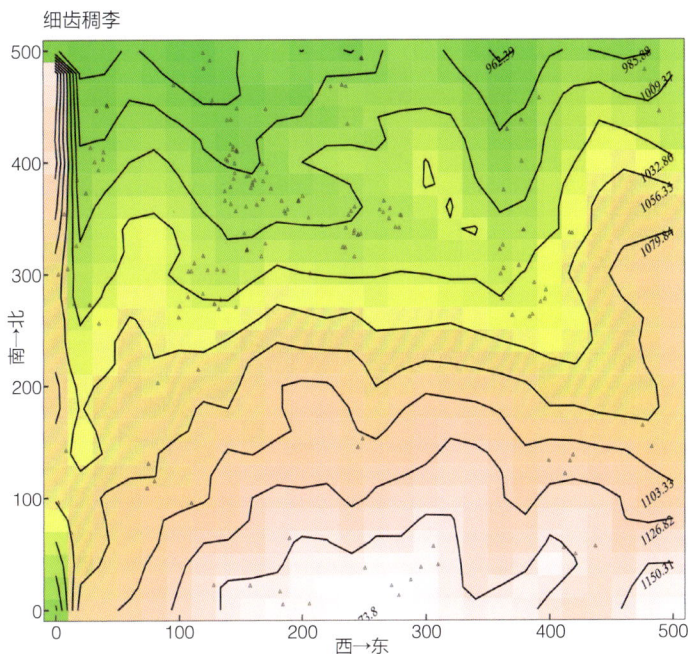

树干 / Trunk
摄影：王静轩 / Photo by: Wang Jingxuan

小枝和叶片 / Branchlets and leaves
摄影：王静轩 / Photo by: Wang Jingxuan

小枝和叶背 / Branchlets and leaf abaxial surfaces
摄影：王静轩 / Photo by: Wang Jingxuan

细齿稠李

个体分布图 / Distribution of individuals

径级分布表 / DBH class

径级区间 (Diameter class) (cm)	个体数 (No. of individuals)	比例 (Proportion) (%)
1.0~2.5	44	24.0
2.5~5.0	70	38.3
5.0~10.0	49	26.8
10.0~25.0	18	9.8
25.0~50.0	2	1.1
50.0~100.0	0	0.0
≥ 100.0	0	0.0

047 野珠兰
Stephanandra chinensis

蔷薇科 Rosaceae　野珠兰属 *Stephanandra*

代码（Sp.Code）：**STECHI**

个体数（Individual number / 25hm²）：**113**

最大胸径（Max DBH）：**3.5cm**

重要值排序（Important value rank）：**89/171**

落叶灌木。叶片卵形至长椭卵形，长5~7cm，边缘常浅裂并有重锯齿，两面无毛；叶柄长6~8mm，近于无毛。顶生疏松的圆锥花序；花瓣倒卵形，白色。蓇葖果近球形。花期5月，果期7~8月。

Deciduous shrubs. Leaf blades ovate to long elliptic-ovate, 5–7 cm long, margins usually lobed and double serrate, glabrous on both sides; petioles 6–8 mm long, subglabrous. Panicles are sparsely and loosely arranged terminally; petals obovate, white. Follicles subglobose. Fl. May., fr. Jul.–Aug.

小枝和叶片 / Branchlets and leaves
摄影：王静轩 / Photo by: Wang Jingxuan

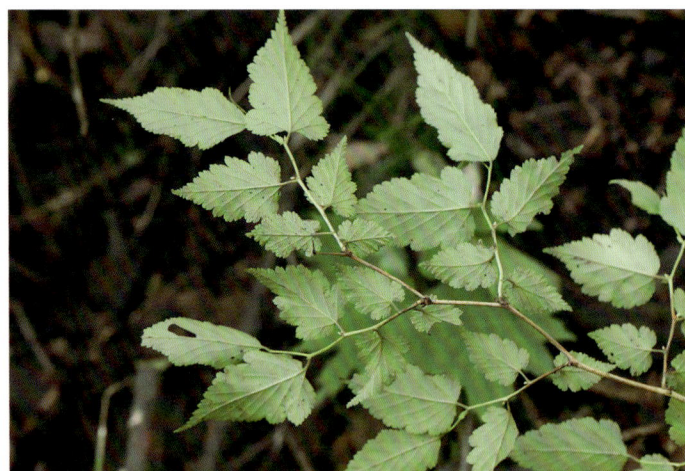

小枝和叶背 / Branchlets and leaf abaxial surfaces
摄影：王静轩 / Photo by: Wang Jingxuan

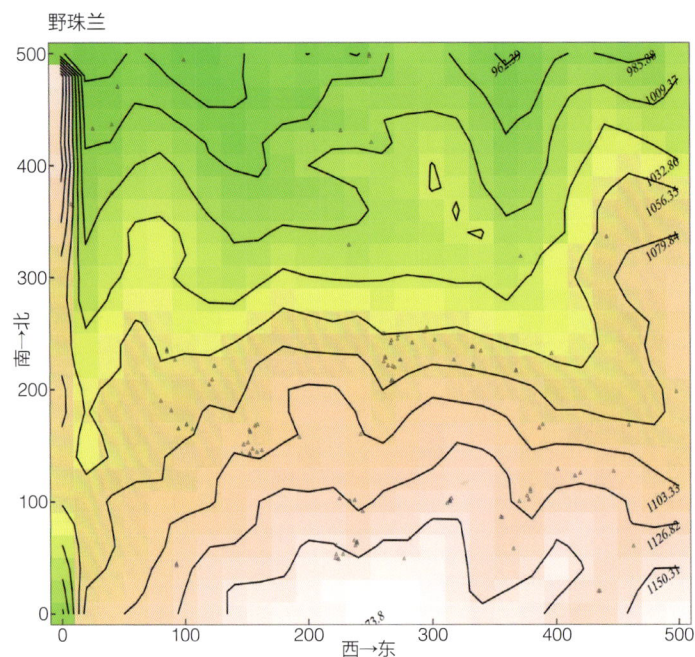

树干 / Trunk
摄影：王静轩 / Photo by: Wang Jingxuan

径级分布表 / DBH class

径级区间 (Diameter class) (cm)	个体数 (No. of individuals)	比例 (Proportion) (%)
1.0~2.0	112	99.1
2.0~3.0	0	0.0
3.0~4.0	1	0.9
4.0~5.0	0	0.0
5.0~7.0	0	0.0
7.0~10.0	0	0.0
≥ 10.0	0	0.0

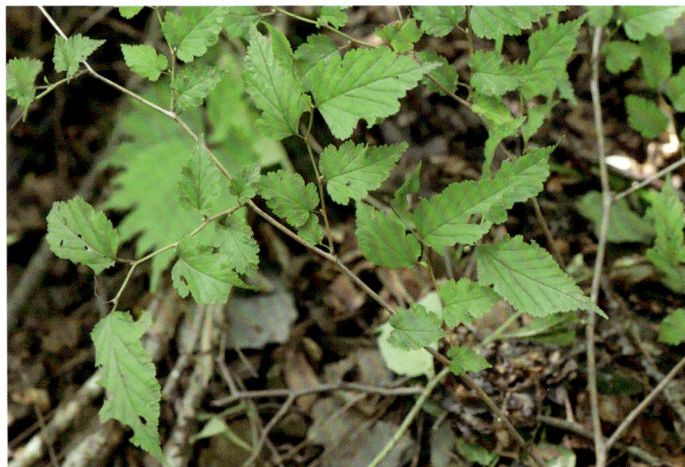

野珠兰

个体分布图 / Distribution of individuals

048 野山楂
Crataegus cuneata

蔷薇科 Rosaceae　山楂属 *Crataegus*

代码（Sp.Code）：**CRACUN**

个体数（Individual number / 25hm²）：**4**

最大胸径（Max DBH）：**3.14cm**

重要值排序（Important value rank）：**139/171**

落叶灌木。分枝密，通常具细刺。叶片宽倒卵形至倒卵状长圆形，基部楔形，下延连于叶柄，边缘有不规则重锯齿，顶端常有3枚或稀5~7枚浅裂片。伞房花序；花瓣近圆形或倒卵形，白色。果实近球形或扁球形。花期5~6月，果期9~11月。

Deciduous shrubs. They are densely branched, usually spinulose. Leaf blades broadly obovate to obovate oblong, bases cuneate, extending downward along the petioles, margins irregularly double serrate, apexes usually 3-lobed or rarely 5–7-lobed. Corymbs; petals subround or obovate, white. Fruits subglobose or oblate. Fl. May–Jun., fr. Sep.–Nov.

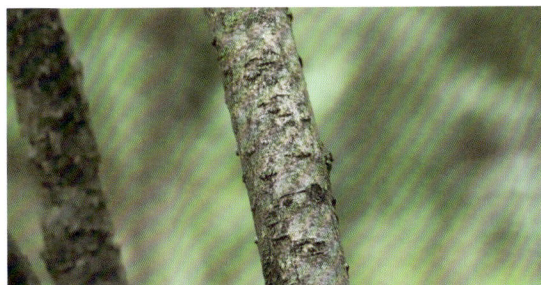
小枝和叶片 / Branchlets and leaves
摄影：王静轩 / Photo by: Wang Jingxuan

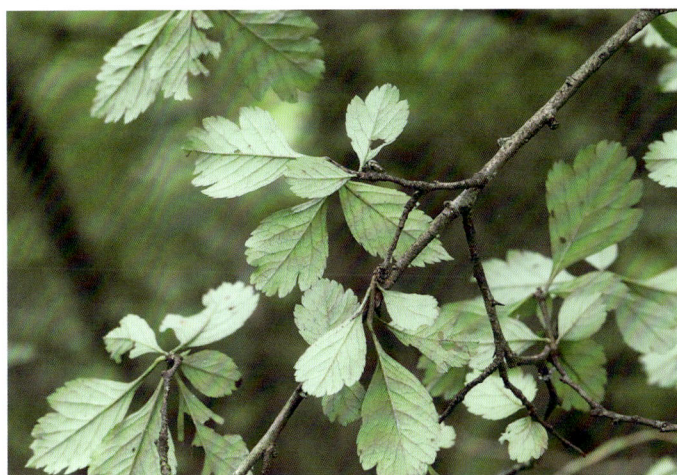
小枝和叶背 / Branchlets and leaf abaxial surfaces
摄影：王静轩 / Photo by: Wang Jingxuan

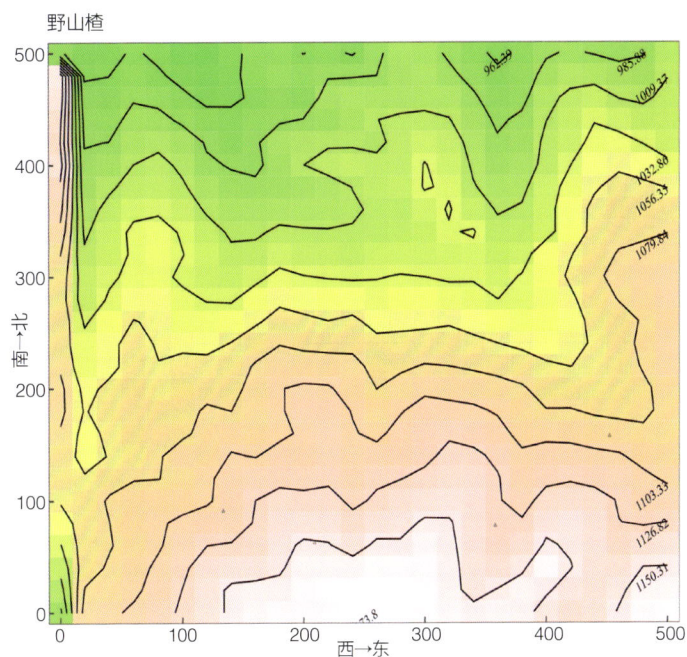
树干 / Trunk
摄影：王静轩 / Photo by: Wang Jingxuan

径级分布表 / DBH class

径级区间 (Diameter class) (cm)	个体数 (No. of individuals)	比例 (Proportion) (%)
1.0~2.0	3	75.0
2.0~3.0	0	0.0
3.0~4.0	1	25.0
4.0~5.0	0	0.0
5.0~7.0	0	0.0
7.0~10.0	0	0.0
≥ 10.0	0	0.0

野山楂

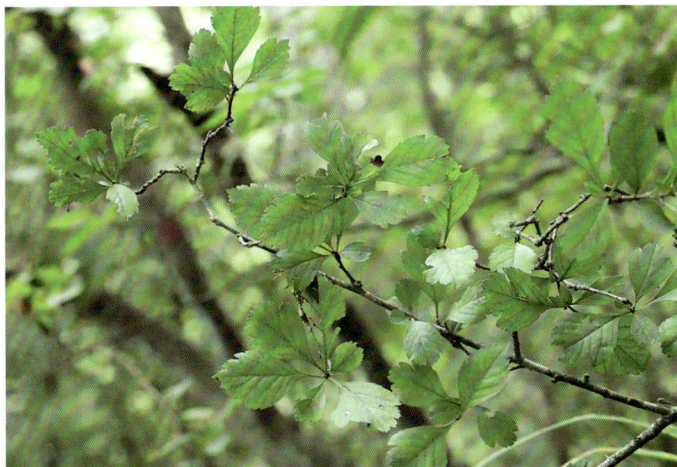
个体分布图 / Distribution of individuals

049 中华石楠

Photinia beauverdiana

蔷薇科 Rosaceae　石楠属 *Photinia*

代码（Sp.Code）：**PHOBEA**

个体数（Individual number / 25hm²）：**1409**

最大胸径（Max DBH）：**27.05cm**

重要值排序（Important value rank）：**23/171**

落叶灌木或小乔木。小枝无毛。叶片薄纸质，长圆形、倒卵状长圆形或卵状披针形，边缘有疏生具腺锯齿，上面光亮，无毛，下面中脉疏生柔毛；叶柄微有柔毛。花多数，成复伞房花序；总花梗和花梗无毛，密生疣点；花瓣白色。果实卵形，紫红色。花期5月，果期7~8月。

Deciduous shrubs or small trees. Branchlets glabrous. Leaf blades thinly papery, leaf blades are oblong, obovate oblong or ovate-lanceolate, margins sparsely serrate, the teeth with glands, adaxially shiny glabrous, abaxially the midrib is sparsely pilose; petioles slightly pilose. Flowers numerous, forming compound corymbs; total peduncles and pedicels glabrous, densely verrucous; petals white. Fruits ovate, purplish red. Fl. May, fr. Jul.–Aug.

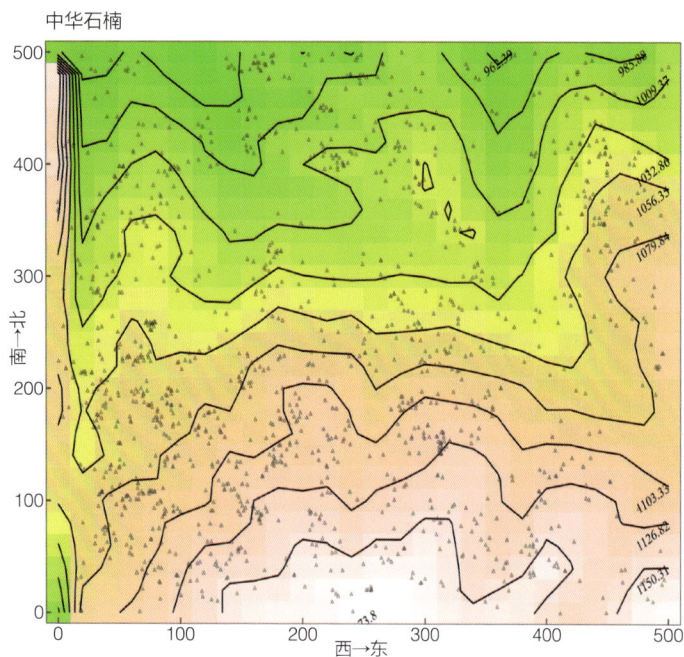

树干 / Trunk
摄影：王静轩 / Photo by: Wang Jingxuan

小枝和叶片 / Branchlets and leaves
摄影：王静轩 / Photo by: Wang Jingxuan

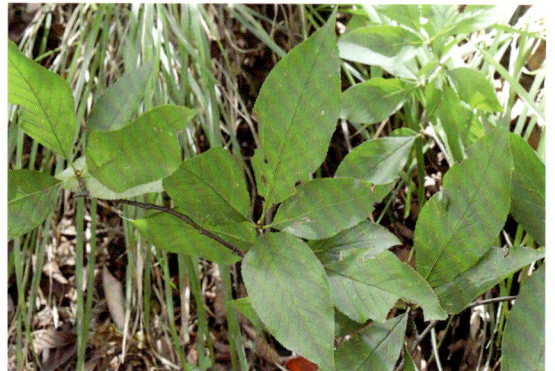

小枝和叶背 / Branchlets and leaf abaxial surfaces
摄影：王静轩 / Photo by: Wang Jingxuan

中华石楠

个体分布图 / Distribution of individuals

径级分布表 / DBH class

径级区间 (Diameter class) (cm)	个体数 (No. of individuals)	比例 (Proportion) (%)
1.0~2.5	619	43.9
2.5~5.0	407	28.9
5.0~8.0	146	10.4
8.0~11.0	99	7.0
11.0~15.0	85	6.0
15.0~20.0	36	2.6
≥ 20.0	17	1.2

050 短叶中华石楠

Photinia beauverdiana var. *brevifolia*

蔷薇科 Rosaceae　石楠属 *Photinia*

代码（Sp.Code）：**PHOBEABRE**

个体数（Individual number / 25hm²）：**36**

最大胸径（Max DBH）：**18.49cm**

重要值排序（Important value rank）：**99/171**

落叶灌木。叶片较短，卵形、椭圆形至倒卵形，长3~6cm，宽1.5~3.5cm，先端短尾状渐尖，基部圆形，边缘有疏生具腺锯齿，上面光亮，无毛，下面中脉疏生柔毛，侧脉6~8对，不显著。花多数，成复伞房花序；总花梗和花梗无毛，密生疣点。花期5月，果期7~8月。

Deciduous shrubs.Leaf blades are shorter, ovate, elliptic to obovate, 3–6 cm long, 1.5–3.5 cm wide, apexes shortly caudate-acuminate, bases rounded, margins with sparse glandular serrations, adaxially shiny, glabrous, abaxially the midveins are sparsely pubescent, lateral veins 6–8 pairs, not obvious. Flowers numerous, forming compound corymb inflorescences; peduncles and pedicels glabrous, densely verrucous. Fl. May, fr. Jul.–Aug.

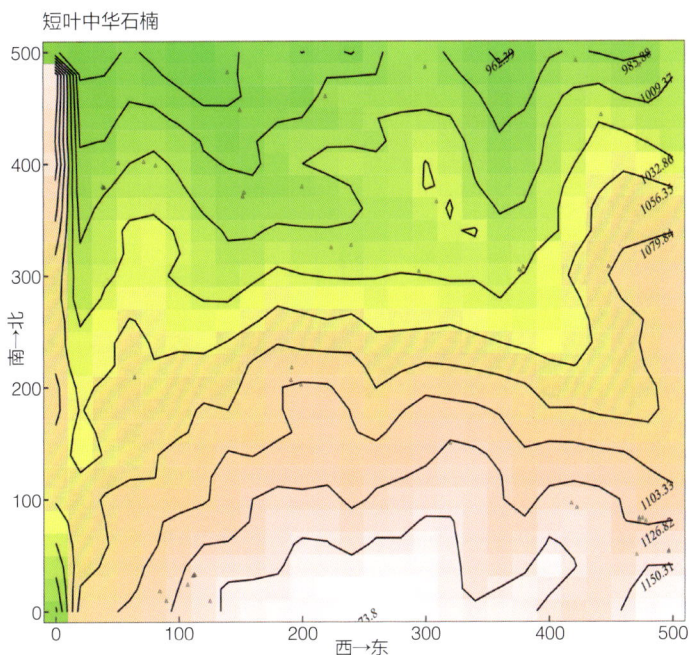

树干 / Trunk
摄影：王静轩 / Photo by: Wang Jingxuan

小枝和叶片 / Branchlets and leaves
摄影：王静轩 / Photo by: Wang Jingxuan

小枝和叶背 / Branchlets and leaf abaxial surfaces
摄影：王静轩 / Photo by: Wang Jingxuan

短叶中华石楠

个体分布图 / Distribution of individuals

径级分布表 / DBH class

径级区间 (Diameter class) (cm)	个体数 (No. of individuals)	比例 (Proportion) (%)
1.0~2.0	12	33.3
2.0~3.0	0	0.0
3.0~4.0	4	11.1
4.0~5.0	2	5.6
5.0~7.0	6	16.7
7.0~10.0	3	8.3
≥ 10.0	9	25.0

051 光叶石楠
Photinia glabra

蔷薇科 Rosaceae 石楠属 *Photinia*

代码（Sp.Code）：**PHOGLA**

个体数（Individual number / 25hm²）：**2**

最大胸径（Max DBH）：**1.3cm**

重要值排序（Important value rank）：**156/171**

常绿乔木。叶片革质，幼时及老时皆呈红色，椭圆形、长圆形，先端渐尖，基部楔形，边缘有疏生浅钝细锯齿，两面无毛。花多数，成顶生复伞房花序；花瓣白色，反卷，倒卵形。果实卵形，长约5mm，红色，无毛。花期4~5月，果期9~10月。

Evergreen trees. Leaf blades leathery, red both when young and old, elliptic, oblong, apexes acuminate, bases cuneate, margins sparsely and shallowly obtusely finely serrate, both surfaces glabrous. Flowers numerous, forming compound corymbs terminally; petals white, revolute, obovate. Fruits oval, ca. 5 mm long, red, glabrous. Fl. Apr.–May, fr. Sep.–Oct.

小枝和叶片 / Branchlets and leaves
摄影：唐忠炳 / Photo by: Tang Zhongbing

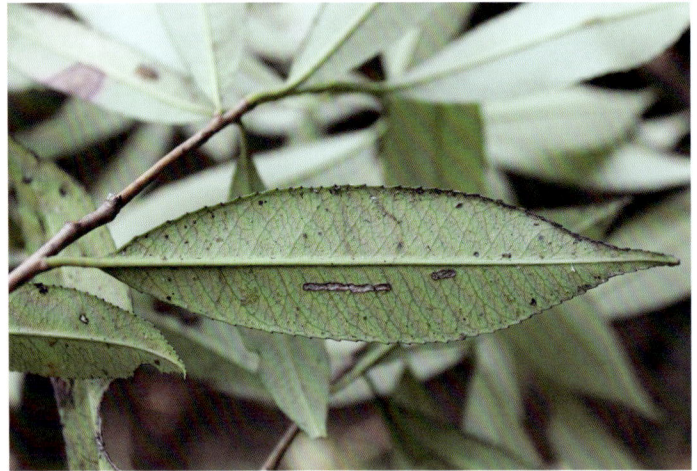
叶背 / Leaf abaxial surfaces
摄影：唐忠炳 / Photo by: Tang Zhongbing

树干 / Trunks
摄影：唐忠炳 / Photo by: Tang Zhongbing

径级分布表 / DBH class

径级区间 (Diameter class) (cm)	个体数 (No. of individuals)	比例 (Proportion) (%)
1.0~2.5	2	100.0
2.5~5.0	0	0.0
5.0~10.0	0	0.0
10.0~25.0	0	0.0
25.0~50.0	0	0.0
50.0~100.0	0	0.0
≥ 100.0	0	0.0

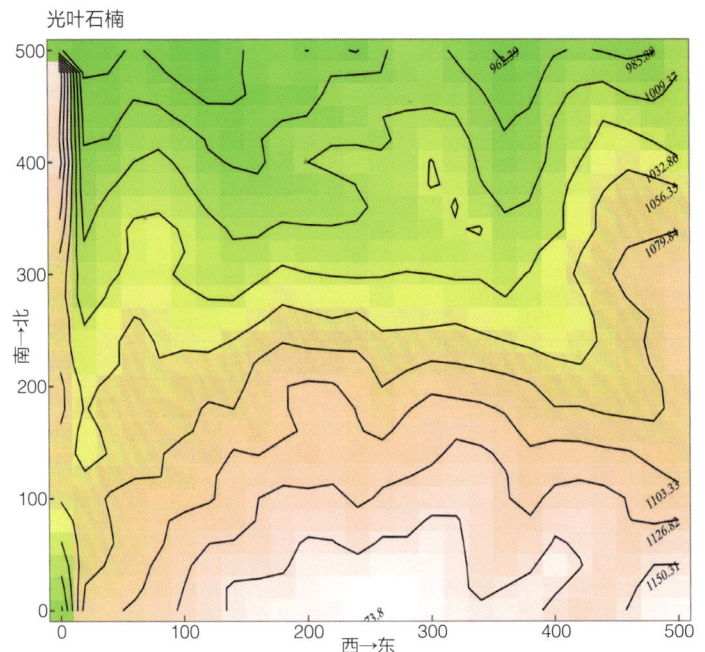
个体分布图 / Distribution of individuals

052 小叶石楠
Photinia parvifolia

蔷薇科 Rosaceae 石楠属 *Photinia*

代码（Sp.Code）：**PHOPAR**

个体数（Individual number / 25hm²）：**1335**

最大胸径（Max DBH）：**15.69cm**

重要值排序（Important value rank）：**25/171**

落叶灌木。叶片草质，椭圆形、椭圆卵形或菱状卵形，上面光亮，初疏生柔毛，以后无毛，下面无毛；叶柄无毛。花2~9朵，成伞形花序；花梗细，无毛，有疣点；萼筒无毛。果实椭圆形或卵形，橘红色或紫色，无毛。花期4~5月，果期7~8月。

Deciduous shrubs. Leaves herbaceous, elliptic, elliptic-ovate or rhombic-ovate, adaxially shiny, sparsely pubescent at first and then glabrous, abaxially glabrous; petioles glabrous. Flowers 2–9, forming umbellate inflorescences; pedicels thin, glabrous, verrucous; calyx tubes glabrous. Fruits elliptic or ovate, orange or purple, glabrous. Fl. Apr.–May, fr. Jul.–Aug.

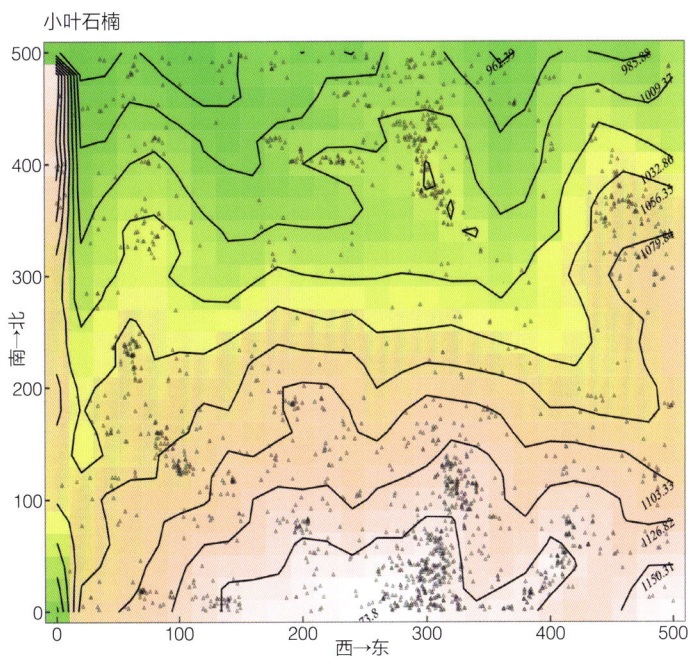

树干 / Trunk
摄影：王静轩 / Photo by: Wang Jingxuan

小枝和叶片 / Branchlets and leaves
摄影：王静轩 / Photo by: Wang Jingxuan

叶背 / Leaf abaxial surfaces
摄影：王静轩 / Photo by: Wang Jingxuan

小叶石楠

个体分布图 / Distribution of individuals

径级分布表 / DBH class

径级区间 (Diameter class) (cm)	个体数 (No. of individuals)	比例 (Proportion) (%)
1.0~2.0	1019	76.3
2.0~3.0	42	3.2
3.0~4.0	175	13.1
4.0~5.0	51	3.8
5.0~7.0	31	2.3
7.0~10.0	11	0.8
≥ 10.0	6	0.5

053 石楠

Photinia serratifolia

蔷薇科 Rosaceae　石楠属 *Photinia*

代码（Sp.Code）：**PHOSER**

个体数（Individual number / 25hm²）：**8**

最大胸径（Max DBH）：**7.55cm**

重要值排序（Important value rank）：**131/171**

常绿灌木或小乔木。叶片革质，长椭圆形、长倒卵形或倒卵状椭圆形，边缘有疏生具腺细锯齿，近基部全缘；叶柄粗壮，长2~4cm。复伞房花序顶生；总花梗和花梗无毛；花瓣白色。果实球形，红色，后成褐紫色。花期4~5月，果期10月。

Evergreen shrubs or small trees. Leaf blades leathery, oblong-elliptic, long obovate or obovate-elliptic, margins sparsely and glandularly finely serrate, near-base margins entire; petioles stout, 2–4 cm long. Compound corymbs are terminal; total pedicels and pedicels glabrous; petals white. Fruits spherical, red, turning then brownish purple. Fl. Apr.–May, fr. Oct.

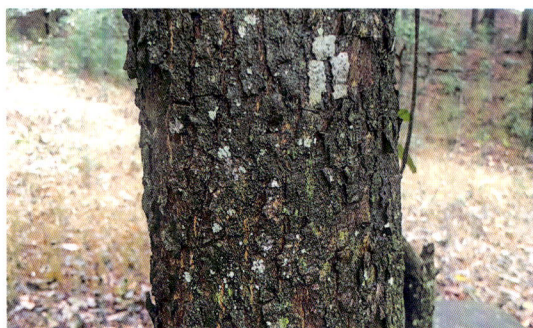
小枝和叶片 / Branchlets and leaves
摄影：王静轩 / Photo by: Wang Jingxuan

果枝 / Fruiting branches
摄影：梁同军 / Photo by: Liang Tongjun

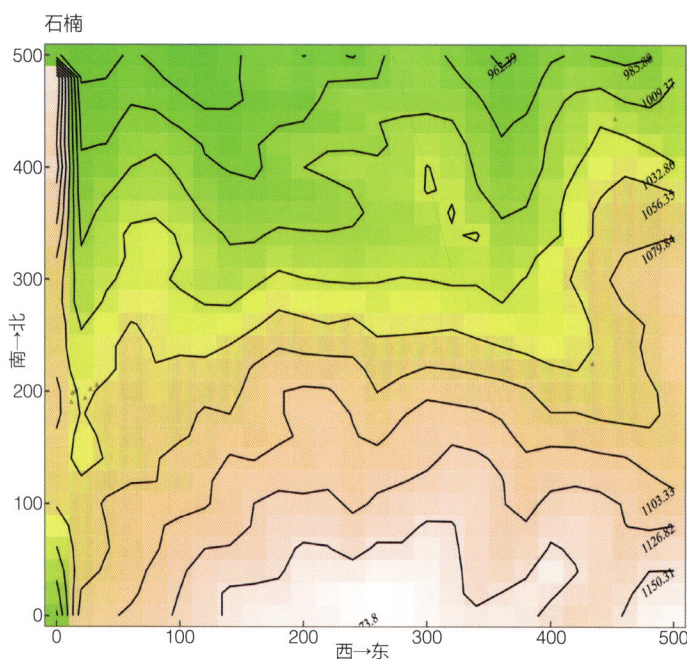
树干 / Trunk
摄影：王静轩 / Photo by: Wang Jingxuan

径级分布表 / DBH class

径级区间 (Diameter class) (cm)	个体数 (No. of individuals)	比例 (Proportion) (%)
1.0~2.5	3	37.5
2.5~5.0	4	50.0
5.0~8.0	1	12.5
8.0~11.0	0	0.0
11.0~15.0	0	0.0
15.0~20.0	0	0.0
≥ 20.0	0	0.0

石楠
个体分布图 / Distribution of individuals

054 毛叶石楠
Photinia villosa

蔷薇科 Rosaceae 石楠属 *Photinia*

代码（Sp.Code）：**PHOVIL**

个体数（Individual number / 25hm²）：**366**

最大胸径（Max DBH）：**19.21cm**

重要值排序（Important value rank）：**53/171**

落叶灌木或小乔木。小枝幼时有白色长柔毛，以后脱落无毛。叶片草质，倒卵形或长圆倒卵形，边缘上半部具密生尖锐锯齿，两面初有白色长柔毛，以后上面逐渐脱落几无毛；叶柄有长柔毛。花10~20朵，成顶生伞房花序；花瓣白色。果实椭圆形或卵形。花期4月，果期8~9月。

Deciduous shrubs or small trees. Branchlets tomentose when young, then glabrescent. Leaves herbaceous, obovate or oblong-obovate, margins of the upper half with dense sharp serrations, both sides with white long hairy initially, then adaxially gradually glabrescent glabrous; petioles with long hairy. Flowers 10–20, forming terminal corymb inflorescences; petals white. Fruits elliptic or ovate. Fl. Apr., fr. Aug.–Sep.

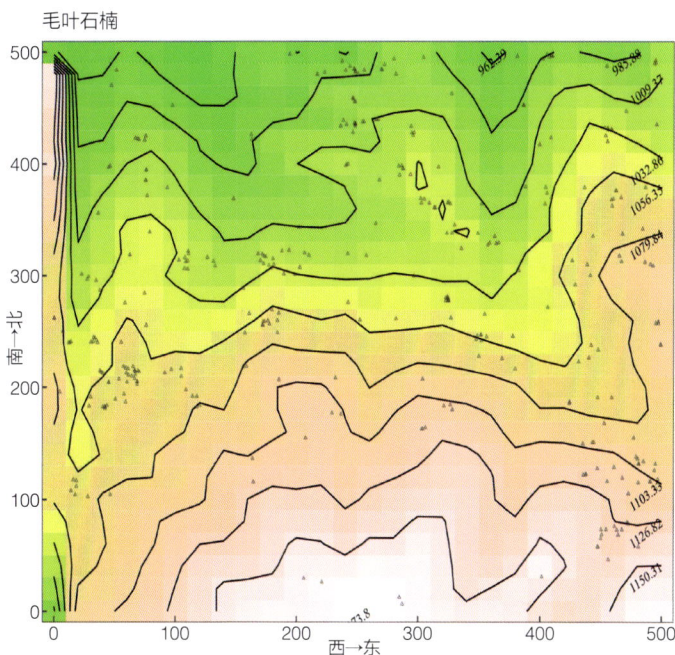
树干 / Trunk
摄影：王静轩 / Photo by: Wang Jingxuan

小枝和叶片 / Branchlets and leaves
摄影：王静轩 / Photo by: Wang Jingxuan

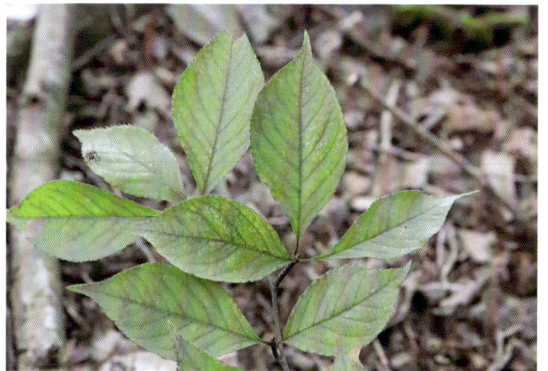
小枝和叶背 / Branchlets and leaf abaxial surfaces
摄影：王静轩 / Photo by: Wang Jingxuan

毛叶石楠
个体分布图 / Distribution of individuals

径级分布表 / DBH class

径级区间 (Diameter class) (cm)	个体数 (No. of individuals)	比例 (Proportion) (%)
1.0~2.5	198	54.1
2.5~5.0	116	31.7
5.0~8.0	29	7.9
8.0~11.0	12	3.3
11.0~15.0	7	1.9
15.0~20.0	4	1.1
≥ 20.0	0	0.0

055 豆梨
Pyrus calleryana

蔷薇科 Rosaceae　梨属 *Pyrus*

代码（Sp.Code）：**PYRCAL**

个体数（Individual number / 25hm²）：**86**

最大胸径（Max DBH）：**35.37cm**

重要值排序（Important value rank）：**83/171**

落叶乔木。小枝粗壮，在幼嫩时有绒毛，不久脱落。叶片宽卵形至卵形，先端渐尖，稀短尖，基部圆形至宽楔形，边缘有钝锯齿，两面无毛。伞形总状花序；花瓣卵形，白色。梨果球形，直径约1cm，有细长果梗。花期4月，果期8~9月。

Deciduous trees. Branchlets thickset, tomentose when young, soon glabrescent. Leaf blades broadly ovate or ovate, apexes acuminate or sparsely shortly acuminate, bases rounded to broadly cuneate, margins obtusely serrate, both sides glabrous. Umbrellate the racemes; petals ovate, white. Pomes globose, about 1 cm in diameter, fruiting pedicels slender. Fl. Apr, fr. Aug.–Sep.

小枝和叶片 / Branchlets and leaves
摄影：王静轩 / Photo by: Wang Jingxuan

小枝和叶背 / Branchlets and leaf abaxial surfaces
摄影：王静轩 / Photo by: Wang Jingxuan

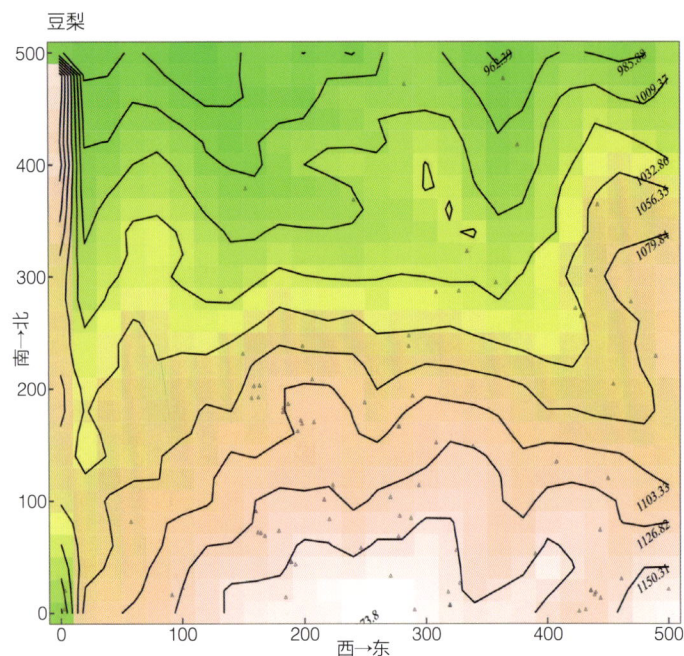
树干 / Trunk
摄影：王静轩 / Photo by: Wang Jingxuan

径级分布表 / DBH class

径级区间 (Diameter class) (cm)	个体数 (No. of individuals)	比例 (Proportion) (%)
1.0~2.5	30	34.9
2.5~5.0	21	24.4
5.0~10.0	22	25.6
10.0~25.0	11	12.8
25.0~50.0	2	2.3
50.0~100.0	0	0.0
≥ 100.0	0	0.0

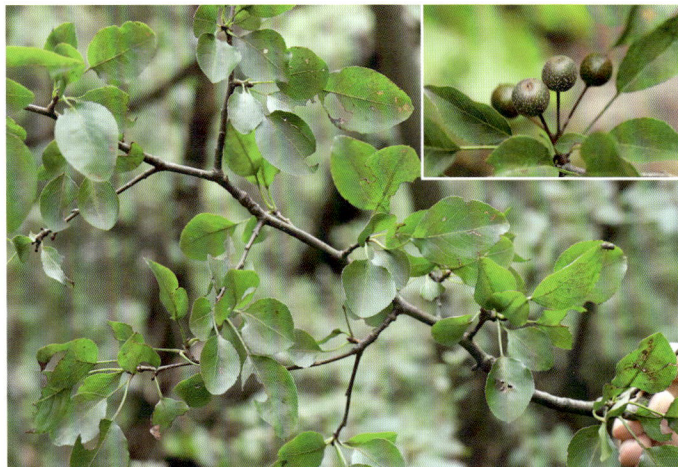
个体分布图 / Distribution of individuals

056 麻梨
Pyrus serrulata

蔷薇科 Rosaceae 梨属 *Pyrus*

代码（Sp.Code）：**PYRSER**

个体数（Individual number / 25hm²）：**8**

最大胸径（Max DBH）：**23.42cm**

重要值排序（Important value rank）：**125/171**

落叶乔木。小枝在幼嫩时具褐色绒毛，以后脱落无毛。叶片卵形至长卵形，先端渐尖，基部宽楔形或圆形，边缘有细锐锯齿，下面在幼嫩时被褐色绒毛，以后脱落。伞形总状花序，总花梗和花梗均被褐色绵毛，逐渐脱落。果实近球形或倒卵形，长1.5~2.2cm。花期4月，果期6~8月。

Deciduous trees. Branchlets are covered with brown tomentum when young, soon glabrescent. Leaf blades ovate to long ovate, apexes acuminate, bases broadly cuneate or rounded, margins finely and sharply serrate, abaxially covered with brown tomentum when young, then glabrescent. Umbellate racemes, total pedicel and pedicels brown pubescent, the pubescence gradually abscission. Fruit nearly spherical or obovate, 1.5–2.2 cm in diameter. Fl. Apr., fr. Jun.–Aug.

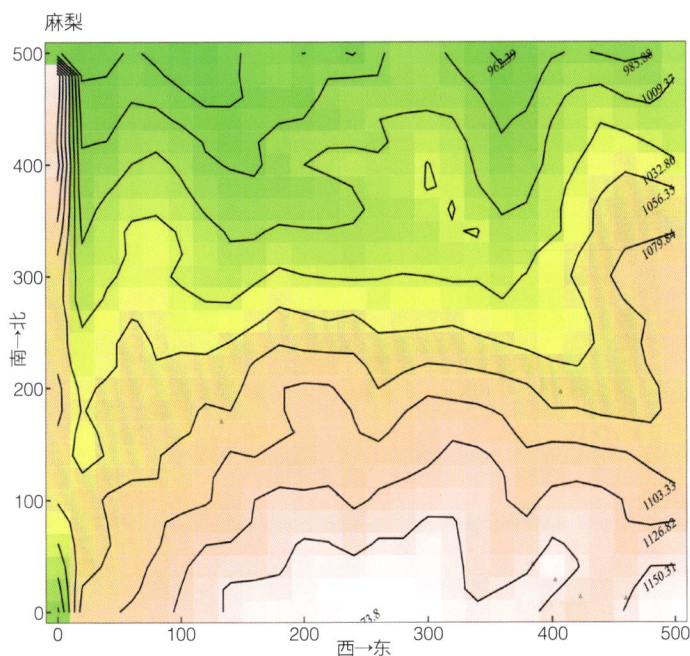
树干 / Trunk
摄影：王静轩 / Photo by: Wang Jingxuan

小枝和叶片 / Branchlets and leaves
摄影：王静轩 / Photo by: Wang Jingxuan

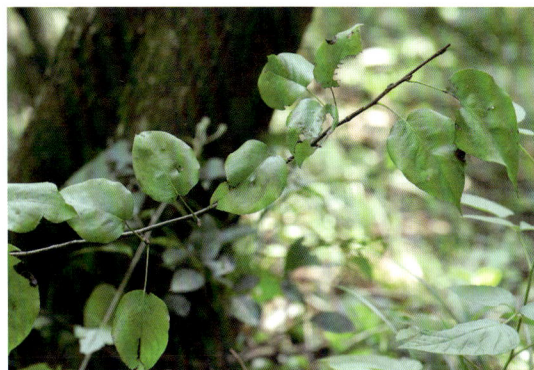
小枝和叶背 / Branchlets and leaf abaxial surfaces
摄影：王静轩 / Photo by: Wang Jingxuan

麻梨
个体分布图 / Distribution of individuals

径级分布表 / DBH class

径级区间 (Diameter class) (cm)	个体数 (No. of individuals)	比例 (Proportion) (%)
1.0~2.5	2	25.0
2.5~5.0	2	25.0
5.0~10.0	1	12.5
10.0~25.0	3	37.5
25.0~50.0	0	0.0
50.0~100.0	0	0.0
≥ 100.0	0	0.0

057 湖北海棠
Malus hupehensis

蔷薇科 Rosaceae　苹果属 *Malus*

代码（Sp.Code）：**MALHUP**

个体数（Individual number / 25hm²）：**16**

最大胸径（Max DBH）：**22.05cm**

重要值排序（Important value rank）：**121/171**

落叶乔木。叶片卵形至卵状椭圆形，边缘有细锐锯齿，嫩时具稀疏短柔毛，不久脱落无毛；叶柄长1~3cm，嫩时有稀疏短柔毛，逐渐脱落。伞房花序，具花4~6朵，花梗长3~6cm；花瓣粉白色或近白色。梨果椭圆形或近球形；果梗长2~4cm。花期4~5月，果期8~9月。

Deciduous trees. Leaf blades ovate to ovate-elliptic, margins acutely serrulate, sparsely pubescent when young, soon becoming glabrous; petioles 1–3 cm long, sparsely pubescent when young, gradually glabrescent. Corymbose inflorescences, with 4–6 flowers, pedicels 3–6 cm long; petals pink or nearly white. Pomes ellipsoidal or nearly spherical; fruit stems 2–4 cm long. Fl. Apr.–May, fr. Aug.–Sep.

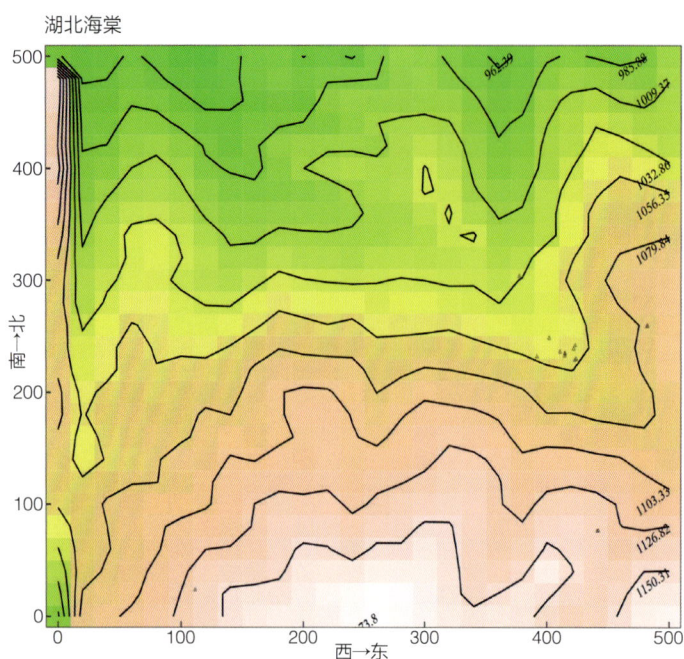

树干 / Trunk
摄影：王静轩 / Photo by: Wang Jingxuan

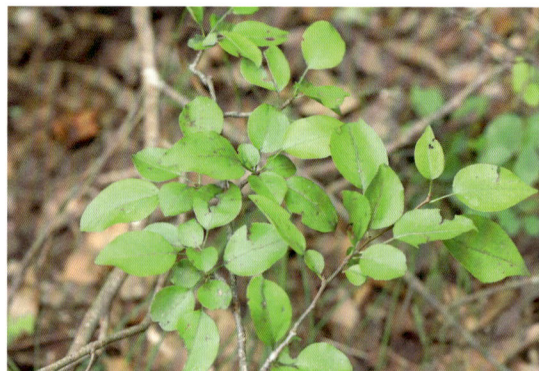

小枝和叶片 / Branchlets and leaves
摄影：王静轩 / Photo by: Wang Jingxuan

叶背 / Leaf abaxial surfaces
摄影：王静轩 / Photo by: Wang Jingxuan

径级分布表 / DBH class

径级区间 (Diameter class) (cm)	个体数 (No. of individuals)	比例 (Proportion) (%)
1.0~2.5	4	25.0
2.5~5.0	4	25.0
5.0~10.0	4	25.0
10.0~25.0	4	25.0
25.0~50.0	0	0.0
50.0~100.0	0	0.0
≥ 100.0	0	0.0

湖北海棠

个体分布图 / Distribution of individuals

058 蔓胡颓子
Elaeagnus glabra

胡颓子科 Elaeagnaceae　胡颓子属 *Elaeagnus*

代码（Sp.Code）：**ELAGLA**

个体数（Individual number / 25hm²）：**7**

最大胸径（Max DBH）：**3.7cm**

重要值排序（Important value rank）：**132/171**

常绿蔓生或攀缘灌木。叶革质或薄革质，卵形或卵状椭圆形，边缘全缘，微反卷，下面灰绿色或铜绿色；叶柄棕褐色，长5~8mm。花淡白色，下垂，密被银白色和散生少数褐色鳞片。果实矩圆形，稍有汁，被锈色鳞片，成熟时红色。花期9~11月，果期翌年4~5月。

Shrubs, evergreen, spreading or scandent. Leaves leathery or thinly leathery, ovate or ovate-elliptic, margins entire, slightly recurved, abaxially grey-green or copper-green; petioles 5–8 mm long, brown. Flowers pale white, drooping, densely covered with argenteous and sparsely with a few brown scales. Fruits oblong-orbicular, slightly juicy, covered with rusty scales, red when mature. Fl. Sep.–Nov., fr. Apr.–May of the following year.

树干 / Trunk
摄影：王静轩 / Photo by: Wang Jingxuan

小枝和叶片 / Branchlets and leaves
摄影：王静轩 / Photo by: Wang Jingxuan

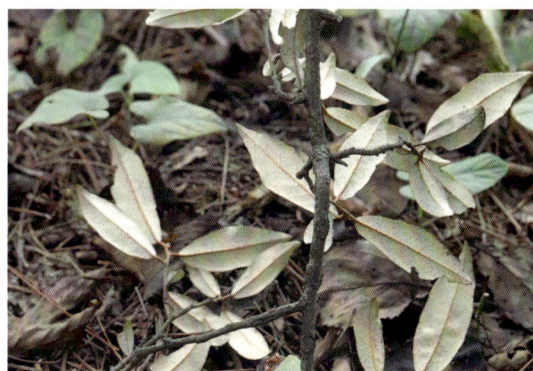
小枝和叶背 / Branchlets and leaf abaxial surfaces
摄影：王静轩 / Photo by: Wang Jingxuan

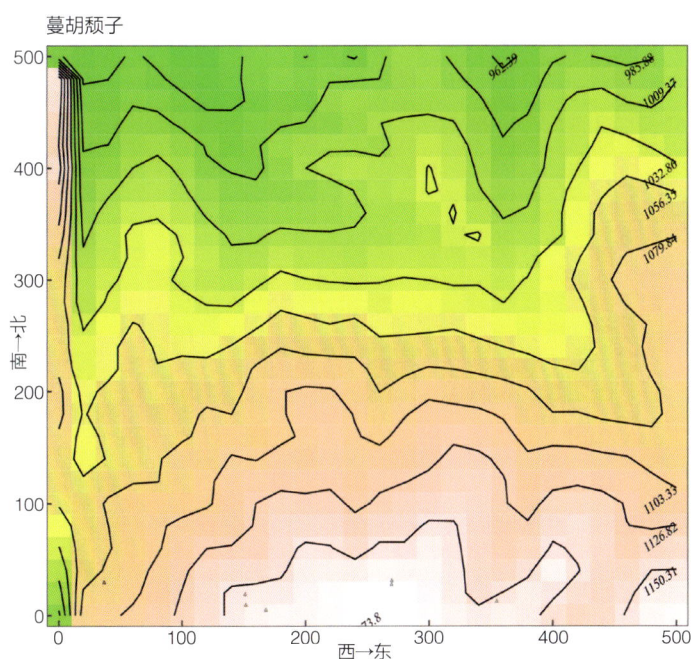
蔓胡颓子
个体分布图 / Distribution of individuals

径级分布表 / DBH class

径级区间 (Diameter class) (cm)	个体数 (No. of individuals)	比例 (Proportion) (%)
1.0~2.0	4	57.1
2.0~3.0	2	28.6
3.0~4.0	1	14.3
4.0~5.0	0	0.0
5.0~7.0	0	0.0
7.0~10.0	0	0.0
≥ 10.0	0	0.0

059 胡颓子

Elaeagnus pungens

胡颓子科 Elaeagnaceae　胡颓子属 *Elaeagnus*

代码（Sp.Code）：	**ELAPUN**
个体数（Individual number / 25hm²）：	**82**
最大胸径（Max DBH）：	**7.42cm**
重要值排序（Important value rank）：	**82/171**

常绿直立灌木，具刺。叶革质，椭圆形或阔椭圆形，边缘微反卷或皱波状，下面密被银白色和少数褐色鳞片，与中脉开展成50°~60°角。花白色或淡白色，下垂，密被鳞片；萼筒圆筒形或漏斗状圆筒形。果实椭圆形，成熟时红色。花期9~12月，果期翌年4~6月。

Evergreen erect shrubs, with prickles. Leaves leathery, elliptic or broadly elliptic, margins slightly convoluted or wrinkled in a wavy patter, abaxially densely covered with silvery white and a few brown scales, and forming an angle of 50–60 degrees with the midvein. Flowers white or pale white, drooping, covered with dense scales, calyx tubes cylindric or funnel-shaped and cylindric. Fruits elliptic, red when mature. Fl. Sep.–Dec., fr. of the following year Apr.–Jun.

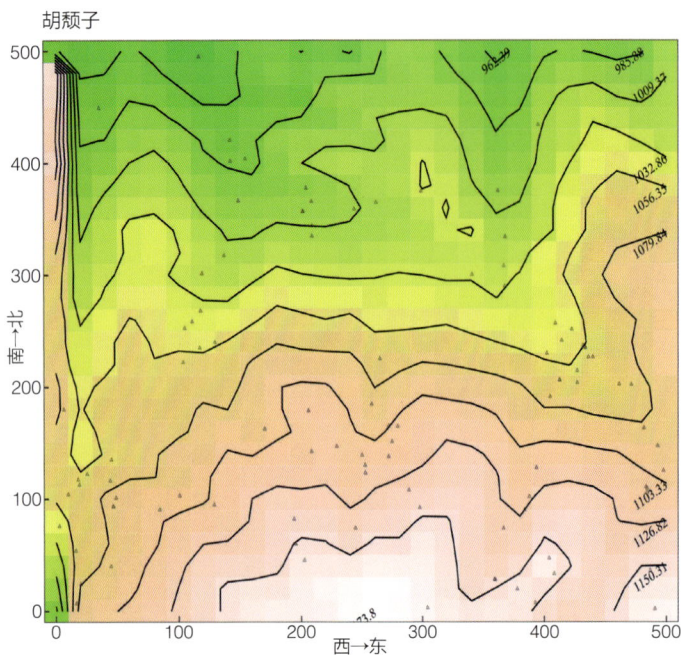

树干 / Trunk
摄影：王静轩 / Photo by: Wang Jingxuan

小枝和叶片 / Branchlets and leaves
摄影：王静轩 / Photo by: Wang Jingxuan

小枝和叶背 / Branchlets and leaf abaxial surfaces
摄影：王静轩 / Photo by: Wang Jingxuan

胡颓子

个体分布图 / Distribution of individuals

径级分布表 / DBH class

径级区间 (Diameter class) (cm)	个体数 (No. of individuals)	比例 (Proportion) (%)
1.0~2.0	59	72.0
2.0~3.0	6	7.3
3.0~4.0	9	11.0
4.0~5.0	6	7.3
5.0~7.0	0	0.0
7.0~10.0	2	2.4
≥ 10.0	0	0.0

060 北枳椇
Hovenia dulcis

鼠李科 Rhamnaceae 枳椇属 *Hovenia*

代码（Sp.Code）：**HOVDUL**

个体数（Individual number / 25hm²）：**15**

最大胸径（Max DBH）：**34.05cm**

重要值排序（Important value rank）：**119/171**

落叶乔木。叶卵圆形、宽长圆形或椭圆状卵形，先端短渐尖或渐尖，基部平截，稀心形或近圆，有不整齐锯齿或粗齿，稀具浅齿，无毛或下面沿脉被疏柔毛。花黄绿色，排成不对称的顶生，稀兼腋生的聚伞圆锥花序。浆果状核果近球形。花期5~7月，果期8~10月。

Deciduous trees. Leaf blades ovate, broadly oblong or elliptic-ovate, apexes shortly acuminate or acuminate, bases truncate, rarely cordate or sub-round, with irregular serrations or coarse teeth, with sparse shallow teeth, glabrous or abaxially pilose only along veins. Flowers greenish yellow, terminating asymmetrically, rarely in thyrse axils. Berry-like drupes are subspherical. Fl. May–Jul., fr. Aug.–Oct.

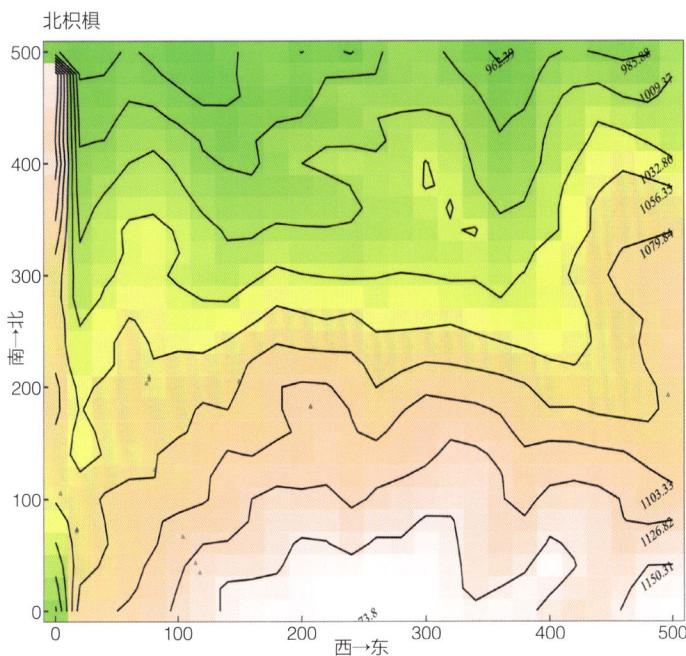
树干 / Trunk
摄影：王静轩 / Photo by: Wang Jingxuan

小枝和叶片 / Branchlets and leaves
摄影：王静轩 / Photo by: Wang Jingxuan

小枝和叶背 / Branchlets and leaf abaxial surfaces
摄影：王静轩 / Photo by: Wang Jingxuan

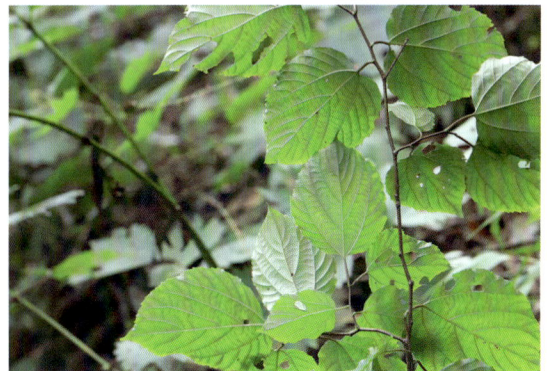
北枳椇
个体分布图 / Distribution of individuals

径级分布表 / DBH class

径级区间 (Diameter class) (cm)	个体数 (No. of individuals)	比例 (Proportion) (%)
1.0~2.5	3	20.0
2.5~5.0	3	20.0
5.0~10.0	4	26.7
10.0~25.0	4	26.7
25.0~50.0	1	6.6
50.0~100.0	0	0.0
≥ 100.0	0	0.0

061 毛果枳椇
Hovenia trichocarpa

鼠李科 Rhamnaceae　枳椇属 *Hovenia*

代码（Sp.Code）：	**HOVTRI**
个体数（Individual number / 25hm²）：	**1**
最大胸径（Max DBH）：	**2.69cm**
重要值排序（Important value rank）：	**166/171**

落叶乔木。小枝无毛。叶纸质，矩圆状卵形、宽椭圆状卵形或矩圆形，顶端渐尖或长渐尖，基部截形、近圆形或心形，具圆齿状锯齿或钝锯齿，稀近全缘，两面多少有毛，或仅下面沿脉被疏柔毛。二歧聚伞花序顶生或腋生。浆果状核果球形，被锈色或棕色密绒毛和长柔毛。花期5~6月，果期8~10月。

Deciduous trees. Branchlets glabrous. Leaves papery, oblong-ovate, broadly elliptic-ovate or oblong, apexes acuminate or long acuminate, bases truncate, suborbicular or cordate, crenate or obtusely serrate, rarely nearly entire, more or less hairy on both sides, or abaxially pilose only along veins. Dichasia are terminal or axillary. Bacciform drupes globose, densely covered with ferruginous or brown villi and long puberulent hairs. Fl. May–Jun., fr. Aug.–Oct.

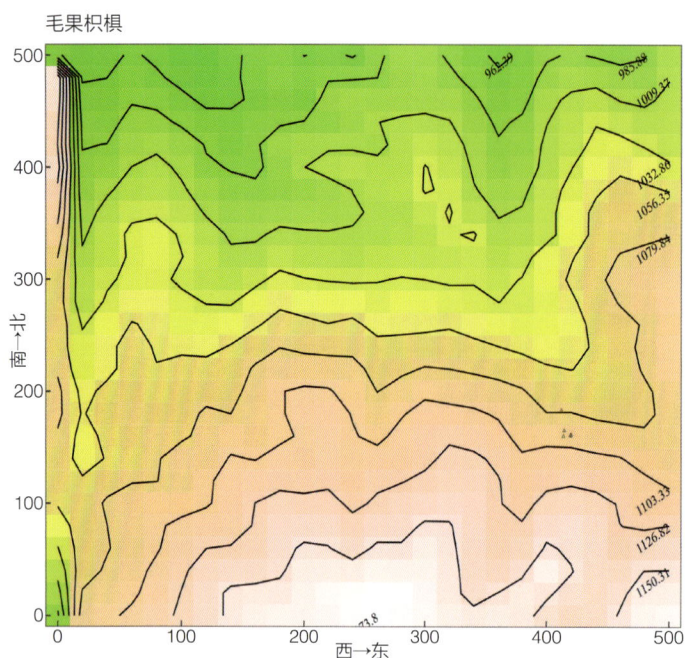
树干 / Trunk
摄影：龚佑科 / Photo by: Gong Youke

小枝和叶片 / Branchlets and leaves
摄影：曾云保 / Photo by: Zeng Yunbao

叶背 / Leaf abaxial surfaces
摄影：曾云保 / Photo by: Zeng Yunbao

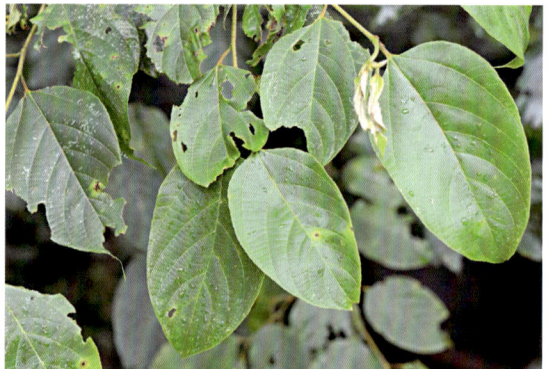
个体分布图 / Distribution of individuals

径级分布表 / DBH class

径级区间 (Diameter class) (cm)	个体数 (No. of individuals)	比例 (Proportion) (%)
1.0~2.5	0	0.0
2.5~5.0	1	100.0
5.0~10.0	0	0.0
10.0~25.0	0	0.0
25.0~50.0	0	0.0
50.0~100.0	0	0.0
≥ 100.0	0	0.0

062 长叶冻绿
Frangula crenata

鼠李科 Rhamnaceae　裸芽鼠李属 *Frangula*

代码（Sp.Code）：**FRACRE**

个体数（Individual number / 25hm²）：**204**

最大胸径（Max DBH）：**20.5cm**

重要值排序（Important value rank）：**61/171**

落叶灌木或小乔木。枝被疏柔毛。叶纸质，倒卵状椭圆形、椭圆形或倒卵形，边缘具圆齿状齿或细锯齿，上面无毛，下面被柔毛或沿脉多少被柔毛；叶柄长4~10（12）mm，被密柔毛。聚伞花序，1~10个。核果球形或倒卵状球形。花期5~8月，果期8~10月。

Deciduous shrubs or small trees. Branches pilose. Leaves papery, obovate-elliptic, elliptic or obovate, margins crenate or finely serrate, adaxially glabrous, abaxially pilose or more or less pilose along veins; petioles 4–10(12) mm long, densely pilose. Cymes with 1–10 flowers. Drupes globose or obovate-globose. Fl. May–Aug., fr. Aug.–Oct.

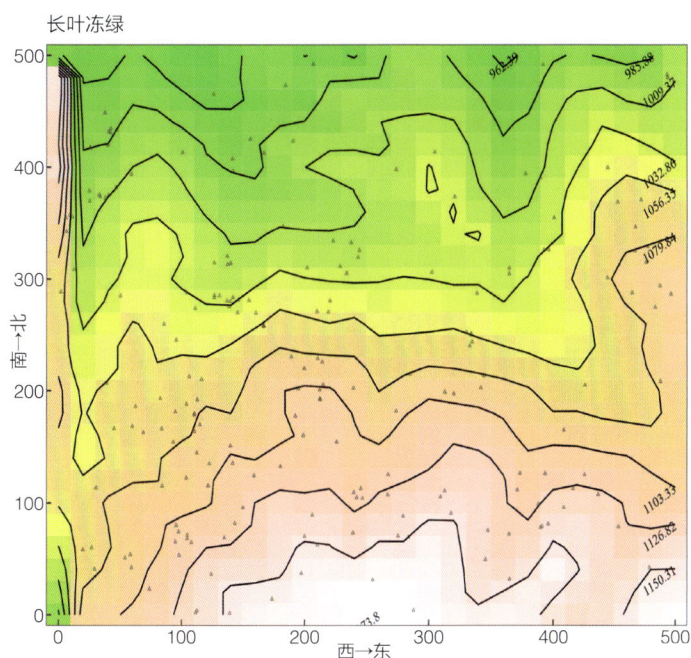

树干 / Trunk
摄影：朱鑫鑫 / Photo by: Zhu Xinxin

小枝和叶片 / Branchlets and leaves
摄影：梁同军 / Photo by: Liang Tongjun

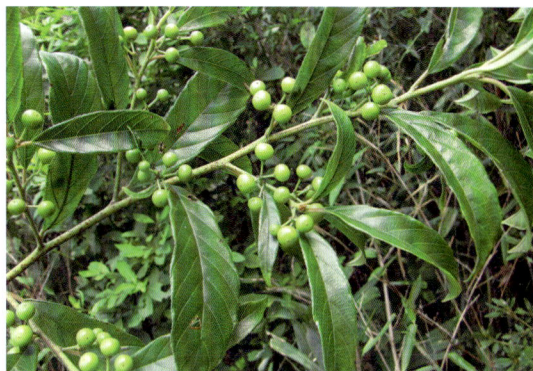

小枝和叶背 / Branchlets and leaf abaxial surfaces
摄影：梁同军 / Photo by: Liang Tongjun

长叶冻绿

个体分布图 / Distribution of individuals

径级分布表 / DBH class

径级区间 (Diameter class) (cm)	个体数 (No. of individuals)	比例 (Proportion) (%)
1.0~2.5	136	66.7
2.5~5.0	45	22.0
5.0~8.0	16	7.8
8.0~11.0	3	1.5
11.0~15.0	3	1.5
15.0~20.0	0	0.0
≥ 20.0	1	0.5

063 山鼠李

Rhamnus wilsonii

鼠李科 Rhamnaceae 鼠李属 *Rhamnus*

代码（Sp.Code）：**RHAWIL**

个体数（Individual number / 25hm²）：**103**

最大胸径（Max DBH）：**6.63cm**

重要值排序（Important value rank）：**81/171**

落叶灌木。小枝互生或兼近对生。叶纸质或薄纸质，互生或稀兼近对生，在当年生枝基部或短枝顶端簇生，椭圆形或宽椭圆形，边缘具钩状圆锯齿，两面无毛，侧脉每边5~7条，上面稍下陷；叶柄长2~4mm，无毛。花单性，雌雄异株，黄绿色。核果倒卵状球形。花期4~5月，果期6~10月。

Deciduous shrubs. Branchlets alternate or subopposite, sparsely arranged. Leaves papery or thinly papery, alternate or subopposite, sparsely clustered at the base of annual branches or on short shoots, elliptic or broadly elliptic, margins with hooked circular serrations, both sides glabrous, lateral veins 5–7 each side, adaxially slightly infossate; petioles 2–4 mm long, glabrous. Flowers unisexual, heterothallic, yellow-green. Drupes obovoid-oblong. Fl. Apr.–May, fr. Jun.–Oct.

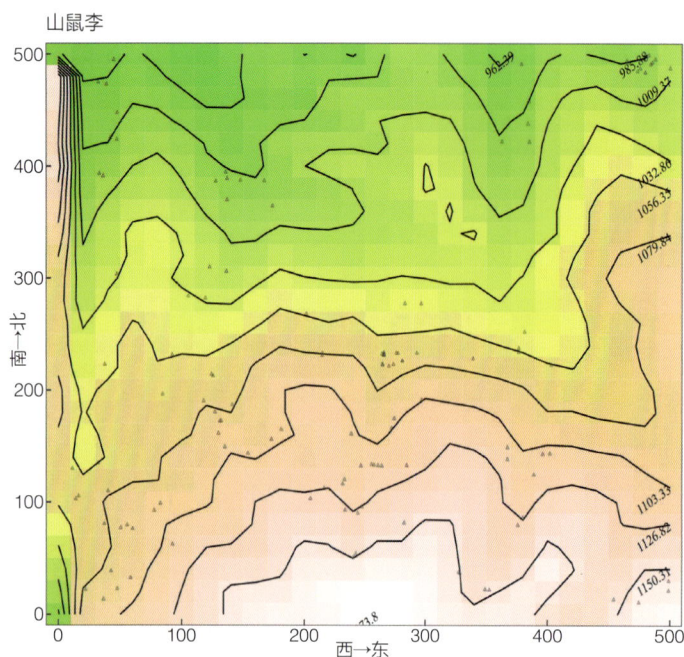

树干 / Trunk
摄影：王静轩 / Photo by: Wang Jingxuan

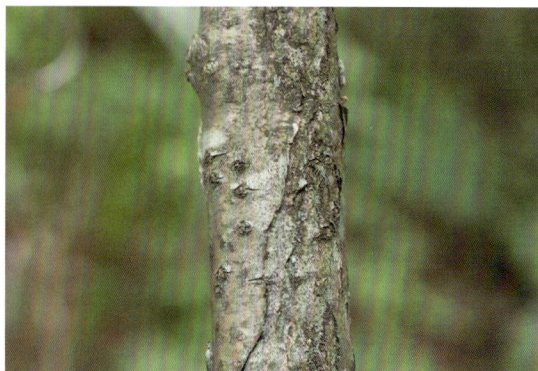

小枝和叶片 / Branchlets and leaves
摄影：王静轩 / Photo by: Wang Jingxuan

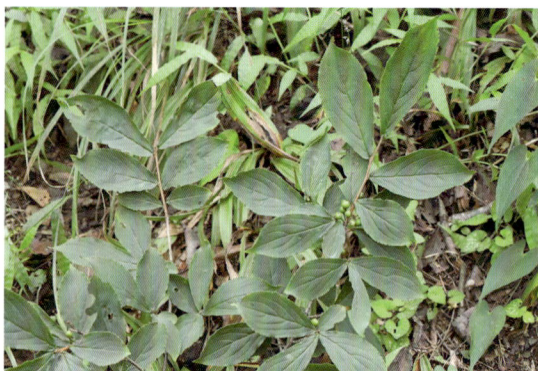

小枝和叶背 / Branchlets and leaf abaxial surfaces
摄影：王静轩 / Photo by: Wang Jingxuan

山鼠李

个体分布图 / Distribution of individuals

径级分布表 / DBH class

径级区间 (Diameter class) (cm)	个体数 (No. of individuals)	比例 (Proportion) (%)
1.0~2.0	90	87.4
2.0~3.0	1	1.0
3.0~4.0	9	8.7
4.0~5.0	2	1.9
5.0~7.0	1	1.0
7.0~10.0	0	0.0
≥ 10.0	0	0.0

064 紫弹树
Celtis biondii

大麻科 Cannabaceae 朴属 *Celtis*

代码（Sp.Code）：**CELBIO**

个体数（Individual number / 25hm²）：**37**

最大胸径（Max DBH）：**28.65cm**

重要值排序（Important value rank）：**104/171**

落叶小乔木至乔木。当年生小枝密被短柔毛，后渐脱落。叶宽卵形、卵形至卵状椭圆形，基部钝至近圆形，稍偏斜，在中部以上疏具浅齿，两面多少被毛。果序单生叶腋，通常具2个果（少有1或3个果），总梗连同果梗长1~2cm，被糙毛；果幼时被毛。花期4~5月，果期9~10月。

Deciduous small trees to trees. Current-year branchlets with dense short hairs, then glabrous. Leaf blades broadly ovate, ovate, or ovate-elliptic, slightly divergent, with sparse shallow teeth above the middle, with sparse hairs on both sides. Infructescence are single and borne in the leaf axil, usually 2 fruits (rarely 1 or 3 fruits), total stems together with fruit stems 1–2 cm long, covered with rough hairs; young fruits hairy. Fl. Apr.–May, fr. Sep.–Oct.

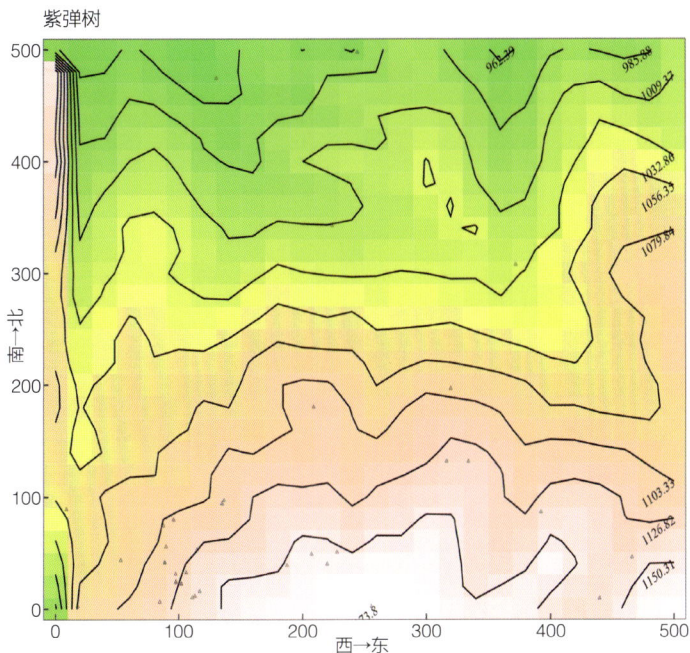

树干 / Trunk
摄影：王静轩 / Photo by: Wang Jingxuan

小枝和叶片 / Branchlets and leaves
摄影：王静轩 / Photo by: Wang Jingxuan

小枝和叶背 / Branchlets and leaf abaxial surfaces
摄影：王静轩 / Photo by: Wang Jingxuan

紫弹树

个体分布图 / Distribution of individuals

径级分布表 / DBH class

径级区间 (Diameter class) (cm)	个体数 (No. of individuals)	比例 (Proportion) (%)
1.0~2.5	17	46.0
2.5~5.0	11	29.7
5.0~8.0	0	0.0
8.0~11.0	3	8.1
11.0~15.0	2	5.4
15.0~20.0	2	5.4
≥ 20.0	2	5.4

065 西川朴
Celtis vandervoetiana

大麻科 Cannabaceae　朴属 *Celtis*

代码（Sp.Code）：**CELVAN**

个体数（Individual number / 25hm²）：**1**

最大胸径（Max DBH）：**4.91cm**

重要值排序（Important value rank）：**164/171**

落叶乔木。当年生小枝、叶柄和果梗老后褐棕色，无毛，有散生狭椭圆形至椭圆形皮孔。叶厚纸质，卵状椭圆形至卵状长圆形，基部稍不对称，近圆形，一边稍高，一边稍低，先端渐尖至短尾尖，自下部2/3以上具锯齿或钝齿。果单生叶腋，果梗粗壮，长17~35mm。花期4月，果期9~10月。

Deciduous trees. Current-year branchlets, petioles and fruit stems turn brown when older, glabrous, with scattered narrow elliptic to elliptic lenticels. Leaves thickly papery, ovate-elliptic to oval-oblong, bases slightly asymmetric, nearly circular, one side slightly higher, one side slightly lower, apexes acute to caudate, more than 2/3 of the lower part of the leaf blade has serrations or blunt teeth. Fruits solitary in leaf axil, fruit stems stout, 17–35 mm long. Fl. Apr., fr. Sep.–Oct.

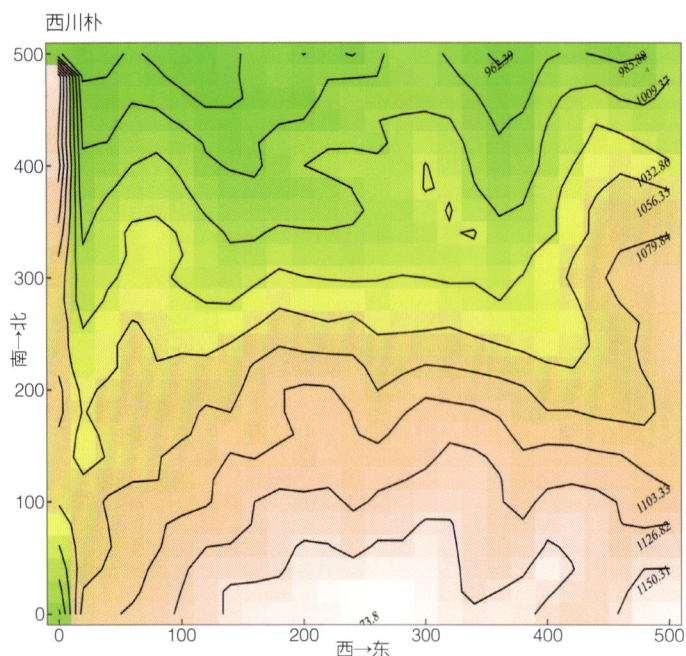
树干 / Trunk
摄影：王静轩 / Photo by: Wang Jingxuan

小枝和叶片 / Branchlets and leaves
摄影：王静轩 / Photo by: Wang Jingxuan

小枝和叶背 / Branchlets and leaf abaxial surfaces
摄影：王静轩 / Photo by: Wang Jingxuan

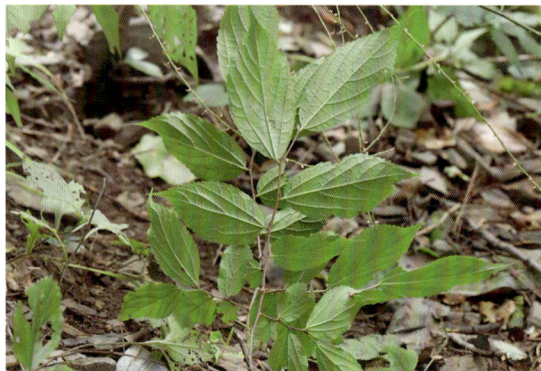
个体分布图 / Distribution of individuals

径级分布表 / DBH class

径级区间 (Diameter class) (cm)	个体数 (No. of individuals)	比例 (Proportion) (%)
1.0~2.5	0	0.0
2.5~5.0	1	100.0
5.0~10.0	0	0.0
10.0~25.0	0	0.0
25.0~50.0	0	0.0
50.0~100.0	0	0.0
≥ 100.0	0	0.0

066 鸡桑
Morus australis

桑科 Moraceae　桑属 *Morus*

代码（Sp.Code）：**MORAUS**

个体数（Individual number / 25hm²）：**410**

最大胸径（Max DBH）：**15.2cm**

重要值排序（Important value rank）：**50/171**

落叶灌木或小乔木。叶卵形，先端急尖或尾状，基部楔形或心形，边缘具粗锯齿，不分裂或3~5裂，表面粗糙，密生短刺毛，背面疏被粗毛；叶柄长1~1.5cm，被毛。雌花序卵形或球形，花柱很长，柱头2裂。聚花果短椭圆形，成熟时红色或暗紫色。花期3~4月，果期4~5月。

Deciduous shrubs or small trees. Leaf blades ovate, apexes acute or caudate, bases cuneate or cordate, margins coarsely toothed, unlobed or 3–5 lobed, adaxially scabrous and densely covered with short hairs, abaxially sparsely covered with thick hairs; petioles 1–1.5 cm long, covered with hairs. Female inflorescence ovate or globose, styles long, 2-branched stigmas. Collective fruits short-ovoid, syncarps red to dark purple when mature. Fl. Mar.–Apr., fr. Apr.–May.

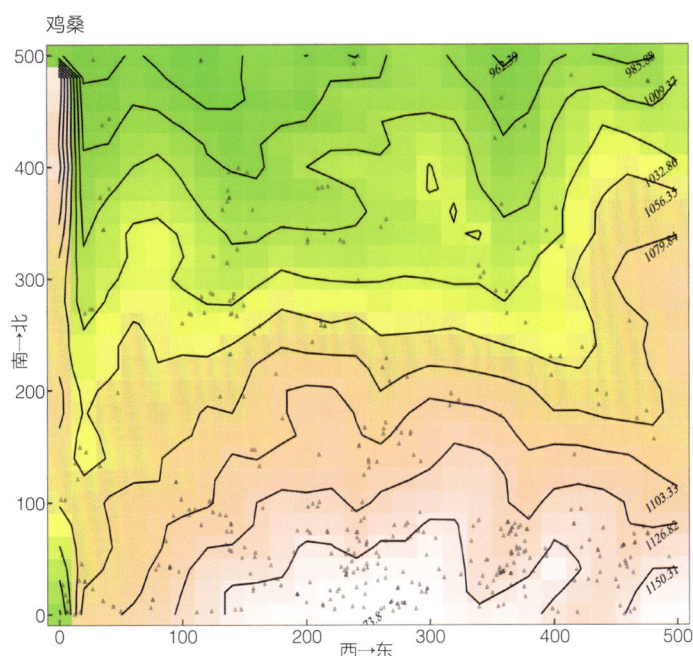

树干 / Trunk
摄影：王静轩 / Photo by: Wang Jingxuan

小枝和叶片 / Branchlets and leaves
摄影：王静轩 / Photo by: Wang Jingxuan

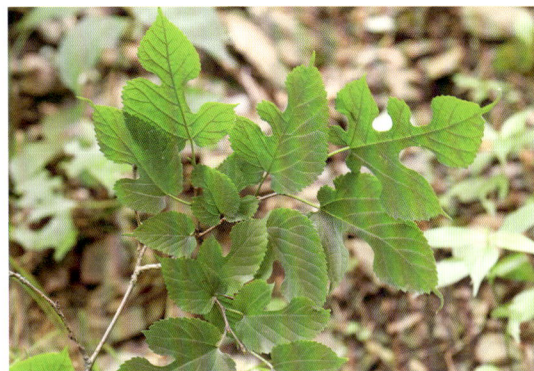

小枝和叶背 / Branchlets and leaf abaxial surfaces
摄影：王静轩 / Photo by: Wang Jingxuan

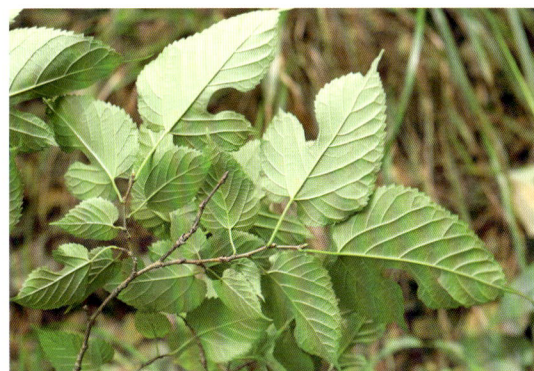

鸡桑

个体分布图 / Distribution of individuals

径级分布表 / DBH class

径级区间 (Diameter class) (cm)	个体数 (No. of individuals)	比例 (Proportion) (%)
1.0~2.5	254	62.0
2.5~5.0	133	32.4
5.0~8.0	19	4.6
8.0~11.0	3	0.7
11.0~15.0	0	0.0
15.0~20.0	1	0.3
≥ 20.0	0	0.0

067 锥栗
Castanea henryi

壳斗科 Fagaceae 栗属 *Castanea*

代码（Sp.Code）：**CASHEN**

个体数（Individual number / 25hm²）：**849**

最大胸径（Max DBH）：**88.81cm**

重要值排序（Important value rank）：**5/171**

落叶大乔木。叶长圆形或披针形，顶部长渐尖至尾状长尖，新生叶的基部狭楔尖，两侧对称，成长叶的基部圆或宽楔形，一侧偏斜，叶缘的裂齿有长芒尖，叶背无毛，但嫩叶有黄色鳞腺且在叶脉两侧有疏长毛。成熟壳斗近圆球形。花期5~7月，果期9~10月。

Deciduous big trees. Leaves oblong or lanceolate, apexes long acuminate to caudate long acuminate, the bases of young leaves narrowly wedge-shaped and cate, both sides symmetrical, bases circular or widely wedged in growing leaves, with one side deflected, the lobed teeth of leaf margins having long awn tips, leaf back glabrous, but young leaves having yellow scalelike glands and sparse long hairs on both sides of the vein. Mature cupules subprolate. Fl. May–Jul., fr. Sep.–Oct.

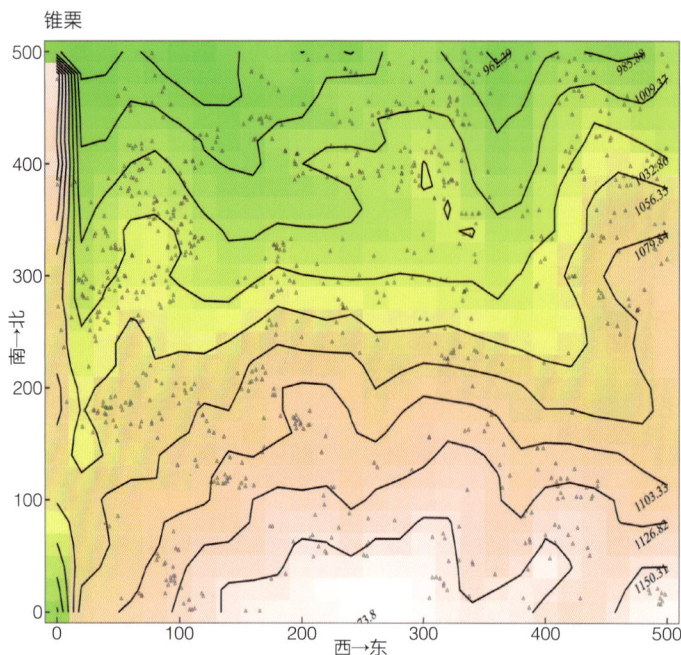

树干 / Trunk
摄影：王静轩 / Photo by: Wang Jingxuan

小枝和叶片 / Branchlets and leaves
摄影：王静轩 / Photo by: Wang Jingxuan

小枝和叶背 / Branchlets and leaf abaxial surfaces
摄影：王静轩 / Photo by: Wang Jingxuan

个体分布图 / Distribution of individuals

径级分布表 / DBH class

径级区间 (Diameter class) (cm)	个体数 (No. of individuals)	比例 (Proportion) (%)
1.0~2.5	85	10.0
2.5~5.0	83	9.8
5.0~10.0	108	12.7
10.0~25.0	239	28.2
25.0~50.0	315	37.1
50.0~100.0	19	2.2
≥ 100.0	0	0.0

068 茅栗
Castanea seguinii

壳斗科 Fagaceae　栗属 *Castanea*

代码（Sp.Code）：**CASSEG**

个体数（Individual number / 25hm²）：**470**

最大胸径（Max DBH）：**49.51cm**

重要值排序（Important value rank）：**43/171**

小乔木或灌木状。叶倒卵状椭圆形或兼有长圆形的叶，顶部渐尖，基部楔尖（嫩叶）至圆或耳垂状（成长叶），叶背有黄或灰白色鳞腺；叶柄长5~15mm。壳斗外壁密生锐刺，成熟壳斗连刺径3~5cm。花期5~7月，果期9~11月。

Small trees or shrubs. Leaves inverted-oval-shaped or oblong, apexes tapered, bases wedge-shaped (tender leaves) to circular or lobed (growing leaves), abaxially yellow or grayish-white scale glands; petioles 5–15 mm long. The outer wall of the cupule is densely prickled, the diameter of the mature cupule is 3–5 cm. Fl. May–Jul., fr. Sep.–Nov.

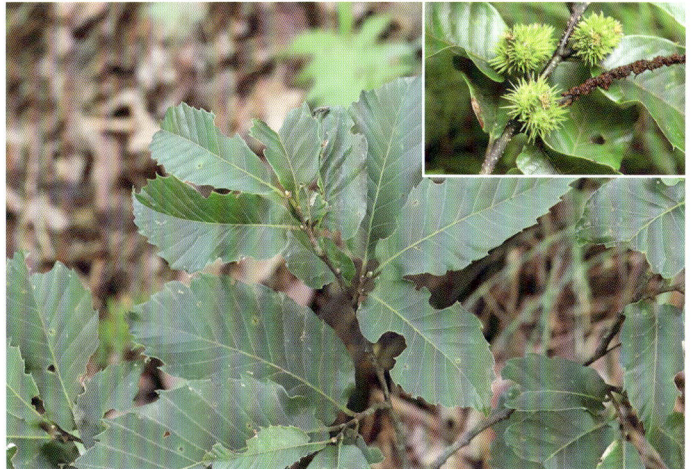

小枝和叶片 / Branchlets and leaves
摄影：王静轩 / Photo by: Wang Jingxuan

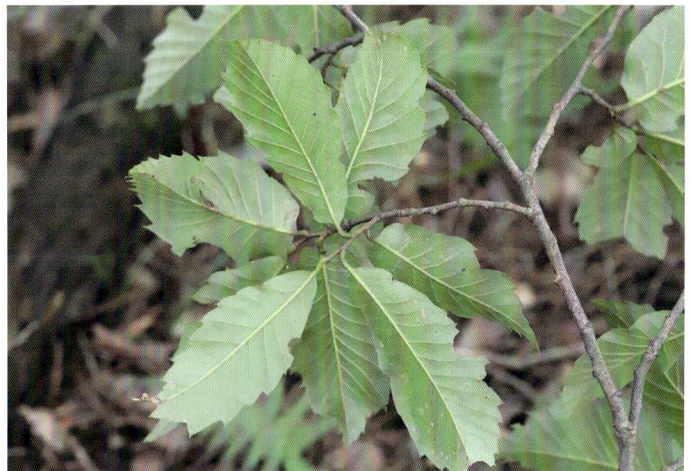

小枝和叶背 / Branchlets and leaf abaxial surfaces
摄影：王静轩 / Photo by: Wang Jingxuan

树干 / Trunk
摄影：王静轩 / Photo by: Wang Jingxuan

径级分布表 / DBH class

径级区间 (Diameter class) (cm)	个体数 (No. of individuals)	比例 (Proportion) (%)
1.0~2.5	85	18.1
2.5~5.0	110	23.4
5.0~8.0	95	20.2
8.0~11.0	82	17.4
11.0~15.0	53	11.3
15.0~20.0	16	3.4
≥ 20.0	29	6.2

茅栗

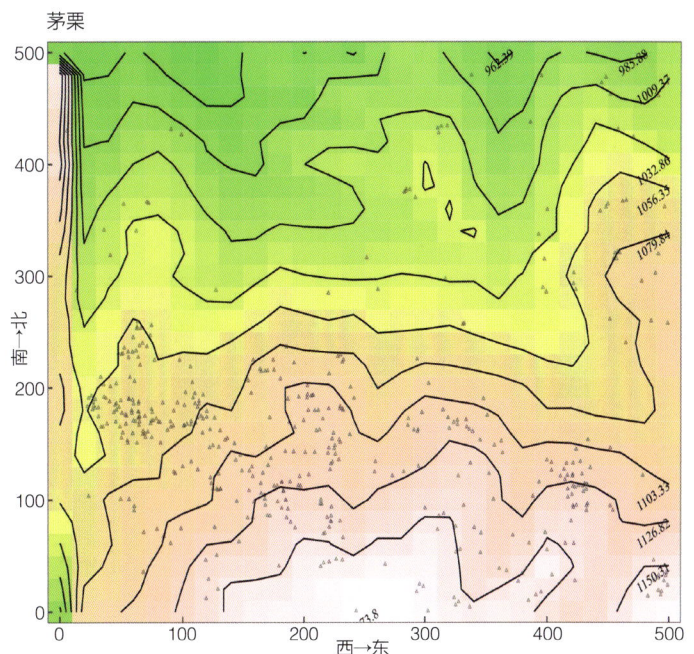

个体分布图 / Distribution of individuals

069 青冈
Quercus glauca

壳斗科 Fagaceae　栎属 *Quercus*

代码（Sp.Code）：**QUEGLA**

个体数（Individual number / 25hm²）：**25**

最大胸径（Max DBH）：**5.2cm**

重要值排序（Important value rank）：**114/171**

常绿乔木。小枝无毛。叶片革质，倒卵状椭圆形或长椭圆形，顶端渐尖或短尾状，基部圆形或宽楔形，叶缘中部以上有疏锯齿，侧脉每边9~13条，叶背支脉明显，叶面无毛，叶背有整齐平伏白色单毛，老时渐脱落；叶柄长1~3cm。壳斗碗形，包着坚果的1/3~1/2。花期4~5月，果期10月。

Evergreen trees. Branchlets glabrous. Leaf blades leathery, obovate-elliptic or long-elliptic, apexes acuminate or short caudate, bases rounded or broadly cuneate, slightly serrate above middle margin, lateral veins 9–13 on each side, vein branches abaxially obvious, leaf surfaces glabrous, abaxially with neat flat white single hair, gradually fall off when old; petioles 1–3 cm long. Cupules bowl-shaped, containing 1/3–1/2 nuts. Fl. Apr.–May, fr. Oct.

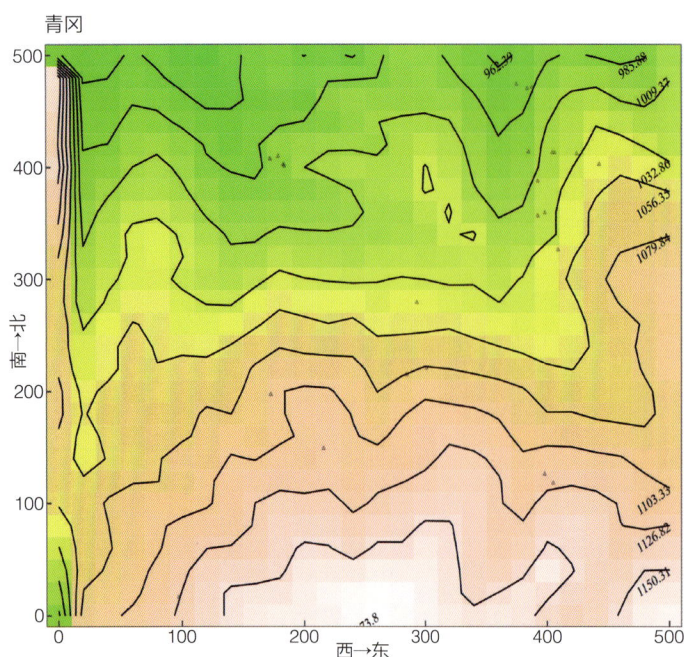

树干 / Trunk
摄影：唐忠炳 / Photo by: Tang Zhongbing

果枝 / Fruiting branches
摄影：唐忠炳 / Photo by: Tang Zhongbing

小枝和叶背 / Branchlets and leaf abaxial surfaces
摄影：唐忠炳 / Photo by: Tang Zhongbing

青冈

个体分布图 / Distribution of individuals

径级分布表 / DBH class

径级区间 (Diameter class) (cm)	个体数 (No. of individuals)	比例 (Proportion) (%)
1.0~2.5	16	64.0
2.5~5.0	7	28.0
5.0~10.0	2	8.0
10.0~25.0	0	0.0
25.0~50.0	0	0.0
50.0~100.0	0	0.0
≥ 100.0	0	0.0

070 小叶青冈
Quercus myrsinifolia

壳斗科 Fagaceae   栎属 *Quercus*

代码（Sp.Code）：**QUEMYR**

个体数（Individual number / 25hm²）：**609**

最大胸径（Max DBH）：**57.15cm**

重要值排序（Important value rank）：**38/171**

常绿乔木。叶卵状披针形或椭圆状披针形，顶端长渐尖或短尾状，基部楔形或近圆形，叶缘中部以上有细锯齿，侧脉每边9~14条，常不达叶缘，叶背粉白色，干后为暗灰色，无毛；叶柄长1~2.5cm，无毛。坚果卵形或椭圆形。花期6月，果期10月。

Evergreen trees. Leaves ovate-lanceolate or elliptic-lanceolate, apexes long acuminate or short caudate, bases cuneate or suborbicular, leaf margins above the middle with fine serrations, lateral veins 9–14 on each side, often not up to leaf margins, leaves abaxially pinkish-white, turning dark gray after drying, glabrous; petioles 1–2.5 cm long, glabrous. Nuts ovate or elliptic. Fl. Jun., fr. Oct.

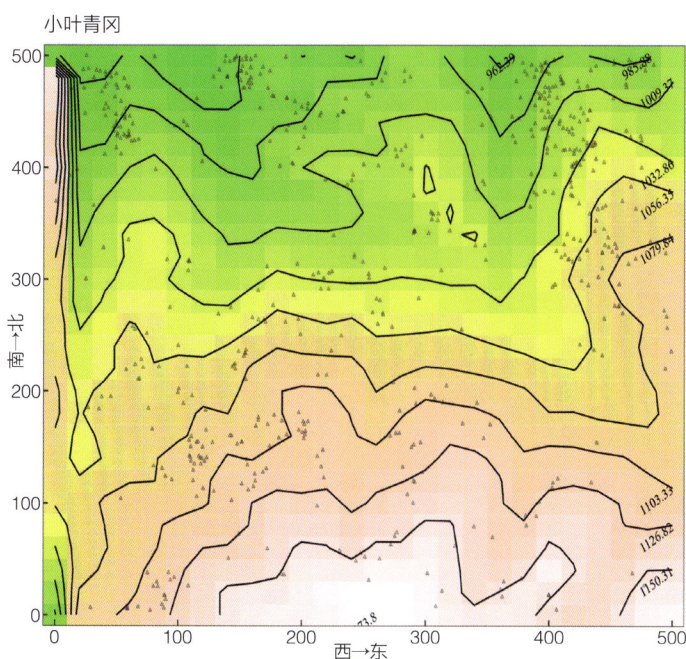

树干 / Trunk
摄影：王静轩 / Photo by: Wang Jingxuan

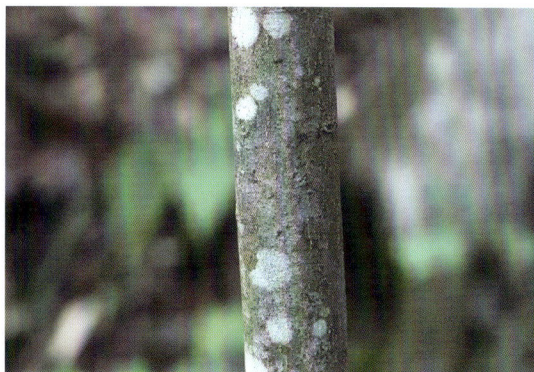

小枝和叶片 / Branchlets and leaves
摄影：王静轩 / Photo by: Wang Jingxuan

小枝和叶背 / Branchlets and leaf abaxial surfaces
摄影：王静轩 / Photo by: Wang Jingxuan

小叶青冈

个体分布图 / Distribution of individuals

径级分布表 / DBH class

径级区间 (Diameter class) (cm)	个体数 (No. of individuals)	比例 (Proportion) (%)
1.0~2.5	312	51.2
2.5~5.0	177	29.1
5.0~10.0	83	13.6
10.0~25.0	27	4.4
25.0~50.0	9	1.5
50.0~100.0	1	0.2
≥ 100.0	0	0.0

071 云山青冈
Quercus sessilifolia

壳斗科 Fagaceae　栎属 *Quercus*

代码（Sp.Code）：**QUESES**

个体数（Individual number / 25hm²）：**1**

最大胸径（Max DBH）：**34.56cm**

重要值排序（Important value rank）：**143/171**

常绿乔木。小枝初时被毛，后无毛。叶片革质，长椭圆形至披针状长椭圆形，顶端急尖或短渐尖，基部楔形，全缘或顶端有2~4个锯齿，侧脉不明显，每边10~14条，两面近同色，无毛；叶柄长0.5~1cm。坚果倒卵形至长椭圆状倒卵形。花期4~5月，果期10~11月。

Evergreen trees. Branchlets hairy at first, then glabrous. Leaf blades leathery, long-elliptic to lanceolate-elliptic, apexes acute or short acuminate, bases cuneate, margins entire or apexes with 2–4 serrations, lateral veins inconspicuous, 10–14 on each sides, both sides nearly homoeochrome, glabrous; petioles 0.5–1 cm long. Nuts obovate to long-elliptic obovate. Fl. Apr.–May, fr. Oct.–Nov.

树干 / Trunk
摄影：王静轩 / Photo by: Wang Jingxuan

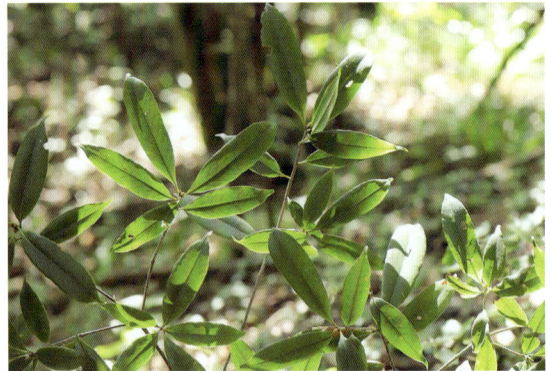
小枝和叶片 / Branchlets and leaves
摄影：王静轩 / Photo by: Wang Jingxuan

小枝和叶背 / Branchlets and leaf abaxial surfaces
摄影：王静轩 / Photo by: Wang Jingxuan

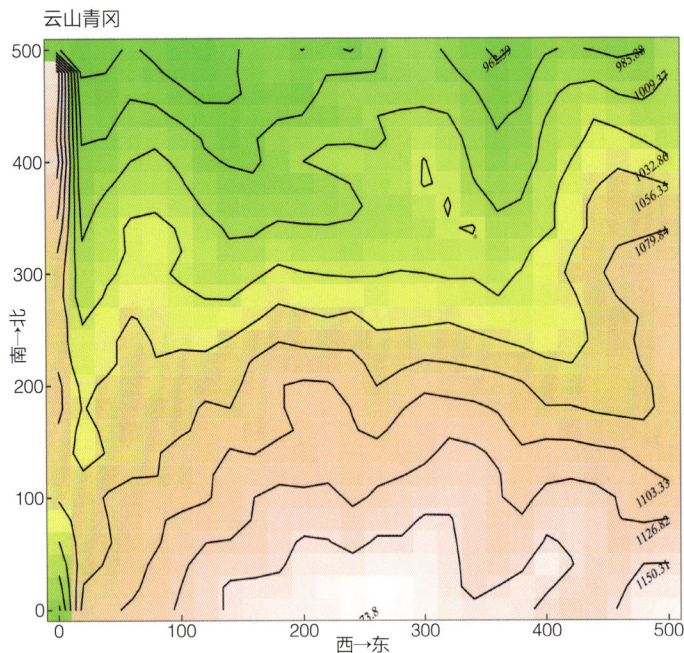
云山青冈
个体分布图 / Distribution of individuals

径级分布表 / DBH class

径级区间 (Diameter class) (cm)	个体数 (No. of individuals)	比例 (Proportion) (%)
1.0~2.5	0	0.0
2.5~5.0	0	0.0
5.0~10.0	0	0.0
10.0~25.0	0	0.0
25.0~50.0	1	100.0
50.0~100.0	0	0.0
≥ 100.0	0	0.0

072 白栎
Quercus fabri

壳斗科 Fagaceae 栎属 *Quercus*

代码（Sp.Code）：**QUEFAB**

个体数（Individual number / 25hm²）：**3**

最大胸径（Max DBH）：**1.9cm**

重要值排序（Important value rank）：**160/171**

落叶乔木或灌木状。小枝密生灰色至灰褐色绒毛。叶片倒卵形、椭圆状倒卵形，顶端钝或短渐尖，基部楔形或窄圆形，叶缘具波状锯齿或粗钝锯齿，幼时两面被灰黄色星状毛；叶柄被棕黄色绒毛。坚果长椭圆形或卵状长椭圆形，果脐突起。花期4月，果期10月。

Deciduous trees or shrubs. Branchlets densely gray to grayish-brown pubescent. Leaves obovate, elliptic-obovate, apexes obtuse or short acuminate, bases cuneate or narrowly rounded, leaf margins with wavy serrations or coarse obtuse serrations, both surfaces covered with gray-yellow stellate hairs when young; petioles yellowish-brown pubescent. Nuts oblong-elliptic or ovate-oblong-elliptic, fruits umbilicus is raised. Fl. Apr., fr. Oct.

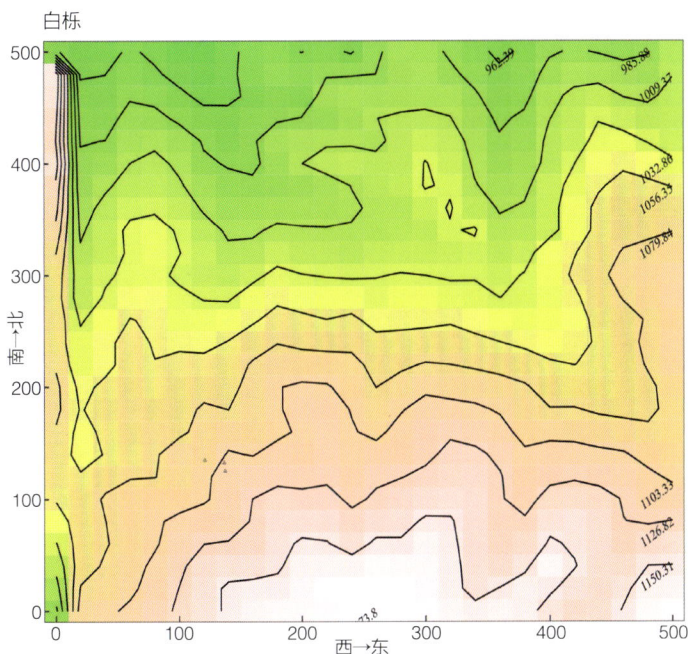
树干 / Trunk
摄影：梁同军 / Photo by: Liang Tongjun

果枝 / Fruiting branches
摄影：梁同军 / Photo by: Liang Tongjun

叶背 / Leaf abaxial surfaces
摄影：梁同军 / Photo by: Liang Tongjun

个体分布图 / Distribution of individuals

径级分布表 / DBH class

径级区间 (Diameter class) (cm)	个体数 (No. of individuals)	比例 (Proportion) (%)
1.0~2.5	3	100.0
2.5~5.0	0	0.0
5.0~10.0	0	0.0
10.0~25.0	0	0.0
25.0~50.0	0	0.0
50.0~100.0	0	0.0
≥ 100.0	0	0.0

073 枹栎

Quercus serrata

壳斗科 Fagaceae 栎属 *Quercus*

代码（Sp.Code）：**QUESER**

个体数（Individual number / 25hm²）：**1480**

最大胸径（Max DBH）：**59.85cm**

重要值排序（Important value rank）：**6/171**

落叶乔木。树皮灰褐色，深纵裂。叶常聚生于枝顶，叶片较小，长椭圆状倒卵形或卵状披针形，长5~11cm，宽1.5~5cm；叶缘具内弯浅锯齿，齿端具腺；叶柄短，长2~5mm。坚果卵形至卵圆形，果脐平坦。花期3~4月，果期9~10月。

Deciduous trees. Barks taupe, with deep diastema. Leaves usually gathered at the top of the branch, Leaf blades usually small, long ellipsoid-obovate or oval-lanceolate, 5–11 cm long, 1.5–5 cm wide; leaf margins with inward-curved shallow serrations, and tooth tips with glands; petioles short, 2–5 mm long. Nuts ovate to ovoid, fruit navels are flat. Fl. Mar.–Apr., fr. Sep.–Oct.

果枝 / Fruiting branches
摄影：王静轩 / Photo by: Wang Jingxuan

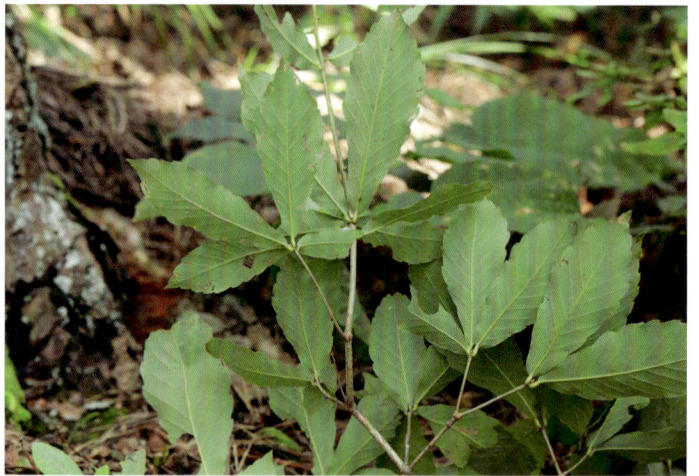

小枝和叶背 / Branchlets and leaf abaxial surfaces
摄影：王静轩 / Photo by: Wang Jingxuan

树干 / Trunk
摄影：王静轩 / Photo by: Wang Jingxuan

径级分布表 / DBH class

径级区间 (Diameter class) (cm)	个体数 (No. of individuals)	比例 (Proportion) (%)
1.0~2.5	172	11.6
2.5~5.0	111	7.5
5.0~10.0	191	12.9
10.0~25.0	861	58.2
25.0~50.0	139	9.4
50.0~100.0	6	0.4
≥ 100.0	0	0.0

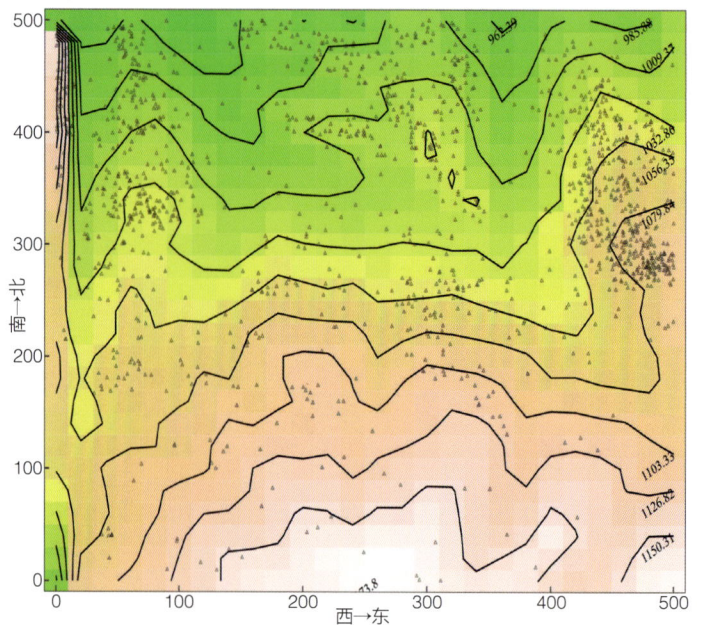

个体分布图 / Distribution of individuals

074 化香树
Platycarya strobilacea

胡桃科 Juglandaceae   化香树属 *Platycarya*

代码（Sp.Code）：**PLASTR**

个体数（Individual number / 25hm²）：**1676**

最大胸径（Max DBH）：**42.15cm**

重要值排序（Important value rank）：**4/171**

落叶乔木。羽状复叶，具7~23片小叶；小叶纸质，侧生小叶无叶柄，对生或生于下端者偶尔有互生，卵状披针形至长椭圆状披针形，边缘有锯齿，顶生小叶具长2~3cm的小叶柄。果序球果状，卵状椭圆形至长椭圆状圆柱形。花期5~6月，果期7~8月。

Deciduous trees. Leaves pinnate, leaflets 7–23; leaflets papery, lateral leaflets sessile, opposite or borne below, alternate occasionally, ovate-lanceolate to elliptic-lanceolate, margins serrulate, terminal leaflets with petioles 2–3 cm long. Fruiting spikes nut shaped, ovoid-ellipsoid or ellipsoid-cylindric to long-oval-cylindrical. Fl. May–Jun., fr. Jul.–Aug.

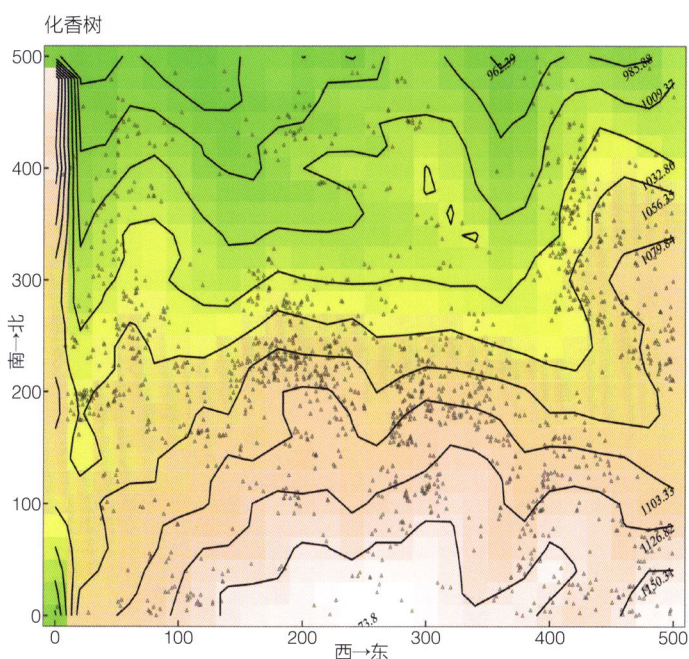

树干 / Trunk
摄影：王静轩 / Photo by: Wang Jingxuan

果枝 / Fruiting branches
摄影：王静轩 / Photo by: Wang Jingxuan

叶背 / Leaf abaxial surfaces
摄影：王静轩 / Photo by: Wang Jingxuan

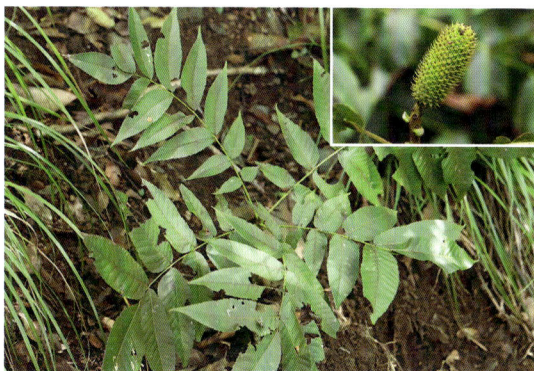

化香树

个体分布图 / Distribution of individuals

径级分布表 / DBH class

径级区间 (Diameter class) (cm)	个体数 (No. of individuals)	比例 (Proportion) (%)
1.0~2.5	18	1.1
2.5~5.0	25	1.5
5.0~10.0	93	5.5
10.0~25.0	1392	83.1
25.0~50.0	148	8.8
50.0~100.0	0	0.0
≥ 100.0	0	0.0

075 青钱柳
Cyclocarya paliurus

胡桃科 Juglandaceae 青钱柳属 *Cyclocarya*

代码（Sp.Code）：**CYCPAL**

个体数（Individual number / 25hm²）：**2**

最大胸径（Max DBH）：**3.02cm**

重要值排序（Important value rank）：**153/171**

乔木。奇数羽状复叶，具7~9（稀5或11）片小叶；叶轴密被短毛或有时脱落而成近于无毛；叶柄密被短柔毛或逐渐脱落而无毛；小叶纸质，长椭圆状卵形至阔披针形；叶缘具锐锯齿，侧脉10~16对。花序轴密被短柔毛及腺体。果实扁球形。花期4~5月，果期7~9月。

Trees. Leaves imparipinnately compound, leaflets 7–9 (sparsely 5 or 11); leaf axes densely covered with short hairs or then shedding nearly glabrous; petioles densely covered with short hairs or shedding nearly glabrous; leaflets papery, blades elliptic-ovate to broadly lanceolate; leaf margins with sharp serrations, lateral veins 10–16 pairs. Inflorescence axes densely covered with pubescence and glands. Fruits depressed-globose. Fl. Apr.–May, fr. Jul.–Sep.

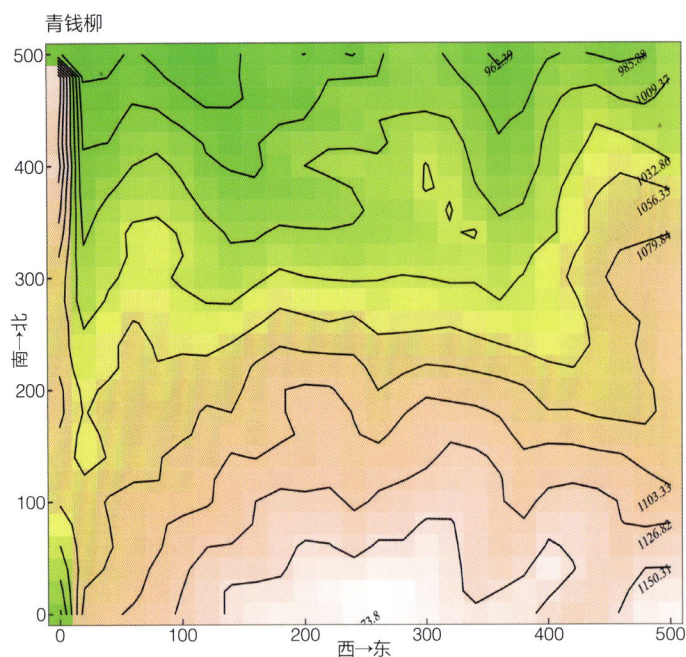
树干 / Trunk
摄影：王静轩 / Photo by: Wang Jingxuan

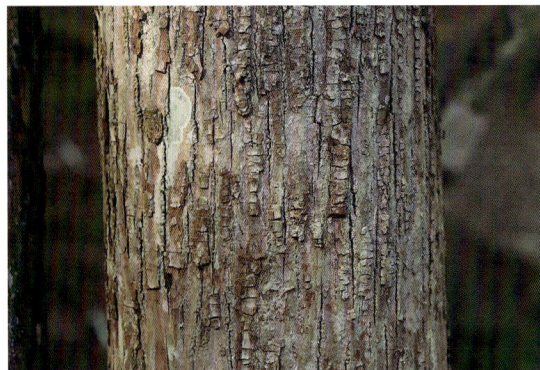
小枝和叶片 / Branchlets and leaves
摄影：王静轩 / Photo by: Wang Jingxuan

叶背 / Leaf abaxial surfaces
摄影：王静轩 / Photo by: Wang Jingxuan

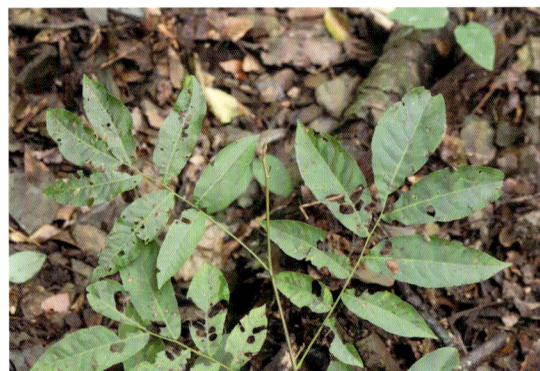
青钱柳
个体分布图 / Distribution of individuals

径级分布表 / DBH class

径级区间 (Diameter class) (cm)	个体数 (No. of individuals)	比例 (Proportion) (%)
1.0~2.5	1	50.0
2.5~5.0	1	50.0
5.0~10.0	0	0.0
10.0~25.0	0	0.0
25.0~50.0	0	0.0
50.0~100.0	0	0.0
≥ 100.0	0	0.0

076 雷公鹅耳枥
Carpinus viminea

桦木科 Betulaceae　鹅耳枥属 *Carpinus*

代码（Sp.Code）：**CARVIM**

个体数（Individual number / 25hm²）：**119**

最大胸径（Max DBH）：**32.3cm**

重要值排序（Important value rank）：**85/171**

乔木。叶厚纸质，椭圆形、矩圆形、卵状披针形，顶端渐尖、尾状渐尖至长尾状，基部圆楔形、圆形兼有微心形，边缘具规则或不规则的重锯齿，侧脉12~15对；叶柄较细长，长（10）15~30mm。果序梗疏被短柔毛；果苞中裂片半卵状披针形至矩圆形。花期3~4月，果期9月。

Trees. Leaf blades thickly papery, elliptic, oblong, ovate-lanceolate, apexes acuminate, caudate acuminate to long caudate, bases rounded-cuneate, rounded or slight cordate, margins regularly or irregularly double serrate, lateral veins 12–15 pairs; petioles slender, (10)15–30 mm long. Infructescence peduncles sparsely pubescent; lobes of fruit bracts semi-ovate-lanceolate to oblong. Fl. Mar.–Apr., fr. Sep.

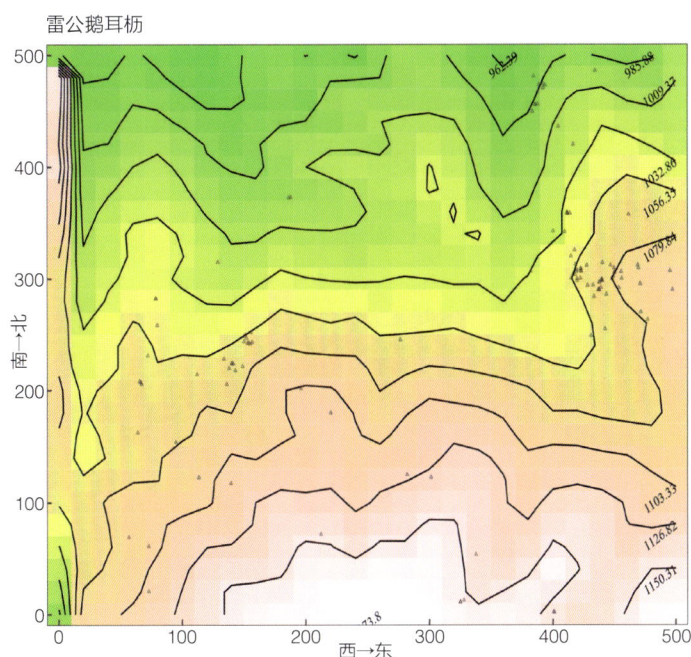

树干 / Trunk
摄影：王静轩 / Photo by: Wang Jingxuan

小枝和叶片 / Branchlets and leaves
摄影：王静轩 / Photo by: Wang Jingxuan

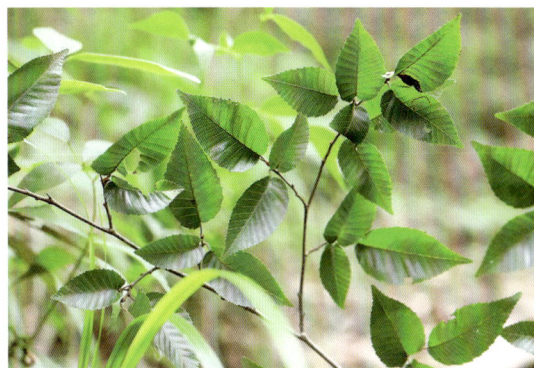

小枝和叶背 / Branchlets and leaf abaxial surfaces
摄影：王静轩 / Photo by: Wang Jingxuan

雷公鹅耳枥

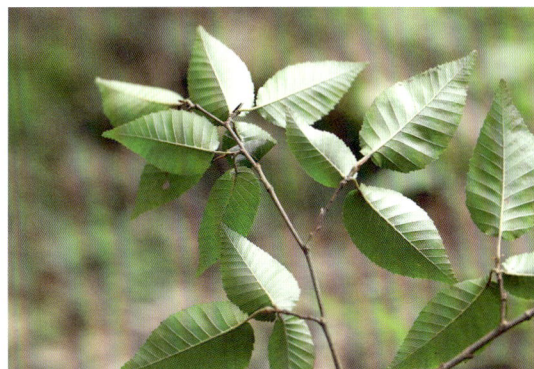

个体分布图 / Distribution of individuals

径级分布表 / DBH class

径级区间 (Diameter class) (cm)	个体数 (No. of individuals)	比例 (Proportion) (%)
1.0~2.5	53	44.6
2.5~5.0	27	22.7
5.0~10.0	17	14.3
10.0~25.0	21	17.6
25.0~50.0	1	0.8
50.0~100.0	0	0.0
≥ 100.0	0	0.0

077 川榛
Corylus heterophylla var. *sutchuanensis*

桦木科 Betulaceae   榛属 *Corylus*

代码（Sp.Code）：**CORHET**

个体数（Individual number / 25hm²）：**1042**

最大胸径（Max DBH）：**30.15cm**

重要值排序（Important value rank）：**31/171**

落叶乔木或小乔木。小枝黄褐色，密被短柔毛兼被疏生的长柔毛，无或多少具刺状腺体。叶椭圆形、宽卵形或几圆形，基部心形，有时两侧不相等，边缘具不规则的重锯齿，顶端尾状。花药红色。果苞裂片的边缘具疏齿，很少全缘。花期12月至翌年3月，果期5~7月。

Deciduous trees or small trees. Branchlets yellow-brown, densely pubescent and sparsely covered with long hairs, with none or sparse spinous glands. Leaves elliptic, broadly ovate or suborbicular, bases cordate, sometimes two sides are unequal, margins with irregular double serrations, apexes caudate. Anthers red. Margins of bract lobes with sparse tooth, rarely with margins entire. Fl. Dec.–Mar. of the following year, fr. May–Jul.

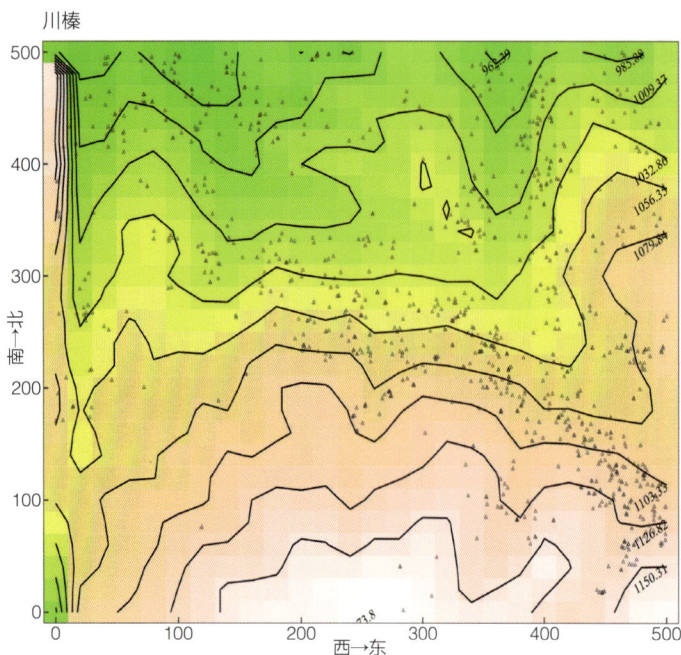

树干 / Trunk
摄影：王静轩 / Photo by: Wang Jingxuan

小枝和叶片 / Branchlets and leaves
摄影：王静轩 / Photo by: Wang Jingxuan

小枝和叶背 / Branchlets and leaf abaxial surfaces
摄影：王静轩 / Photo by: Wang Jingxuan

川榛

个体分布图 / Distribution of individuals

径级分布表 / DBH class

径级区间 (Diameter class) (cm)	个体数 (No. of individuals)	比例 (Proportion) (%)
1.0~2.5	197	18.9
2.5~5.0	421	40.4
5.0~10.0	398	38.2
10.0~25.0	25	2.4
25.0~50.0	1	0.1
50.0~100.0	0	0.0
≥ 100.0	0	0.0

078 卫矛

Euonymus alatus

卫矛科 Celastraceae 卫矛属 *Euonymus*

代码（Sp.Code）：**EUOALA**

个体数（Individual number / 25hm²）：**1**

最大胸径（Max DBH）：**1.3cm**

重要值排序（Important value rank）：**169/171**

灌木。小枝常具2~4列宽阔木栓翅。叶卵状椭圆形、窄长椭圆形，偶为倒卵形，长2~8cm，宽1~3cm，边缘具细锯齿，两面光滑无毛；叶柄长1~3mm。聚伞花序1~3朵花；花白绿色。蒴果1~4深裂，裂瓣椭圆状，假种皮橙红色。花期5~6月，果期7~10月。

Shrubs. Branchlets often with 2–4 rows of broad-leaved corky wings. Leaf blades ovate-elliptic, narrowly long-elliptic, occasionally obovate, 2–8 cm long, 1–3 cm wide, margins finely serrate, glabrous on the two sides; petioles 1–3 mm long. Cymes with 1–3 flowers; flowers white-green. Capsules 1–4 deeply split, sac-like cracks elliptic, arils orange. Fl. May–Jun., fr. Jul.–Oct.

小枝和叶片 / Branchlets and leaves
摄影：王静轩 / Photo by: Wang Jingxuan

小枝和叶背 / Branchlets and leaf abaxial surfaces
摄影：王静轩 / Photo by: Wang Jingxuan

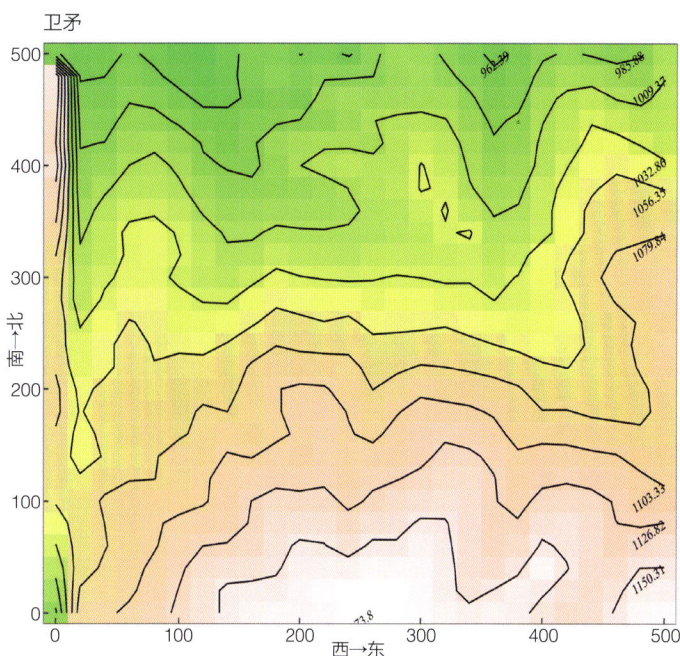
树干 / Trunk
摄影：王静轩 / Photo by: Wang Jingxuan

径级分布表 / DBH class

径级区间 (Diameter class) (cm)	个体数 (No. of individuals)	比例 (Proportion) (%)
1.0~2.0	1	100.0
2.0~3.0	0	0.0
3.0~4.0	0	0.0
4.0~5.0	0	0.0
5.0~7.0	0	0.0
7.0~10.0	0	0.0
≥ 10.0	0	0.0

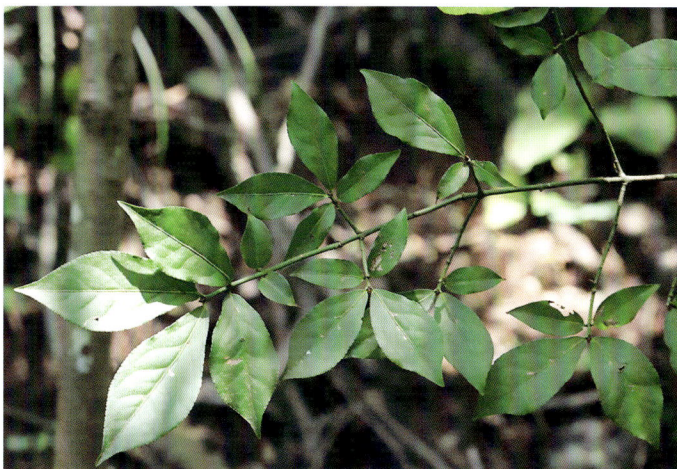
个体分布图 / Distribution of individuals

079 西南卫矛
Euonymus hamiltonianus

卫矛科 Celastraceae 卫矛属 *Euonymus*

代码（Sp.Code）：**EUOHAM**

个体数（Individual number / 25hm²）：**3**

最大胸径（Max DBH）：**3.5cm**

重要值排序（Important value rank）：**146/171**

落叶灌木或小乔木。枝条无栓翅，但小枝的棱上有时有4条极窄木栓棱。叶较大，卵状椭圆形、长方椭圆形或椭圆披针形，长7~12cm，宽7cm，叶柄也较粗长，长可达5cm。蒴果较大，直径1~1.5cm。花期5~6月，果期9~10月。

Deciduous shrubs or small trees. Branches without cork wings, but at the edge of branchlets sometimes with 4 quite narrow corky edges. Leaves larger, elliptic-ovate, rectangular-ovate or elliptic-lanceolate, 7–12 cm long, 7 cm wide, petioles also more coarse and long, up to 5 cm long. Capsules larger, 1–1.5 cm in diameter. Fl. May–Jun., fr. Sep.–Oct.

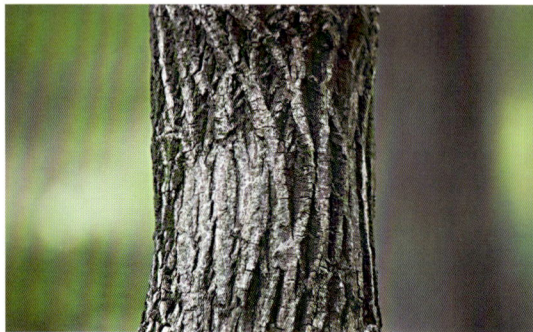
小枝和叶片 / Branchlets and leaves
摄影：唐忠炳 / Photo by: Tang Zhongbing

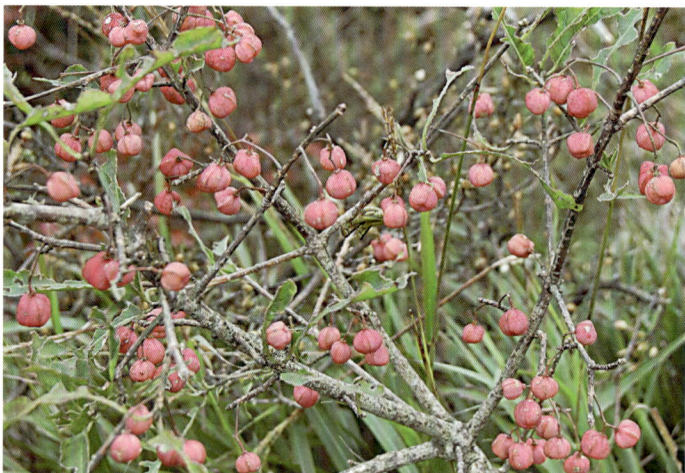
果枝 / Fruiting branches
摄影：梁同军 / Photo by: Liang Tongjun

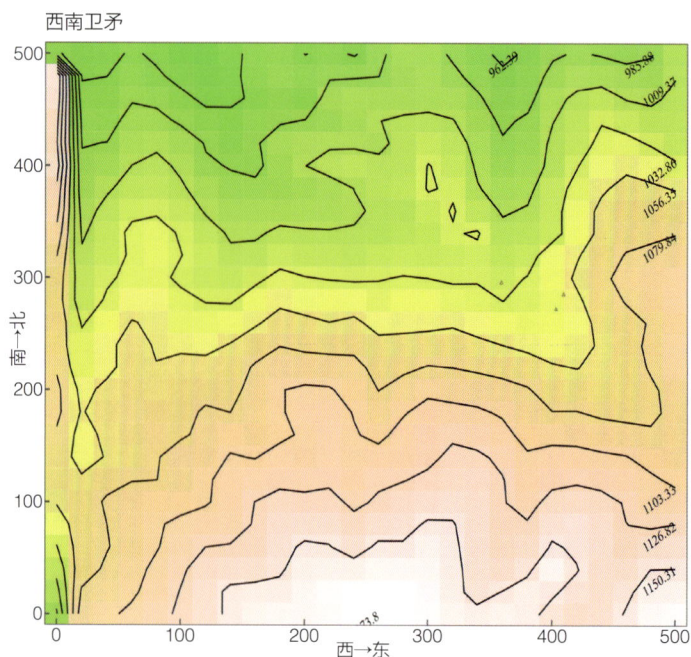
树干 / Trunk
摄影：金洪刚 / Photo by: Jin Honggang

径级分布表 / DBH class

径级区间 (Diameter class) (cm)	个体数 (No. of individuals)	比例 (Proportion) (%)
1.0~2.5	2	66.7
2.5~5.0	1	33.3
5.0~8.0	0	0.0
8.0~11.0	0	0.0
11.0~15.0	0	0.0
15.0~20.0	0	0.0
≥ 20.0	0	0.0

西南卫矛

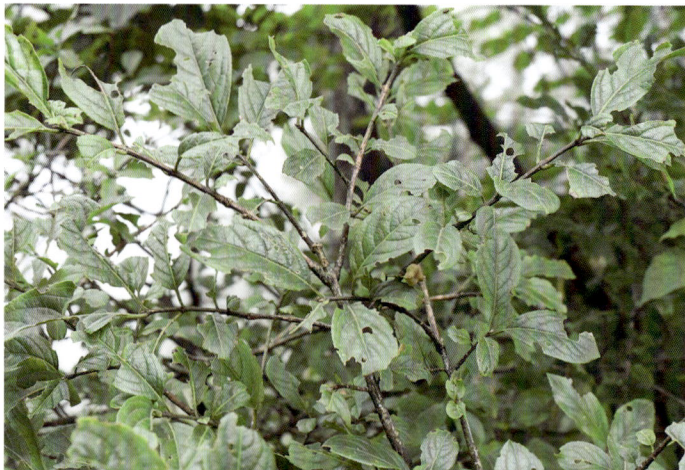
个体分布图 / Distribution of individuals

080 毛叶山桐子

Idesia polycarpa var. vestita

杨柳科 Salicaceae 山桐子属 *Idesia*

代码（Sp.Code）：**IDEPOLVES**

个体数（Individual number / 25hm²）：**26**

最大胸径（Max DBH）：**35.3cm**

重要值排序（Important value rank）：**101/171**

落叶乔木。叶薄革质或厚纸质，卵形或心状卵形，下面有白粉和密的柔毛；叶柄有短毛。花序梗及花梗有密毛。成熟果实长圆球形至圆球状，血红色。花期4~5月，果期10~11月。

Deciduous trees. Leaves thin leathery or thickly papery, ovate or cordate-ovate, abaxially covered with white powder and dense pubescence; petioles short-hairy. Peduncles and pedicels densely hairy. Mature fruits long-spherical to spherical, blood red. Fl. Apr.–May, fr. Oct.–Nov.

叶片 / Leaves
摄影：梁同军 / Photo by: Liang Tongjun

叶背 / Leaf abaxial surfaces
摄影：梁同军 / Photo by: Liang Tongjun

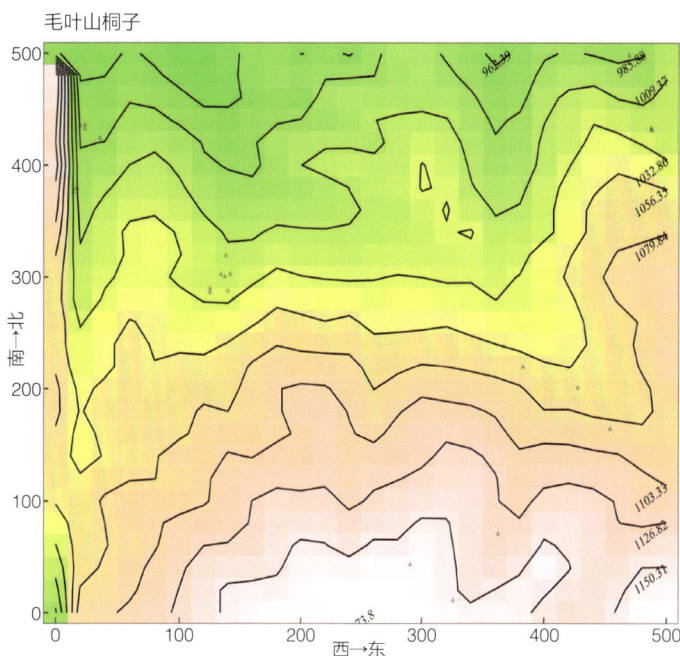

树干 / Trunk
摄影：梁同军 / Photo by: Liang Tongjun

径级分布表 / DBH class

径级区间 (Diameter class) (cm)	个体数 (No. of individuals)	比例 (Proportion) (%)
1.0~2.5	1	3.9
2.5~5.0	1	3.9
5.0~10.0	5	19.2
10.0~25.0	14	53.8
25.0~50.0	5	19.2
50.0~100.0	0	0.0
≥ 100.0	0	0.0

毛叶山桐子

个体分布图 / Distribution of individuals

081 山桐子
Idesia polycarpa

杨柳科 Salicaceae 山桐子属 *Idesia*

代码（Sp.Code）：**IDEPOL**

个体数（Individual number / 25hm²）：**9**

最大胸径（Max DBH）：**33.1cm**

重要值排序（Important value rank）：**127/171**

落叶乔木。叶薄革质或厚纸质，卵形或心状卵形，或为宽心形，基部通常心形，边缘有粗的齿，齿尖有腺体，上面深绿色，光滑无毛，下面有白粉，沿脉有疏柔毛。花单性。浆果成熟期紫红色，扁圆形。花期4~5月，果熟期10~11月。

Deciduous trees. Leaf blades thinly leathery or thickly papery, ovate or ovate-cordate, or broadly cordate, usually with cordate bases, margins thickly serrate, and teeth with apical glandular dots, adaxially dark green, glabrous, abaxially with white powder, veins sparsely tomentose. Dioecious. Berries purplish red when mature, oblate. Fl. Apr.–May, fr. maturity Oct.–Nov.

叶片 / Leaves
摄影：唐忠炳 / Photo by: Tang Zhongbing

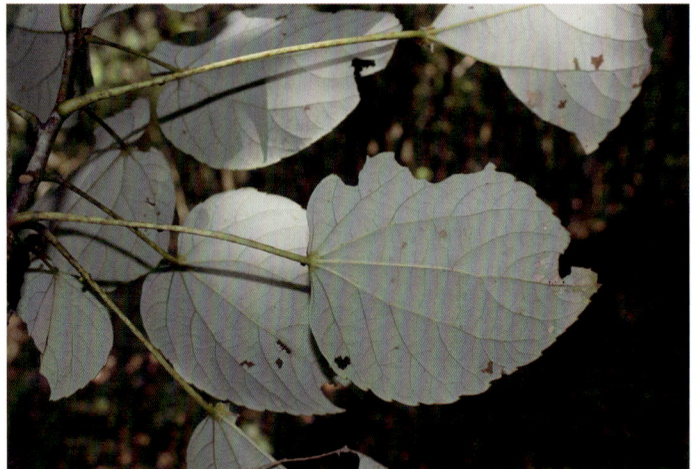

叶背 / Leaf abaxial surfaces
摄影：唐忠炳 / Photo by: Tang Zhongbing

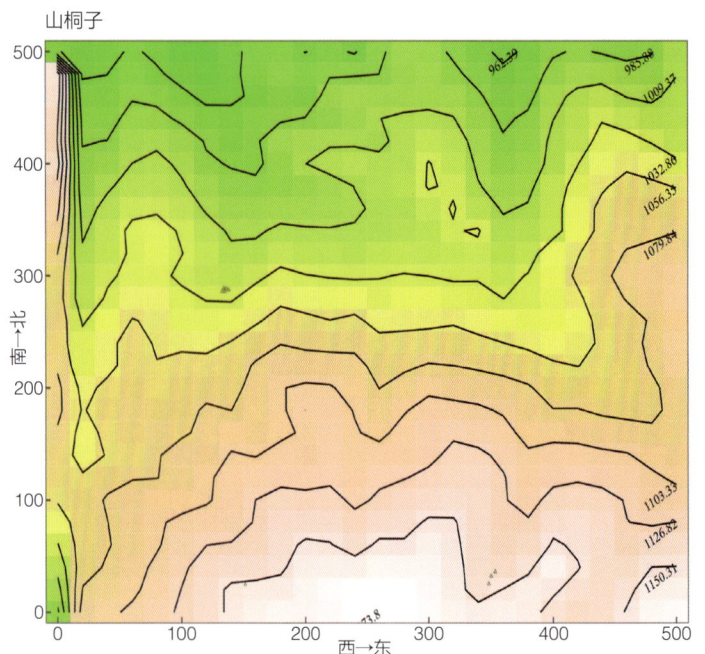

树干 / Trunk
摄影：梁同军 / Photo by: Liang Tongjun

径级分布表 / DBH class

径级区间 (Diameter class) (cm)	个体数 (No. of individuals)	比例 (Proportion) (%)
1.0~2.5	2	22.2
2.5~5.0	0	0.0
5.0~10.0	5	55.6
10.0~25.0	1	11.1
25.0~50.0	1	11.1
50.0~100.0	0	0.0
≥ 100.0	0	0.0

山桐子

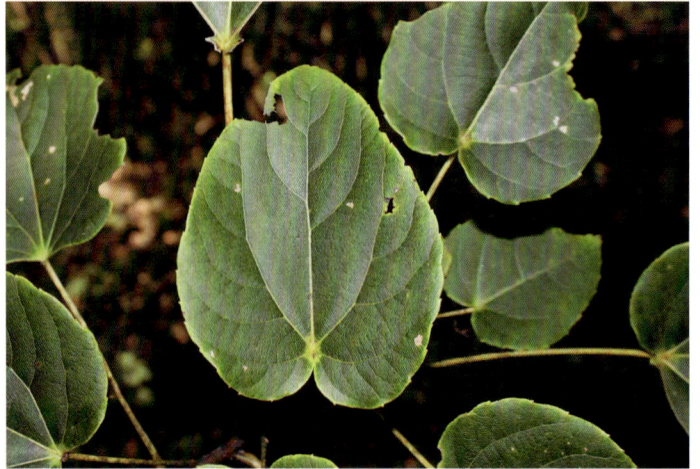

个体分布图 / Distribution of individuals

082 白木乌桕
Neoshirakia japonica

大戟科 Euphorbiaceae 白木乌桕属 *Neoshirakia*

代码（Sp.Code）：**NEOJAP**

个体数（Individual number / 25hm²）：**4828**

最大胸径（Max DBH）：**26.25cm**

重要值排序（Important value rank）：**9/171**

灌木或乔木；各部均无毛。枝纤细，平滑。叶互生，纸质，叶卵形、卵状长方形或椭圆形，顶端短尖或凸尖，基部钝、截平或有时呈微心形，两侧常不等，全缘，两面靠近中脉基部的两侧亦具2个腺体；叶柄长1.5~3cm。花单性，雌雄同株常同序，聚集成顶生的总状花序。蒴果三棱状球形。花期5~6月，果期7~10月。

Shrubs or trees; glabrous. Branches slender, smooth. Leaves alternate, papery, leaf blades ovate, ovate-rectangular or elliptic, apexes short-acuminate or acute, bases obtuse, truncate or sometimes shallowly cordate, two sides often unequal, margins entire, bases near midveins on both sides also with 2 glands; petioles 1.5–3 cm long. Flowers dioecious, monoecious often in the same inflorescence, aggregated into botryose inflorescence. Capsules triangular-globose. Fl. May–Jun., fr. Jul.–Oct.

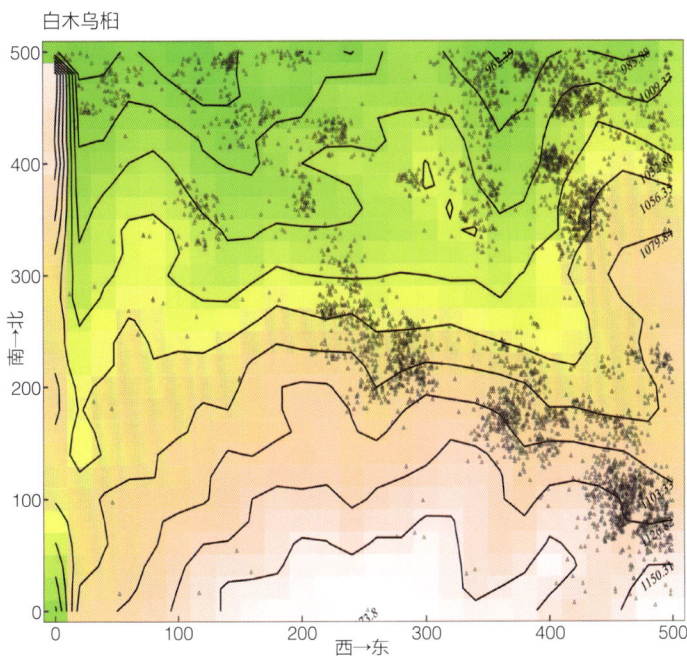
树干 / Trunk
摄影：王静轩 / Photo by: Wang Jingxuan

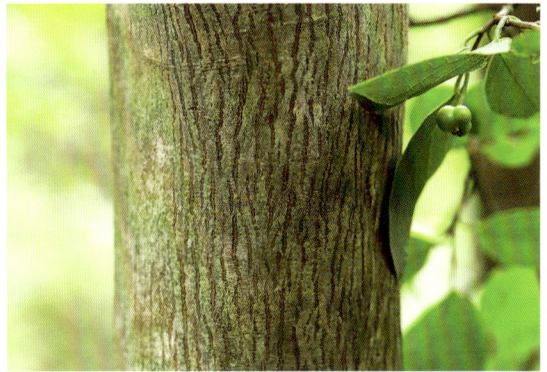
小枝和叶片 / Branchlets and leaves
摄影：王静轩 / Photo by: Wang Jingxuan

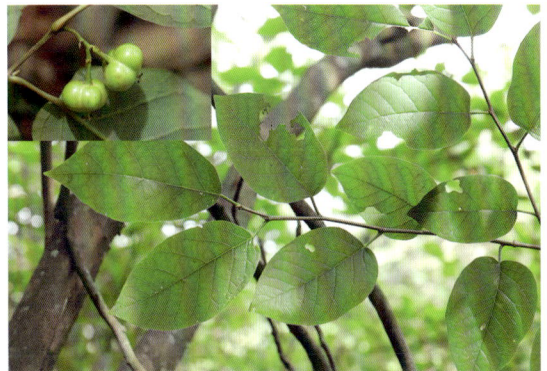
小枝和叶背 / Branchlets and leaf abaxial surfaces
摄影：王静轩 / Photo by: Wang Jingxuan

白木乌桕
个体分布图 / Distribution of individuals

径级分布表 / DBH class

径级区间 (Diameter class) (cm)	个体数 (No. of individuals)	比例 (Proportion) (%)
1.0~2.5	1863	38.6
2.5~5.0	1883	39.0
5.0~10.0	1001	20.7
10.0~25.0	80	1.7
25.0~50.0	1	0.0
50.0~100.0	0	0.0
≥ 100.0	0	0.0

083 山乌桕
Triadica cochinchinensis

大戟科 Euphorbiaceae 乌桕属 *Triadica*

代码（Sp.Code）：**TRICOC**

个体数（Individual number / 25hm²）：**2**

最大胸径（Max DBH）：**1.25cm**

重要值排序（Important value rank）：**157/171**

落叶乔木。叶互生，纸质，嫩时呈淡红色，叶片椭圆形或长卵形，顶端钝或短渐尖，基部短狭或楔形，背面近缘常有数个圆形的腺体；中脉在两面均凸起，互生或有时近对生；叶柄纤细，顶端具2个毗连的腺体。花单性，雌雄同株。蒴果黑色，球形。花期4~6月，果期9~11月。

Deciduous trees. Leaf blades alternate, papery, light red when young, elliptic or long-ovate, apexes obtuse or shortly acuminate, bases shortly narrowed or cuneate, abaxially near leaf margins usually with several circular glands; midveins prominent on both sides, alternate or sometimes nearly opposite; petioles thin, distally with 2 adjacent glands. Flowers either dioecious or monoecious. Capsules black, spherical. Fl. Apr.–Jun., fr. Sep.–Nov.

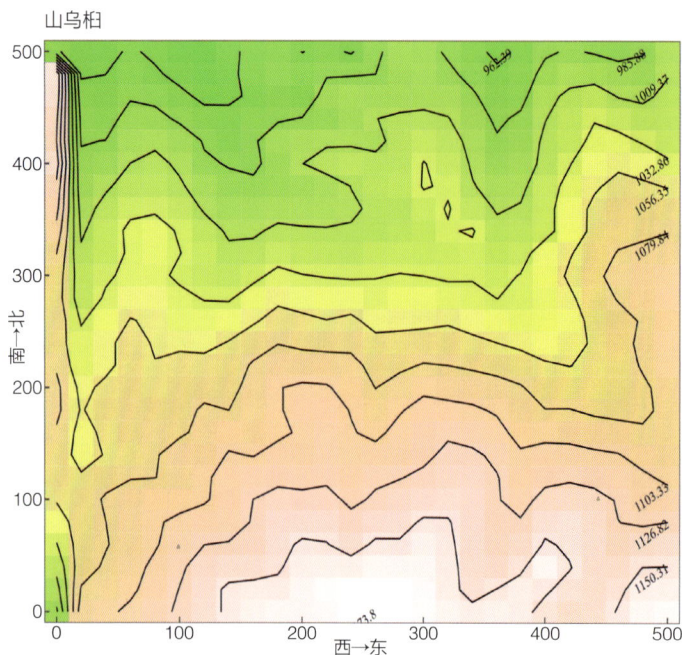

树干 / Trunk
摄影：张金龙 / Photo by: Zhang Jinlong

果枝 / Fruiting branches
摄影：梁同军 / Photo by: Liang Tongjun

小枝和叶背 / Branchlets and leaf abaxial surfaces
摄影：唐忠炳 / Photo by: Tang Zhongbing

山乌桕

个体分布图 / Distribution of individuals

径级分布表 / DBH class

径级区间 (Diameter class) (cm)	个体数 (No. of individuals)	比例 (Proportion) (%)
1.0~2.5	2	100.0
2.5~5.0	0	0.0
5.0~10.0	0	0.0
10.0~25.0	0	0.0
25.0~50.0	0	0.0
50.0~100.0	0	0.0
≥ 100.0	0	0.0

084 落萼叶下珠
Phyllanthus flexuosus

叶下珠科 Phyllanthaceae 叶下珠属 *Phyllanthus*

代码（Sp.Code）：**PHYFLE**

个体数（Individual number / 25hm²）：**4**

最大胸径（Max DBH）：**3.28cm**

重要值排序（Important value rank）：**136/171**

落叶灌木。全株无毛。叶片纸质，椭圆形至卵形，顶端渐尖或钝，基部钝至圆，下面稍带白绿色；侧脉每边5~7条；叶柄长2~3mm。雄花数朵和雌花1朵簇生于叶腋。蒴果浆果状，扁球形，基部萼片脱落。花期4~5月，果期6~9月。

Deciduous shrubs. The whole plant glabrous. Leaf blades papery, ovate to oval, apexes acuminate or obtuse, bases obtuse to rounded, abaxially slightly with a white-green hue; 5–7 lateral veins on each side; petioles 2–3 mm long. Several male flowers and one female flower clustered in the leaf axils. Capsule baccate, oblate, with the sepals at the base abscising. Fl. Apr.–May, fr. Jun.–Sep.

树干 / Trunk
摄影：王静轩 / Photo by: Wang Jingxuan

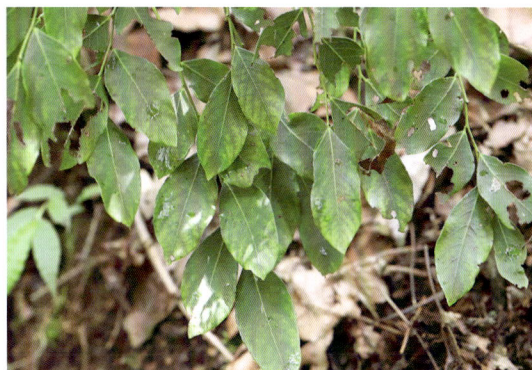

小枝和叶片 / Branchlets and leaves
摄影：王静轩 / Photo by: Wang Jingxuan

叶背 / Leaf abaxial surfaces
摄影：王静轩 / Photo by: Wang Jingxuan

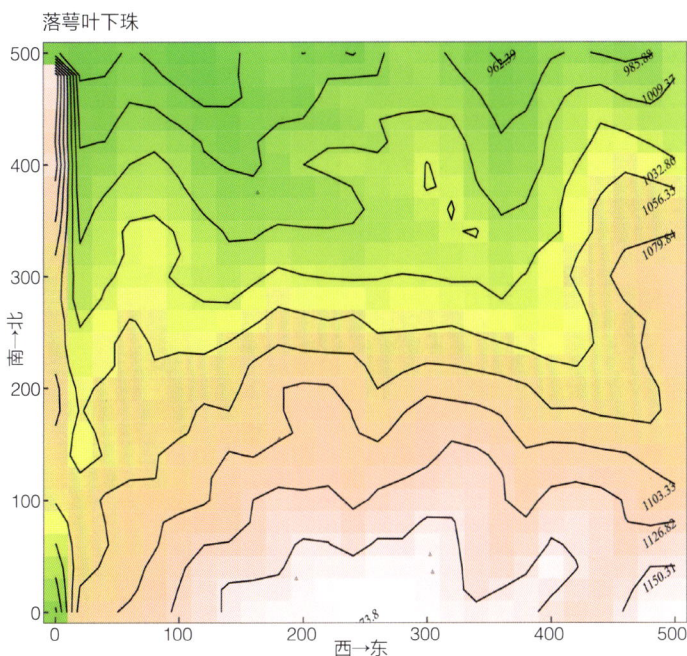

落萼叶下珠

个体分布图 / Distribution of individuals

径级分布表 / DBH class

径级区间 (Diameter class) (cm)	个体数 (No. of individuals)	比例 (Proportion) (%)
1.0~2.0	1	25.0
2.0~3.0	1	25.0
3.0~4.0	2	50.0
4.0~5.0	0	0.0
5.0~7.0	0	0.0
7.0~10.0	0	0.0
≥ 10.0	0	0.0

085 青灰叶下珠
Phyllanthus glaucus

叶下珠科 Phyllanthaceae 叶下珠属 *Phyllanthus*

代码（Sp.Code）：**PHYGLA**

个体数（Individual number / 25hm²）：**44**

最大胸径（Max DBH）：**5cm**

重要值排序（Important value rank）：**93/171**

落叶灌木。叶片膜质，椭圆形或长圆形，顶端急尖，有小尖头，基部钝至圆，下面稍苍白色；侧脉每边8~10条；叶柄长2~4mm。花直径约3mm，数朵簇生于叶腋。蒴果浆果状，直径约1cm，紫黑色，基部有宿存的萼片。花期4~7月，果期7~10月。

Deciduous shrubs. Leaf blades membranous, elliptic or oblong, apexes acute, apiculate, bases obtuse to rounded, abaxially slightly pale; lateral veins 8–10 on each side; petioles 2–4 mm long. Flowers ca. 3 mm in diameter, several flowers fasciculated in the leaf axils. Capsules baccate, ca. 1 cm in diameter, purplish black, bases with persistent sepals. Fl. Apr.–Jul., fr. Jul.–Oct.

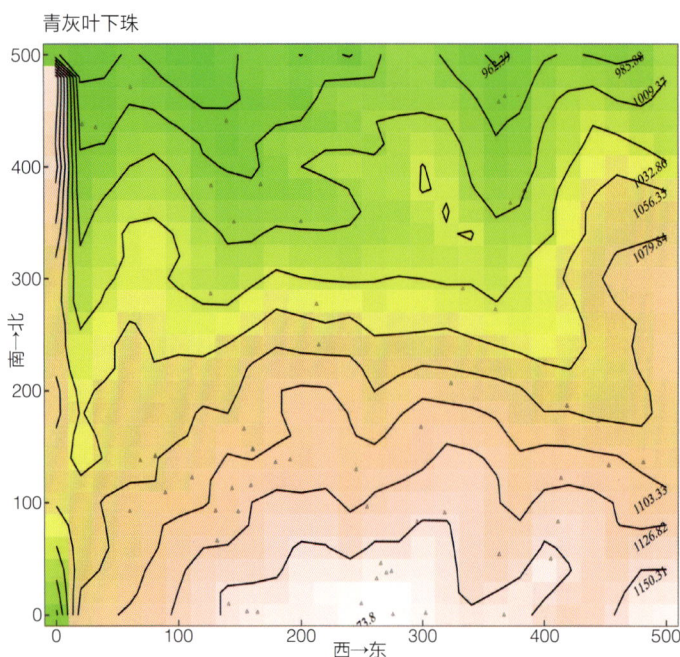

树干 / Trunk
摄影：王静轩 / Photo by: Wang Jingxuan

小枝和叶片 / Branchlets and leaves
摄影：王静轩 / Photo by: Wang Jingxuan

小枝和叶背 / Branchlets and leaf abaxial surfaces
摄影：王静轩 / Photo by: Wang Jingxuan

径级分布表 / DBH class

径级区间 (Diameter class) (cm)	个体数 (No. of individuals)	比例 (Proportion) (%)
1.0~2.0	28	63.7
2.0~3.0	2	4.5
3.0~4.0	10	22.8
4.0~5.0	2	4.5
5.0~7.0	2	4.5
7.0~10.0	0	0.0
≥ 10.0	0	0.0

青灰叶下珠

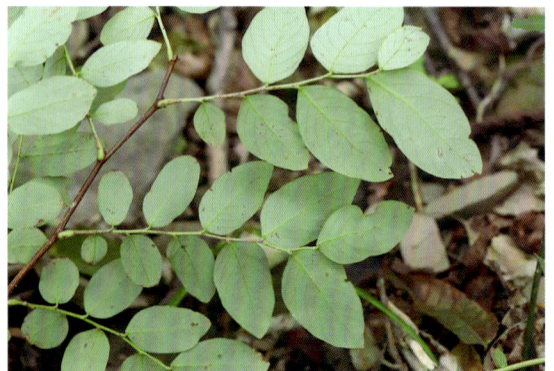

个体分布图 / Distribution of individuals

086 湖北算盘子

Glochidion wilsonii

叶下珠科 Phyllanthaceae　算盘子属 *Glochidion*

代码（Sp.Code）：**GLOWIL**

个体数（Individual number / 25hm²）：**172**

最大胸径（Max DBH）：**44cm**

重要值排序（Important value rank）：**55/171**

落叶乔木或灌木。全株均无毛。叶片纸质，披针形或斜披针形，上面绿色，下面带灰白色；中脉两面凸起，侧脉每边5~6条，下面凸起；叶柄长3~5mm，被极细柔毛或几无毛。花绿色，雌雄同株。蒴果扁球状，边缘有6~8条纵沟，红色，有光泽。花期4~7月，果期6~9月。

Deciduous trees or shrubs; glabrous. Leaf blades papery, lanceolate or obliquely lanceolate, green above, off-white beneath; midveins elevated on both surfaces, lateral veins 5–6 pairs, abaxially raised; petioles 3–5 mm long, puberulent or almost glabrous. Flowers green, monoecious. Capsules depressed-globose, margins with 6–8 longitudinal furrows, red, lucid. Fl. Apr.–Jul., fr. Jun.–Sep.

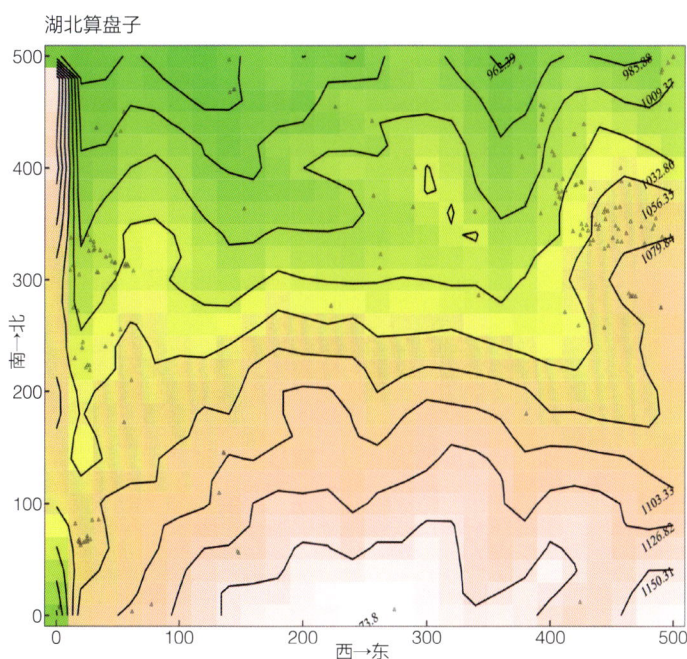

树干 / Trunk
摄影：王静轩 / Photo by: Wang Jingxuan

小枝和叶片 / Branchlets and leaves
摄影：王静轩 / Photo by: Wang Jingxuan

叶背 / Leaf abaxial surfaces
摄影：王静轩 / Photo by: Wang Jingxuan

湖北算盘子

个体分布图 / Distribution of individuals

径级分布表 / DBH class

径级区间 (Diameter class) (cm)	个体数 (No. of individuals)	比例 (Proportion) (%)
1.0~2.5	4	2.3
2.5~5.0	11	6.4
5.0~10.0	20	11.6
10.0~25.0	126	73.3
25.0~50.0	11	6.4
50.0~100.0	0	0.0
≥ 100.0	0	0.0

087 野鸦椿
Euscaphis japonica

省沽油科 Staphyleaceae　野鸦椿属 *Euscaphis*

代码（Sp.Code）：**EUSJAP**

个体数（Individual number / 25hm^2）：**474**

最大胸径（Max DBH）：**24.02cm**

重要值排序（Important value rank）：**44/171**

落叶小乔木或灌木。枝叶揉碎后发出恶臭气味。叶对生，奇数羽状复叶，叶轴淡绿色，小叶5~9片，厚纸质，长卵形或椭圆形，基部钝圆，边缘具疏短锯齿，齿尖有腺休。圆锥花序顶生。蓇葖果，果皮软革质，紫红色，假种皮肉质。花期5~6月，果期8~9月。

Deciduous small trees or shrubs. Crushed branches and leaves are foul-odored. Leaves opposite, odd-pinnate compound leaves, leaf axes light green, leaflets 5–9, thickly papery, long-ovate or elliptic, bases obtuse, margins sparsely short serrate, tooth tips glandular. Panicles terminal. Follicles, pericarps soft-leathery, purplish red, arils fleshy. Fl. May–Jun., fr. Aug.–Sep.

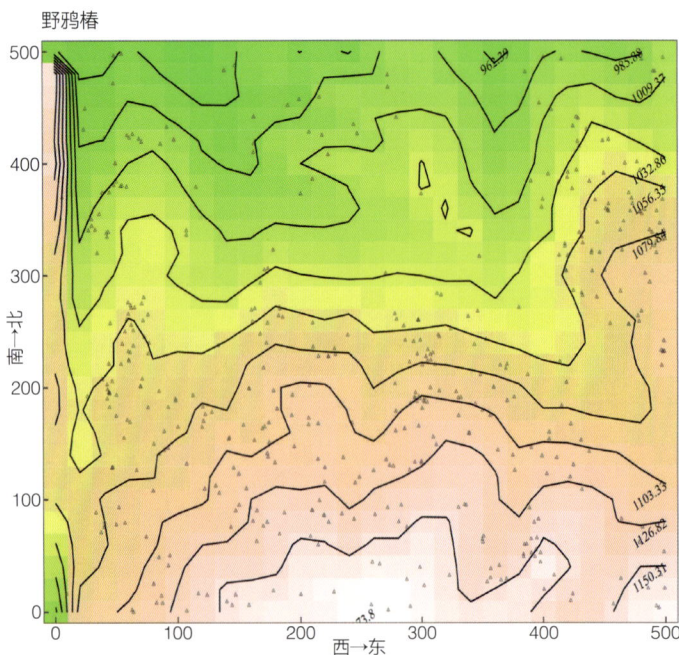

树干 / Trunk
摄影：王静轩 / Photo by: Wang Jingxuan

小枝和叶片 / Branchlets and leaves
摄影：王静轩 / Photo by: Wang Jingxuan

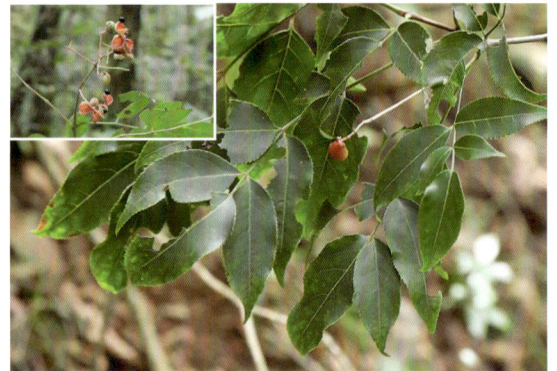

小枝和叶背 / Branchlets and leaf abaxial surfaces
摄影：王静轩 / Photo by: Wang Jingxuan

野鸦椿

个体分布图 / Distribution of individuals

径级分布表 / DBH class

径级区间 (Diameter class) (cm)	个体数 (No. of individuals)	比例 (Proportion) (%)
1.0~2.5	123	26.0
2.5~5.0	177	37.3
5.0~8.0	117	24.7
8.0~11.0	42	8.9
11.0~15.0	11	2.3
15.0~20.0	3	0.6
≥ 20.0	1	0.2

088 省沽油
Staphylea bumalda

省沽油科 Staphyleaceae　省沽油属 *Staphylea*

代码（Sp.Code）：**STABUM**

个体数（Individual number / 25hm²）：**2**

最大胸径（Max DBH）：**7.76cm**

重要值排序（Important value rank）：**159/171**

落叶灌木。树皮紫红色或灰褐色，有纵棱。复叶对生，具3片小叶；小叶椭圆形、卵圆形或卵状披针形，先端锐尖，具尖尾，尖尾长约1cm，基部楔形或圆形，边缘有细锯齿，齿尖具尖头。圆锥花序顶生，直立，花白色；花瓣5枚，白色。蒴果膀胱状。花期4~5月，果期8~9月。

Deciduous shrubs. Barks purplish red or taupe, with longitudinal ridges. Compound leaves opposite, with 3 leaflets; leaflets elliptic, ovate or ovoid-lanceolate, apexes acute, with caudate tips, caudate tips 1 cm long, bases cuneate or rounded, margins finely serrate, serration tips with prongs. Panicles terminal, up-right, flowers white, petals 5, white. Capsules bladder-shaped. Fl. Apr.–May, fr. Aug.–Sep.

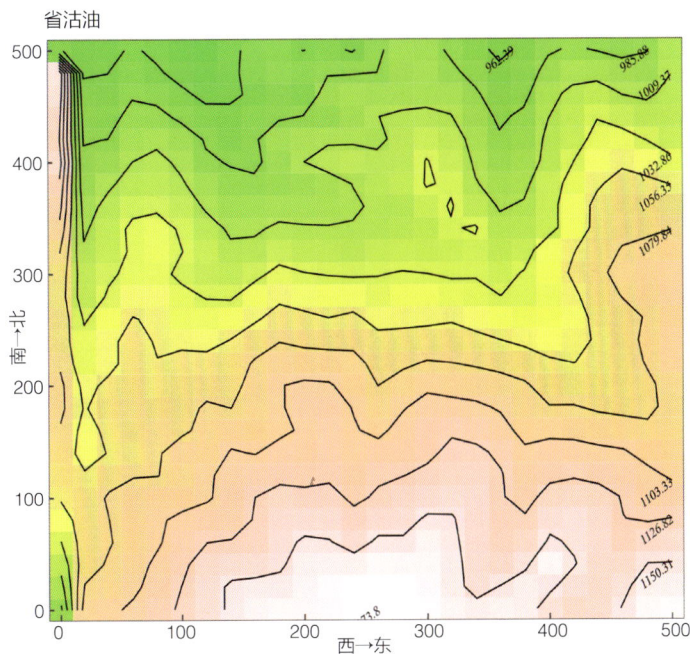

树干 / Trunk
摄影：梁同军 / Photo by: Liang Tongjun

小枝和叶片 / Branchlets and leaves
摄影：唐忠炳 / Photo by: Tang Zhongbing

小枝和叶背 / Branchlets and leaf abaxial surfaces
摄影：王静轩 / Photo by: Wang Jingxuan

省沽油

个体分布图 / Distribution of individuals

径级分布表 / DBH class

径级区间 (Diameter class) (cm)	个体数 (No. of individuals)	比例 (Proportion) (%)
1.0~2.0	0	0.0
2.0~3.0	0	0.0
3.0~4.0	0	0.0
4.0~5.0	0	0.0
5.0~7.0	1	50.0
7.0~10.0	1	50.0
≥ 10.0	0	0.0

089 中国旌节花
Stachyurus chinensis

旌节花科 Stachyuraceae　旌节花属 *Stachyurus*

代码（Sp.Code）：**STACHI**

个体数（Individual number / 25hm²）：**49**

最大胸径（Max DBH）：**6.83cm**

重要值排序（Important value rank）：**91/171**

落叶灌木。叶于花后发出，互生，纸质至膜质，卵形、长圆状卵形至长圆状椭圆形，先端渐尖至短尾状渐尖，基部钝圆形至近心形，边缘为圆齿状锯齿，侧脉5~6对，在两面均凸起；叶柄长1~2cm，通常暗紫色。穗状花序腋生；花黄色。果实圆球形。花期3~4月，果期5~7月。

Deciduous shrubs. Flowers opening before leaves, leaves alternate, papery to membranous, oval, oblong-ovate to oblong-elliptic, apexes acuminate to shortly caudate-acuminate, bases rounded to subcordate, margins with circular serrations, lateral veins 5–6 pairs, raised on both sides, petioles 1–2 cm long, usually dark purple. Spikes axillary, flowers yellow. Fruits spherical. Fl. Mar.–Apr., fr. May–Jul.

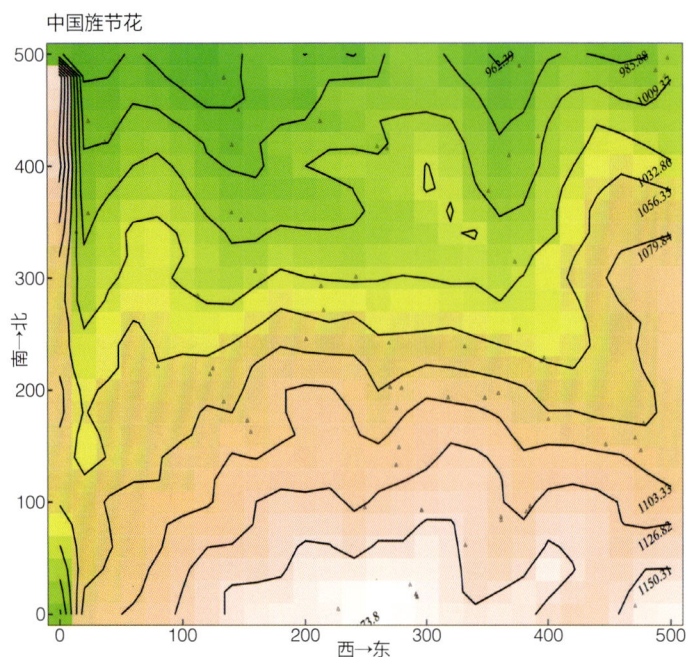
树干 / Trunk
摄影：王静轩 / Photo by: Wang Jingxuan

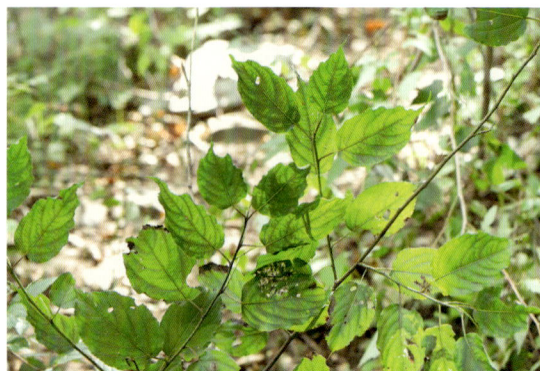
小枝和叶片 / Branchlets and leaves
摄影：王静轩 / Photo by: Wang Jingxuan

叶背 / Leaf abaxial surfaces
摄影：王静轩 / Photo by: Wang Jingxuan

中国旌节花
个体分布图 / Distribution of individuals

径级分布表 / DBH class

径级区间 (Diameter class) (cm)	个体数 (No. of individuals)	比例 (Proportion) (%)
1.0~2.0	28	57.1
2.0~3.0	4	8.2
3.0~4.0	11	22.4
4.0~5.0	4	8.2
5.0~7.0	2	4.1
7.0~10.0	0	0.0
≥ 10.0	0	0.0

090 西域旌节花
Stachyurus himalaicus

旌节花科 Stachyuraceae 旌节花属 *Stachyurus*

代码（Sp.Code）：**STAHIM**

个体数（Individual number / 25hm²）：**2**

最大胸径（Max DBH）：**2.61cm**

重要值排序（Important value rank）：**150/171**

落叶灌木或小乔木。小枝褐色，具浅色皮孔。叶片坚纸质至薄革质，披针形至长圆状披针形，先端渐尖至长渐尖，基部钝圆，边缘具细而密的锐锯齿。穗状花序腋生。果实近球形，无梗或近无梗，具宿存花柱。花期3~4月，果期5~8月。

Deciduous shrubs or small trees. Branchlets brown, with light lenticels. Leaf blades hard papery to thinly leathery, lanceolate to oblong-lanceolate, apexes acuminate to long acuminate, bases obtuse, margins finely and densely serrulate with sharp teeth. Spikes axillary. Fruits subspherical, sessile or nearly sessile, with persistent styles. Fl. Mar.–Apr., fr. May–Aug.

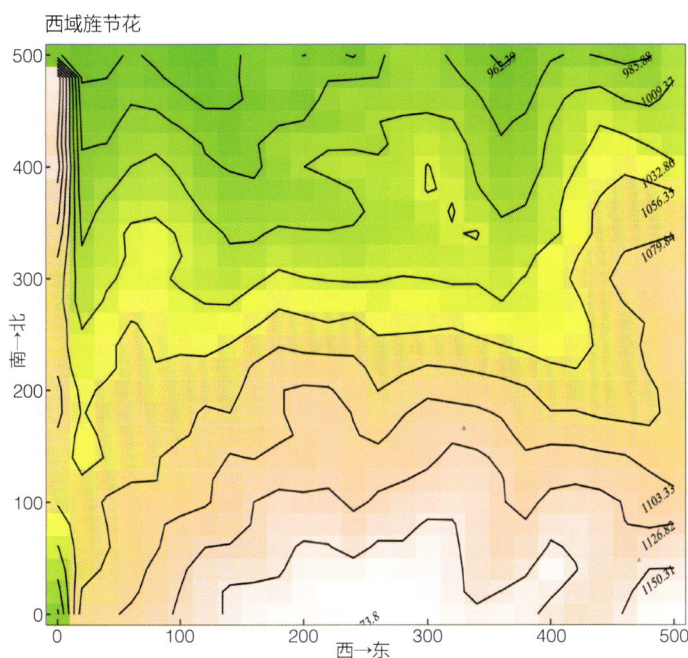

树干 / Trunk
摄影：王静轩 / Photo by: Wang Jingxuan

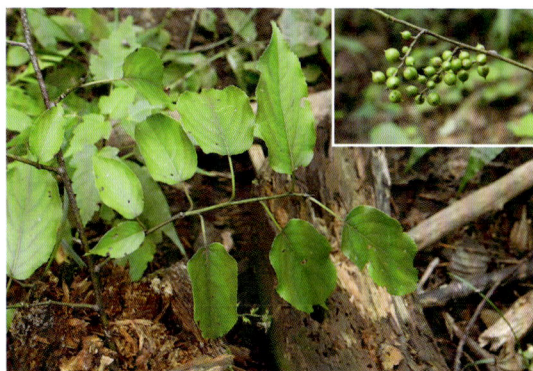

小枝和叶片 / Branchlets and leaves
摄影：王静轩 / Photo by: Wang Jingxuan

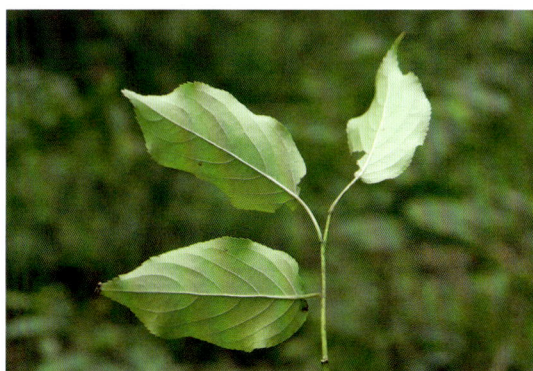

叶背 / Leaf abaxial surfaces
摄影：王静轩 / Photo by: Wang Jingxuan

径级分布表 / DBH class

径级区间 (Diameter class) (cm)	个体数 (No. of individuals)	比例 (Proportion) (%)
1.0~2.5	0	0.0
2.5~5.0	2	100.0
5.0~8.0	0	0.0
8.0~11.0	0	0.0
11.0~15.0	0	0.0
15.0~20.0	0	0.0
≥ 20.0	0	0.0

西域旌节花

个体分布图 / Distribution of individuals

091 野漆
Toxicodendron succedaneum

漆树科 Anacardiaceae　漆树属 *Toxicodendron*

代码（Sp.Code）：**TOXSUC**

个体数（Individual number / 25hm²）：**181**

最大胸径（Max DBH）：**25.8cm**

重要值排序（Important value rank）：**70/171**

落叶乔木或小乔木。小枝粗壮，无毛。奇数羽状复叶互生，无毛，有小叶4~7对；小叶对生或近对生，坚纸质至薄革质，长圆状椭圆形、阔披针形或卵状披针形，两面无毛，叶背常具白粉。圆锥花序长7~15cm。核果大，偏斜，压扁，外果皮薄，淡黄色，无毛，压扁。花期5~6月，果期7~9月。

Deciduous trees or small trees. Branchlets stout, glabrous. Odd pinnately-compound leaves alternate, glabrous, leaflets 4–7 pairs; leaflets opposite or nearly opposite, hard papery to thin leathery, oblong-elliptic, broad-lanceolate or ovate-lanceolate, glabrous on both sides, abaxially often with white powder. Panicles 7–15 cm long. Drupes large, oblique, flattened, exocarps thin, light yellow, glabrous, flattened. Fl. May–Jun., fr. Jul.–Sep.

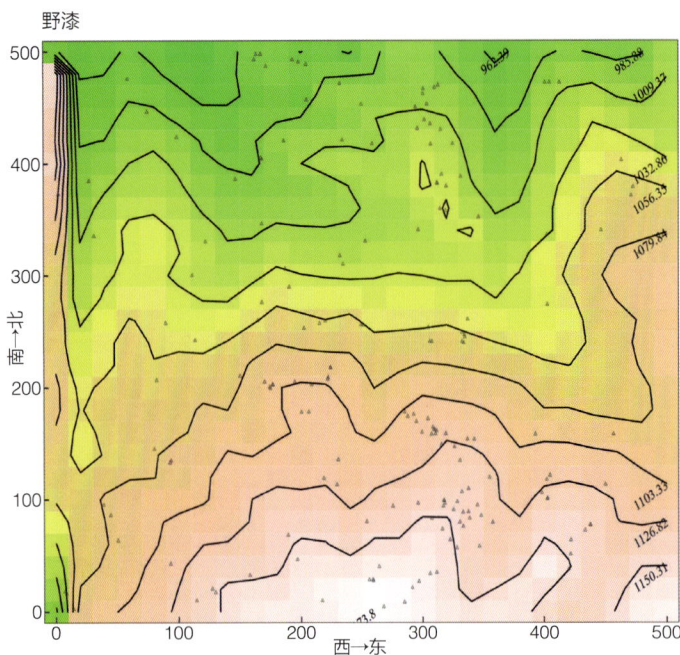
树干 / Trunk
摄影：田琴 / Photo by: Tian Qin

果枝 / Fruiting branches
摄影：唐忠炳 / Photo by: Tang Zhongbing

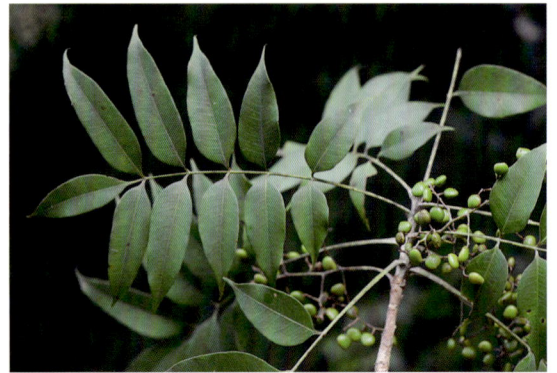
叶背 / Leaf abaxial surfaces
摄影：唐忠炳 / Photo by: Tang Zhongbing

野漆

个体分布图 / Distribution of individuals

径级分布表 / DBH class

径级区间 (Diameter class) (cm)	个体数 (No. of individuals)	比例 (Proportion) (%)
1.0~2.5	92	50.8
2.5~5.0	58	32.0
5.0~8.0	22	12.2
8.0~11.0	3	1.6
11.0~15.0	1	0.6
15.0~20.0	3	1.7
≥ 20.0	2	1.1

092 毛漆树
Toxicodendron trichocarpum

漆树科 Anacardiaceae 漆树属 *Toxicodendron*

代码（Sp.Code）：**TOXTRI**

个体数（Individual number / 25hm²）：**258**

最大胸径（Max DBH）：**11.62cm**

重要值排序（Important value rank）：**60/171**

落叶乔木或灌木。全株被毛。奇数羽状复叶互生，有小叶4~7对，叶轴和叶柄被黄褐色微硬毛；叶柄基部膨大；小叶纸质，卵形或倒卵状长圆形或椭圆形，自下而上逐渐增大。圆锥花序长10~20cm。核果扁圆形，黄色，疏被短刺毛。花期6月，果期7~9月。

Deciduous trees or shrubs. The whole plant is covered with hairs. Odd-pinnately compound leaves alternate, leaflets 4–7 pairs, alternate leaf axes and petioles covered with yellowish brown slightly hard hairs; enlargement of petiole bases; leaflets papery, leaflet blades ovate or ovate-oblong or ellipsoid, enlarging gradually towards the apexes. Inflorescences paniculate, 10–20 cm long. Drupes oblate, yellow, covered with sparse short bristles. Fl. Jun., fr. Jul.–Sep.

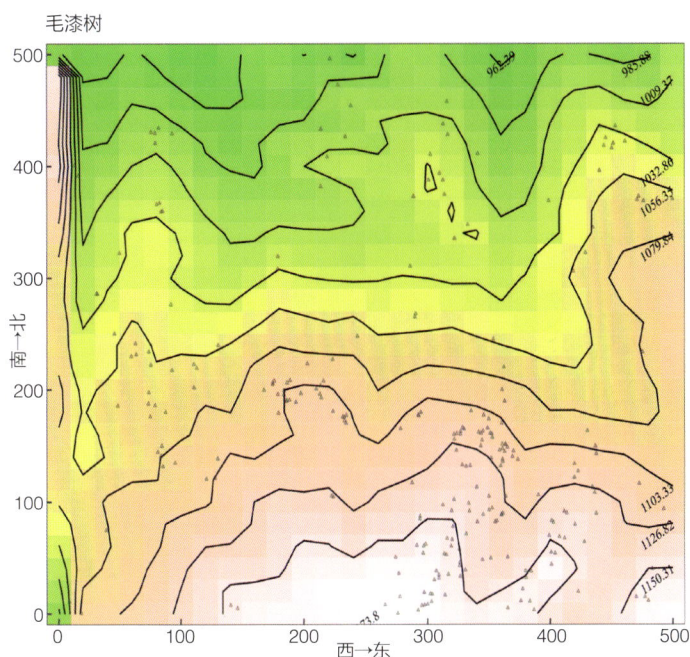

树干 / Trunk
摄影：王静轩 / Photo by: Wang Jingxuan

小枝和叶片 / Branchlets and leaves
摄影：王静轩 / Photo by: Wang Jingxuan

小枝和叶背 / Branchlets and leaf abaxial surfaces
摄影：王静轩 / Photo by: Wang Jingxuan

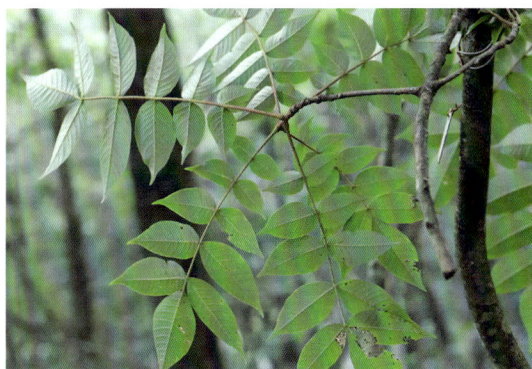

毛漆树

个体分布图 / Distribution of individuals

径级分布表 / DBH class

径级区间 (Diameter class) (cm)	个体数 (No. of individuals)	比例 (Proportion) (%)
1.0~2.5	155	60.1
2.5~5.0	89	34.5
5.0~10.0	13	5.0
10.0~25.0	1	0.4
25.0~50.0	0	0.0
50.0~100.0	0	0.0
≥ 100.0	0	0.0

093 盐麸木
Rhus chinensis

漆树科 Anacardiaceae 盐麸木属 *Rhus*

代码（Sp.Code）：**RHUCHI**

个体数（Individual number / 25hm²）：**3**

最大胸径（Max DBH）：**9cm**

重要值排序（Important value rank）：**145/171**

落叶小乔木或灌木。小枝被锈色柔毛。奇数羽状复叶有小叶3~6对，叶轴具宽的叶状翅，叶轴和叶柄密被锈色柔毛；小叶卵形或椭圆状卵形或长圆形，叶背粉绿色，被白粉。圆锥花序宽大，多分枝。核果球形，成熟时红色。花期8~9月，果期10月。

Deciduous small trees or shrubs. Branchlets covered with rusty tomentum. Odd-pinnately compound leaves alternate. Leaves imparipinnate with leaflets 3–6 pairs, leaf rachides with broad leafy wings, leaf rachides and petioles densely rust tomentose; leaflets ovate or ellipsoid-ovate or long-ovate, abaxially pinkish green, with white powder. Panicles wide, multi-branches. Drupes spherical, red when mature. Fl. Aug.–Sep., fr. Oct.

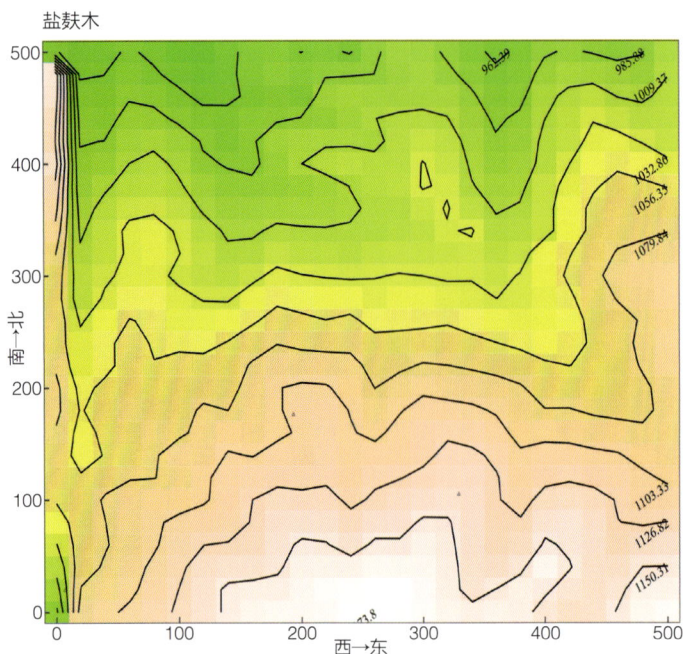

树干 / Trunk
摄影：朱鑫鑫 / Photo by: Zhu Xinxin

果枝 / Fruiting branches
摄影：唐忠炳 / Photo by: Tang Zhongbing

花枝 / Flowering branches
摄影：唐忠炳 / Photo by: Tang Zhongbing

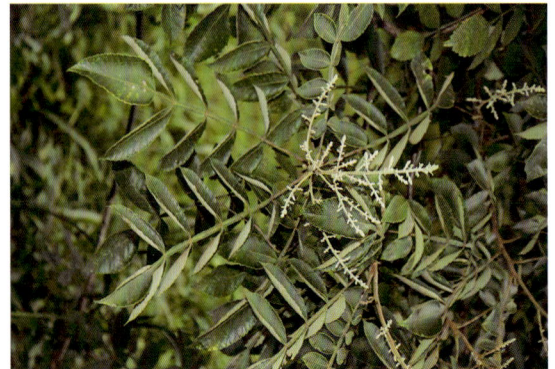

盐麸木

个体分布图 / Distribution of individuals

径级分布表 / DBH class

径级区间 (Diameter class) (cm)	个体数 (No. of individuals)	比例 (Proportion) (%)
1.0~2.5	2	66.7
2.5~5.0	0	0.0
5.0~8.0	0	0.0
8.0~11.0	1	33.3
11.0~15.0	0	0.0
15.0~20.0	0	0.0
≥ 20.0	0	0.0

094 天台阔叶槭

Acer amplum subsp. *tientaiense*

无患子科 Sapindaceae 槭属 *Acer*

代码（Sp.Code）：**ACEAMP**

个体数（Individual number / 25hm²）：**341**

最大胸径（Max DBH）：**38.65cm**

重要值排序（Important value rank）：**49/171**

落叶乔木。叶片较小，对生，宽7~16cm，长6~14cm，常较深的3裂，裂片长圆形，裂片间的凹缺钝尖；边缘稍波状，先端尾尖，基部截形或近于心脏形；侧裂片侧向开展。翅果较小，长2.5~3.5cm，翅比较纤瘦。花期4月，果期9~10月。

Deciduous trees. Leaf blades small, alternate, 7–16 cm wide, 6–14 cm long, usually deeply 3-lobed, lobes oblong-shaped; concavities between lobes blunt-pointed, margins slightly wavy, apexes caudate, bases truncate or nearly heart-shaped; lateral lobes laterally developed. Samaras smaller, 2.5–3.5 cm long, wings thinner. Fl. Apr., fr. Sep.–Oct.

小枝和叶片 / Branchlets and leaves
摄影：王静轩 / Photo by: Wang Jingxuan

小枝和叶背 / Branchlets and leaf abaxial surfaces
摄影：王静轩 / Photo by: Wang Jingxuan

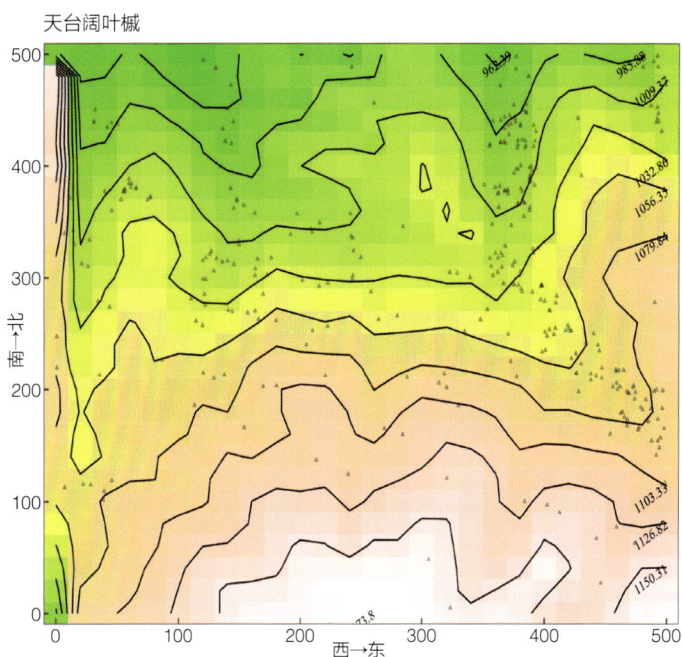

树干 / Trunk
摄影：梁同军 / Photo by: Liang Tongjun

径级分布表 / DBH class

径级区间 (Diameter class) (cm)	个体数 (No. of individuals)	比例 (Proportion) (%)
1.0~2.5	84	24.6
2.5~5.0	70	20.5
5.0~10.0	81	23.8
10.0~25.0	96	28.2
25.0~50.0	10	2.9
50.0~100.0	0	0.0
≥ 100.0	0	0.0

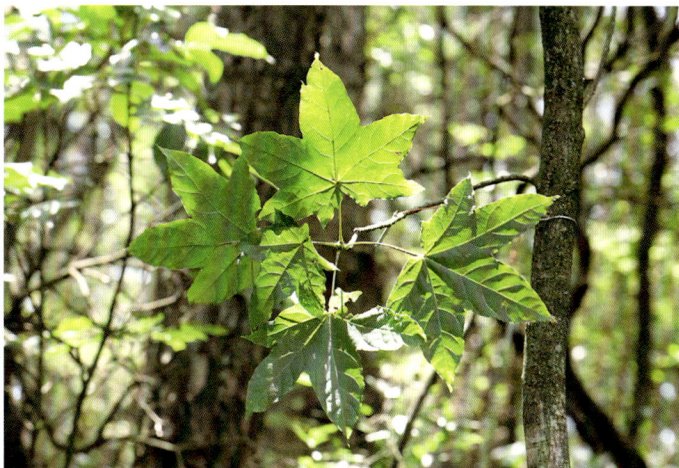

天台阔叶槭

个体分布图 / Distribution of individuals

095 青榨槭
Acer davidii

无患子科 Sapindaceae　槭属 *Acer*

代码（Sp.Code）：**ACEDAV**

个体数（Individual number / 25hm²）：**157**

最大胸径（Max DBH）：**42.9cm**

重要值排序（Important value rank）：**64/171**

落叶乔木。叶纸质，长圆卵形或近于长圆形，长6~14cm，宽4~9cm，先端锐尖或渐尖，常有尖尾，基部近于心脏形或圆形，边缘具不整齐的钝圆齿；叶两面无毛。花黄绿色，成下垂的总状花序。翅果嫩时淡绿色；翅展开成钝角或几成水平。花期4月，果期9月。

Deciduous trees. Leaves papery, oblong-ovate or nearly oblong, 6–14 cm long, 4–9 cm wide, apexes acute or acuminate, usually with caudate tip, bases nearly cordate or rounded, margins irregularly and obtusely crenate; leaves glabrous on both sides. Flowers greenish yellow, racemes pendent. Samaras viridescent when young; wings spreading obtusely or nearly horizontally. Fl. Apr., fr. Sep.

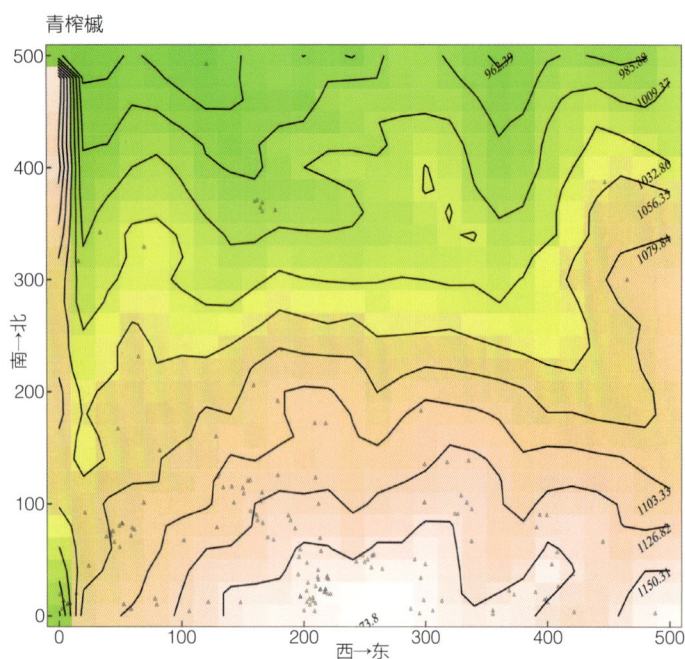

树干 / Trunk
摄影：王静轩 / Photo by: Wang Jingxuan

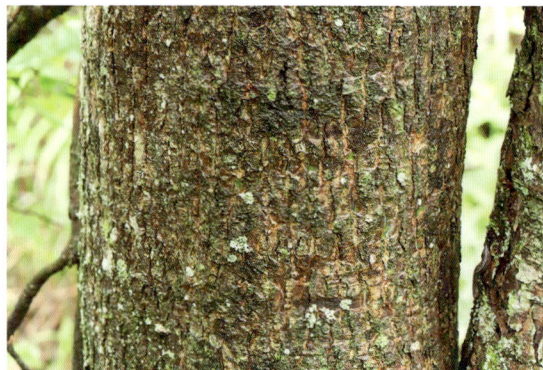

小枝和叶片 / Branchlets and leaves
摄影：王静轩 / Photo by: Wang Jingxuan

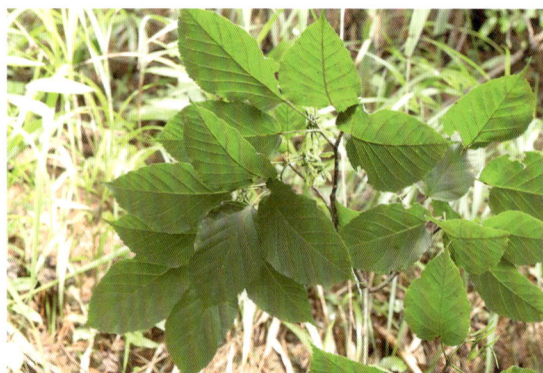

果枝 / Fruiting branches
摄影：王静轩 / Photo by: Wang Jingxuan

青榨槭

个体分布图 / Distribution of individuals

径级分布表 / DBH class

径级区间 (Diameter class) (cm)	个体数 (No. of individuals)	比例 (Proportion) (%)
1.0~2.5	46	29.3
2.5~5.0	25	15.9
5.0~10.0	35	22.3
10.0~25.0	44	28.0
25.0~50.0	7	4.5
50.0~100.0	0	0.0
≥ 100.0	0	0.0

096 建始槭
Acer henryi

无患子科 Sapindaceae　槭属 *Acer*

代码（Sp.Code）：**ACEHEN**

个体数（Individual number / 25hm²）：**3**

最大胸径（Max DBH）：**23.4cm**

重要值排序（Important value rank）：**137/171**

落叶乔木。叶纸质，3片小叶组成的复叶；小叶椭圆形或长圆椭圆形，先端渐尖，基部楔形，阔楔形或近于圆形，全缘或近先端部分有稀疏的3~5个钝锯齿；嫩时两面无毛或有短柔毛，在下面沿叶脉被毛更密。穗状花序，下垂。翅果嫩时淡紫色，小坚果凸起，翅张开成锐角或近于直立。花期4月，果期9月。

Deciduous trees. Leaf blades papery, compound leaves composed of 3 leaflets; leaflets elliptic or oblong-elliptic, apexes acuminate, bases cuneate or subrounded, margins entire or 3–5 bluntly serrate near the apex; glabrous or pubescent on both sides when young, abaxially densely tomentose along the veins. Spikes, drop. Samaras lavender when young, nutlets convex, wings spreading at an acute angle or nearly upright. Fl. Apr., fr. Sep.

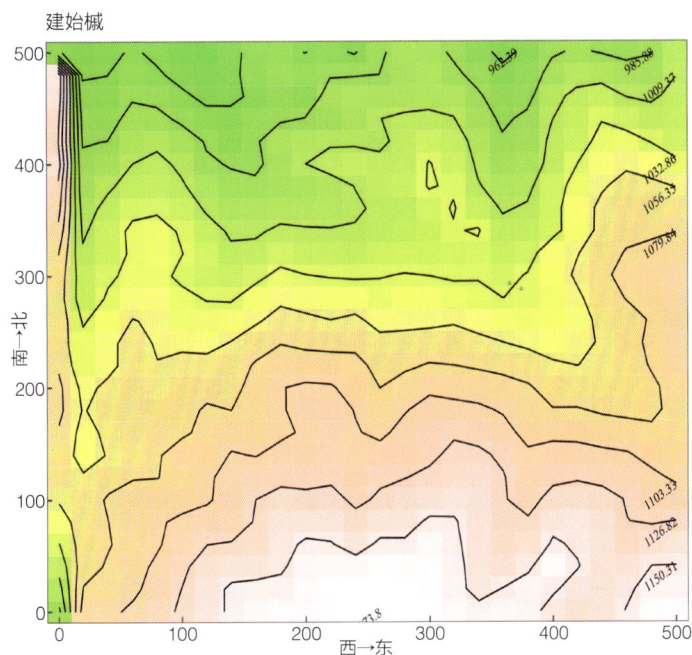
树干 / Trunk
摄影：王静轩 / Photo by: Wang Jingxuan

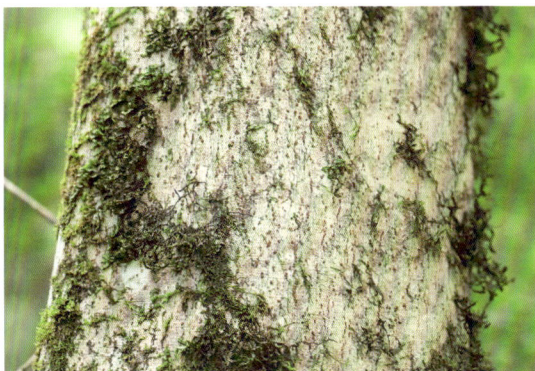
小枝和叶片 / Branchlets and leaves
摄影：王静轩 / Photo by: Wang Jingxuan

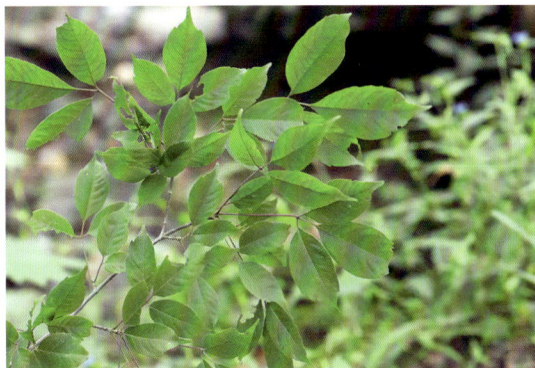
小枝和叶背 / Branchlets and leaf abaxial surfaces
摄影：王静轩 / Photo by: Wang Jingxuan

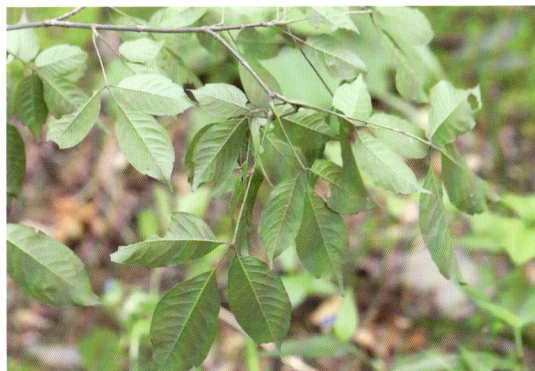
建始槭
个体分布图 / Distribution of individuals

径级分布表 / DBH class

径级区间 (Diameter class) (cm)	个体数 (No. of individuals)	比例 (Proportion) (%)
1.0~2.5	0	0.0
2.5~5.0	0	0.0
5.0~10.0	0	0.0
10.0~25.0	3	100.0
25.0~50.0	0	0.0
50.0~100.0	0	0.0
≥ 100.0	0	0.0

097 五裂槭
Acer oliverianum

无患子科 Sapindaceae 槭属 *Acer*

代码（Sp.Code）：**ACEOLI**

个体数（Individual number / 25hm²）：**494**

最大胸径（Max DBH）：**40.5cm**

重要值排序（Important value rank）：**37/171**

落叶小乔木。叶纸质，长4~8cm，宽5~9cm，基部近于心脏形或近于截形，5裂；裂片三角状卵形或长圆卵形，先端锐尖，边缘有紧密的细锯齿；裂片深达叶片的1/3或1/2；叶柄长2.5~5cm。花杂性，雄花与两性花同株。小坚果凸起；翅张开近水平。花期5月，果期9月。

Deciduous small trees. Leaves papery, 4–8 cm long, 5–9 cm wide, bases subcordate or near truncated, 5-lobed; lobes triangular-ovate or oblong-ovate, apexes alienated sharp, margins with dense and fine serrulations; lobes deep to 1/3 or 1/2 of leaves; petioles 2.5–5 cm long. Flowers polygamous, with male and hermaphrodite flowers monoecious. Nutlets convex; wings spreading nearly horizontal. Fl. May, fr. Sep.

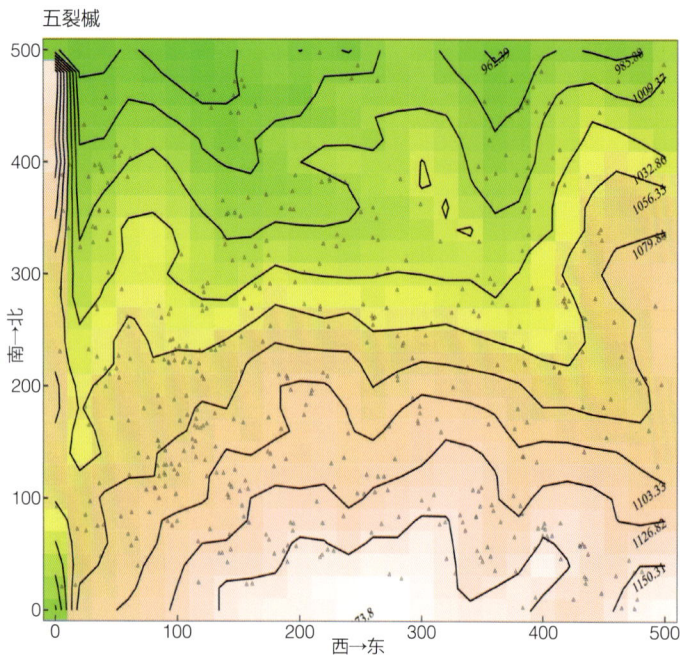
树干 / Trunk
摄影：宋鼎 / Photo by: Song Ding

果枝 / Fruiting branches
摄影：梁同军 / Photo by: Liang Tongjun

果 / Fruits
摄影：梁同军 / Photo by: Liang Tongjun

个体分布图 / Distribution of individuals

径级分布表 / DBH class

径级区间 (Diameter class) (cm)	个体数 (No. of individuals)	比例 (Proportion) (%)
1.0~2.5	196	39.7
2.5~5.0	137	27.7
5.0~8.0	69	14.0
8.0~11.0	42	8.6
11.0~15.0	18	3.6
15.0~20.0	14	2.8
≥ 20.0	18	3.6

098 鸡爪槭
Acer palmatum

无患子科 Sapindaceae 槭属 *Acer*

代码（Sp.Code）：**ACEPAL**

个体数（Individual number / 25hm²）：**472**

最大胸径（Max DBH）：**33.6cm**

重要值排序（Important value rank）：**42/171**

落叶小乔木。叶纸质，基部心脏形或近于心脏形，稀截形，5~9掌状分裂，通常7裂，深达叶片的直径的1/2或1/3，上面无毛，下面在叶脉的脉腋被有白色丛毛；叶柄长4~6cm，细瘦，无毛。花紫色；花瓣5枚。翅果嫩时紫红色，成熟时淡棕黄色；翅与小坚果张开成钝角。花期5月，果期9月。

Deciduous small trees. Leaf blades papery, bases cordate or subcordate and rarely truncate, 5–9 palmately lobed, usually 7-lobed, lobes reaching up to 1/2 or 1/3 of the diameter of the leaf blade's diameter, adaxially glabrous, abaxially with white tufts in the vein axils; petioles 4–6 cm long, thin, glabrous. Flowers purple; petals 5. Samaras mauve when young, light brownish yellow when ripe; wings and nutlets spreading at an obtuse angle. Fl. May, fr. Sep.

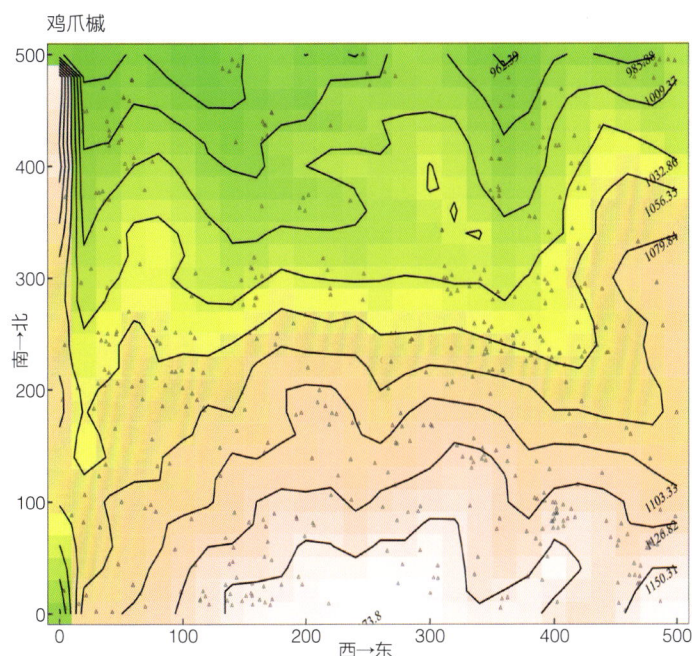

树干 / Trunk
摄影：王静轩 / Photo by: Wang Jingxuan

小枝和叶片 / Branchlets and leaves
摄影：王静轩 / Photo by: Wang Jingxuan

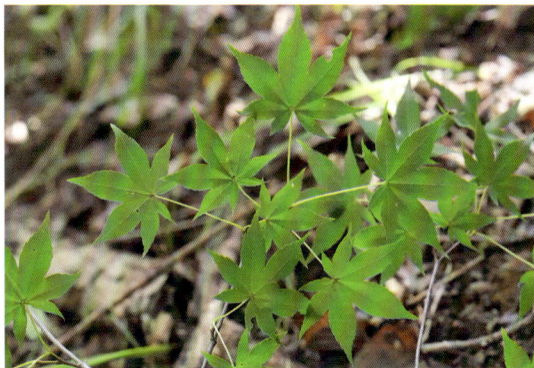

小枝和叶背 / Branchlets and leaf abaxial surfaces
摄影：王静轩 / Photo by: Wang Jingxuan

鸡爪槭

个体分布图 / Distribution of individuals

径级分布表 / DBH class

径级区间 (Diameter class) (cm)	个体数 (No. of individuals)	比例 (Proportion) (%)
1.0~2.5	227	48.1
2.5~5.0	148	31.4
5.0~8.0	48	10.2
8.0~11.0	25	5.3
11.0~15.0	8	1.7
15.0~20.0	5	1.0
≥ 20.0	11	2.3

099 五角槭

Acer pictum subsp. *mono*

无患子科 Sapindaceae   槭属 *Acer*

代码（Sp.Code）：**ACEPIC**

个体数（Individual number / 25hm²）：**150**

最大胸径（Max DBH）：**44cm**

重要值排序（Important value rank）：**72/171**

落叶乔木。叶纸质，基部截形或近于心脏形，常5裂；裂片卵形，先端锐尖或尾状锐尖，全缘，裂片间的凹缺常锐尖，深达叶片的中段；叶柄长4~6cm。花多数，杂性。翅果嫩时紫绿色，成熟时淡黄色；小坚果压扁状；翅长圆形，张开成锐角或近于钝角。花期5月，果期9月。

Deciduous trees. Leaves papery, bases truncate or nearly cordate, often 5-lobed; lobes ovate, apexes acute or caudate-acute, margins entire, concavities between lobes often acute, deep into the middle of leaves; petioles 4–6 cm long. Flowers numerous, polygamous. Samaras purplish green when tender and light yellow when mature; nutlets flattened; wings oblong, opening at an acute angle or nearly obtuse angle. Fl. May, fr. Sep.

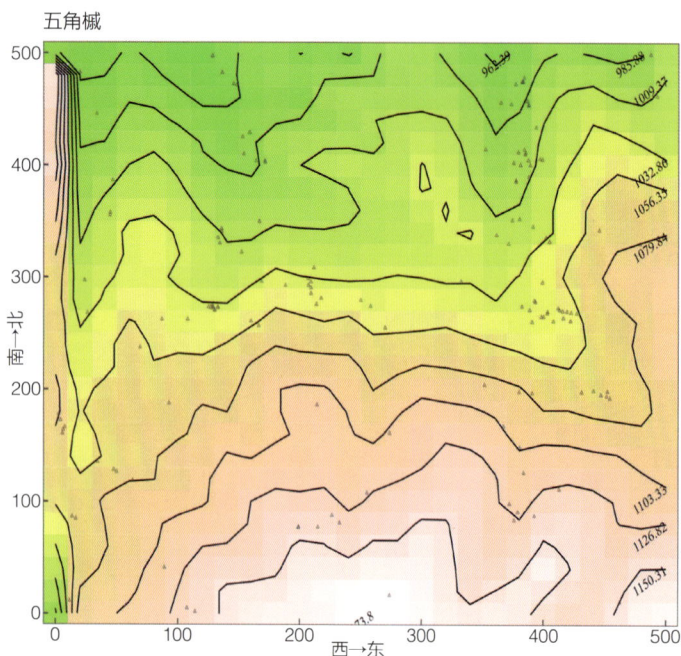

树干 / Trunk
摄影：王静轩 / Photo by: Wang Jingxuan

小枝和叶片 / Branchlets and leaves
摄影：王静轩 / Photo by: Wang Jingxuan

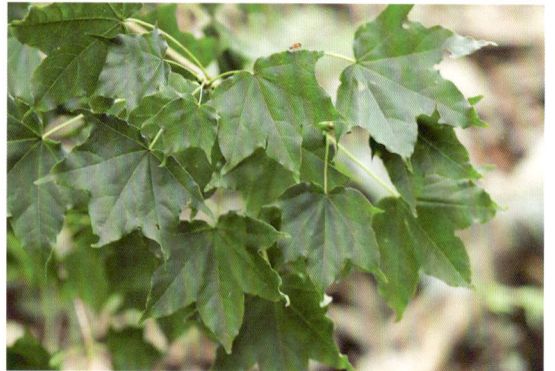

小枝和叶背 / Branchlets and leaf abaxial surfaces
摄影：王静轩 / Photo by: Wang Jingxuan

五角槭

个体分布图 / Distribution of individuals

径级分布表 / DBH class

径级区间 (Diameter class) (cm)	个体数 (No. of individuals)	比例 (Proportion) (%)
1.0~2.5	60	40.0
2.5~5.0	32	21.4
5.0~10.0	26	17.3
10.0~25.0	29	19.3
25.0~50.0	3	2.0
50.0~100.0	0	0.0
≥ 100.0	0	0.0

100 楝叶吴萸
Tetradium glabrifolium

芸香科 Rutaceae　吴茱萸属 *Tetradium*

代码（Sp.Code）：**TETGLA**

个体数（Individual number / 25hm²）：**415**

最大胸径（Max DBH）：**70.4cm**

重要值排序（Important value rank）：**24/171**

落叶乔木。羽状复叶，小叶7~11片，很少5片或更多，小叶斜卵状披针形，两则明显不对称，油点不显或甚稀少且细小，在放大镜下隐约可见，叶背灰绿色，干后略呈苍灰色，叶缘有细钝齿或全缘。花序顶生；花瓣白色。分果瓣淡紫红色。花期7~9月，果期10~12月。

Deciduous trees. Pinnately compound leaves, leaflets 7–11, with fewer than 5 leaflets or more, leaflets obliquely ovoid-lanceolate, showing obvious asymmetry on both sides, oil spots not obvious or even rare and small, faintly visible under the magnifying glass, abaxially grayish green, slightly pale gray when dried, margins finely blunt serrate or entire. Inflorescences terminal; petals white. Mericarps light purplish red. Fl. Jul.–Sep., fr. Oct.–Dec.

树干 / Trunk
摄影：王静轩 / Photo by: Wang Jingxuan

小枝和叶片 / Branchlets and leaves
摄影：王静轩 / Photo by: Wang Jingxuan

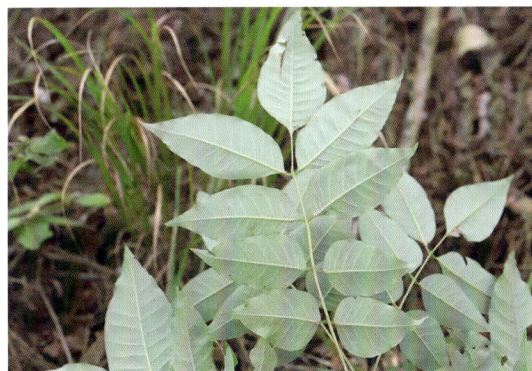

小枝和叶背 / Branchlets and leaf abaxial surfaces
摄影：王静轩 / Photo by: Wang Jingxuan

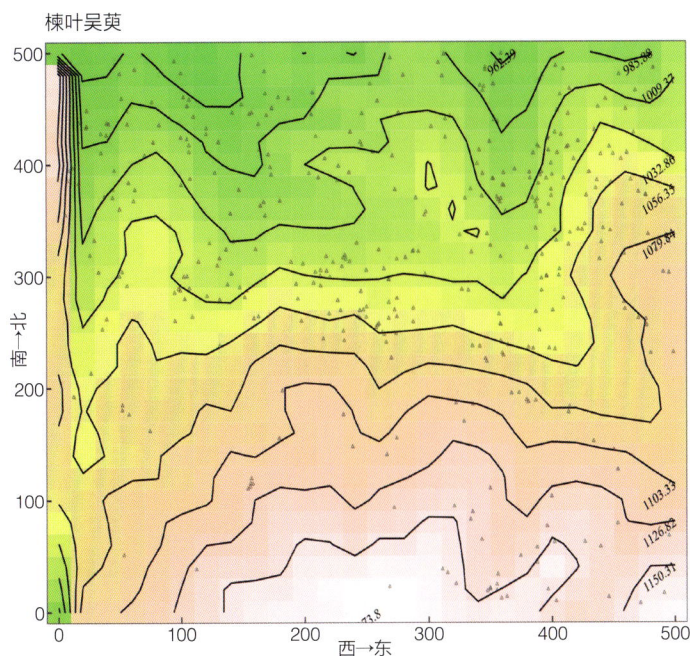

个体分布图 / Distribution of individuals

径级分布表 / DBH class

径级区间 (Diameter class) (cm)	个体数 (No. of individuals)	比例 (Proportion) (%)
1.0~2.5	12	2.9
2.5~5.0	10	2.4
5.0~10.0	26	6.3
10.0~25.0	259	62.4
25.0~50.0	106	25.5
50.0~100.0	2	0.5
≥ 100.0	0	0.0

101 苦木
Picrasma quassioides

苦木科 Simaroubaceae　苦木属 *Picrasma*

代码（Sp.Code）：**PICQUA**

个体数（Individual number / 25hm²）：**29**

最大胸径（Max DBH）：**18.35cm**

重要值排序（Important value rank）：**117/171**

落叶乔木。全株有苦味。叶互生，奇数羽状复叶，长15~30cm；小叶9~15片，卵状披针形或广卵形，边缘具不整齐的粗锯齿，叶面无毛，背面仅幼时沿中脉和侧脉有柔毛，后变无毛。花雌雄异株，组成腋生复聚伞花序。核果成熟后蓝绿色。花期4~5月，果期6~9月。

Deciduous trees. The whole plant bitter taste. Leaf blades alternate, odd pinnately compound leaves, 15–30 cm long; leaflets 9–15, ovoid-lanceolate or broadly ovoid, margins irregular thickly serrate, adaxially glabrous, abaxially tomentose along the midvein and lateral veins when young, then glabrous. The plants are dioecious, constituting axillary multiple cymes. Drupes blue-green when mature. Fl. Apr.–May, fr. Jun.–Sep.

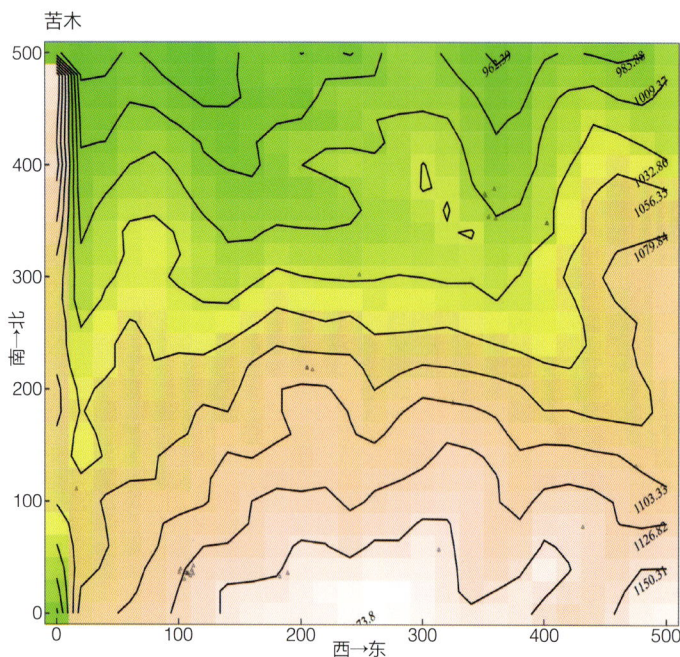

树干 / Trunk
摄影：王静轩 / Photo by: Wang Jingxuan

小枝和叶片 / Branchlets and leaves
摄影：王静轩 / Photo by: Wang Jingxuan

小枝和叶背 / Branchlets and leaf abaxial surfaces
摄影：王静轩 / Photo by: Wang Jingxuan

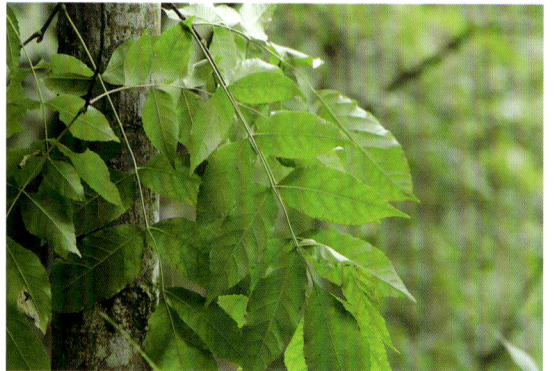

苦木

个体分布图 / Distribution of individuals

径级分布表 / DBH class

径级区间 (Diameter class) (cm)	个体数 (No. of individuals)	比例 (Proportion) (%)
1.0~2.5	6	20.7
2.5~5.0	15	51.7
5.0~10.0	5	17.2
10.0~25.0	3	10.4
25.0~50.0	0	0.0
50.0~100.0	0	0.0
≥ 100.0	0	0.0

102 香椿
Toona sinensis

楝科 Meliaceae 香椿属 *Toona*

代码（Sp.Code）：**TOOSIN**

个体数（Individual number / 25hm²）：**19**

最大胸径（Max DBH）：**48.65cm**

重要值排序（Important value rank）：**109/171**

乔木。叶具长柄，偶数羽状复叶；小叶16~20片，对生或互生，纸质，卵状披针形或卵状长椭圆形，基部一侧圆形，另一侧楔形，边全缘或有疏离的小锯齿。圆锥花序与叶等长或更长；花瓣5枚，白色。蒴果狭椭圆形，果瓣薄。花期6~8月，果期10~12月。

Trees. Leaves paripinnately compound with long petioles; leaflets 16–20, opposite or alternate, papery, ovate-lanceolate or ovate-oblong, bases rounded on one side, wedge-shaped on the other side, margins entire or sparsely serrate. Panicles similar or longer than leaves; petals 5, white. Capsules narrowly oval, carpels thin. Fl. Jun.–Aug., fr. Oct.–Dec.

小枝和叶片 / Branchlets and leaves
摄影：王静轩 / Photo by: Wang Jingxuan

小枝和叶背 / Branchlets and leaf abaxial surfaces
摄影：王静轩 / Photo by: Wang Jingxuan

树干 / Trunk
摄影：王静轩 / Photo by: Wang Jingxuan

径级分布表 / DBH class

径级区间 (Diameter class) (cm)	个体数 (No. of individuals)	比例 (Proportion) (%)
1.0~2.5	2	10.5
2.5~5.0	3	15.8
5.0~10.0	2	10.5
10.0~25.0	9	47.4
25.0~50.0	3	15.8
50.0~100.0	0	0.0
≥ 100.0	0	0.0

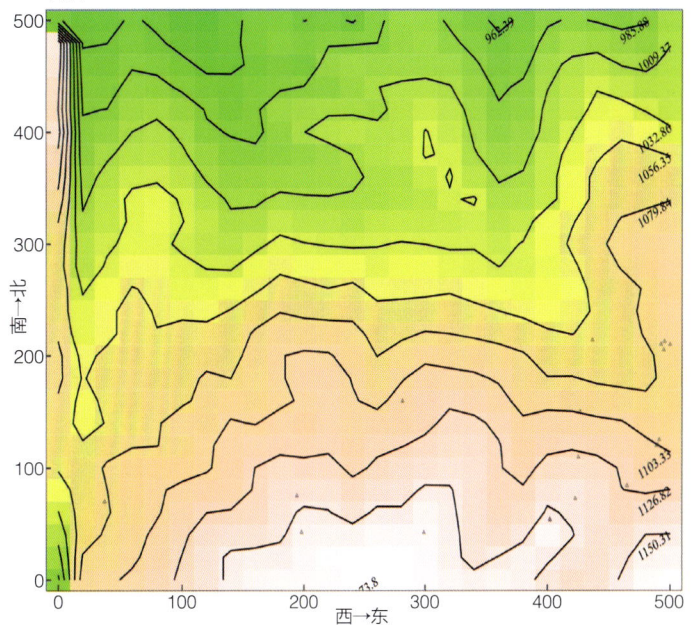

个体分布图 / Distribution of individuals

103 庐山芙蓉
Hibiscus paramutabilis

锦葵科 Malvaceae　木槿属 *Hibiscus*

代码（Sp.Code）：**HIBPAR**

个体数（Individual number / 25hm²）：**163**

最大胸径（Max DBH）：**9.92cm**

重要值排序（Important value rank）：**79/171**

落叶灌木至小乔木。小枝、叶及叶柄均被星状短柔毛。叶掌状，5~7浅裂，有时3裂，基部截形至近心形，两面均被星状毛。花单生于枝端叶腋间，花梗长2~4cm；花冠白色，内面基部紫红色。蒴果长圆状卵圆形，密被黄锈色星状绒毛及长硬毛。花期7~8月，果期9~10月。

Deciduous shrubs to small trees. Branchlets, leaves and petioles are stellate pubescent. Leaves palmate, 5–7-lobed, sometimes 3-lobed, bases truncate to subcordate, both sides covered with stellate hairs. Flowers solitary in the axils of the branch apex, pedicels 2–4 cm long; corollas white, inner bases purplish red. Capsules oblong-ovate, densely covered with yellow-rusted stellate tomentum and long stiff hairy. Fl. Jul.–Aug., fr. Sep.–Oct.

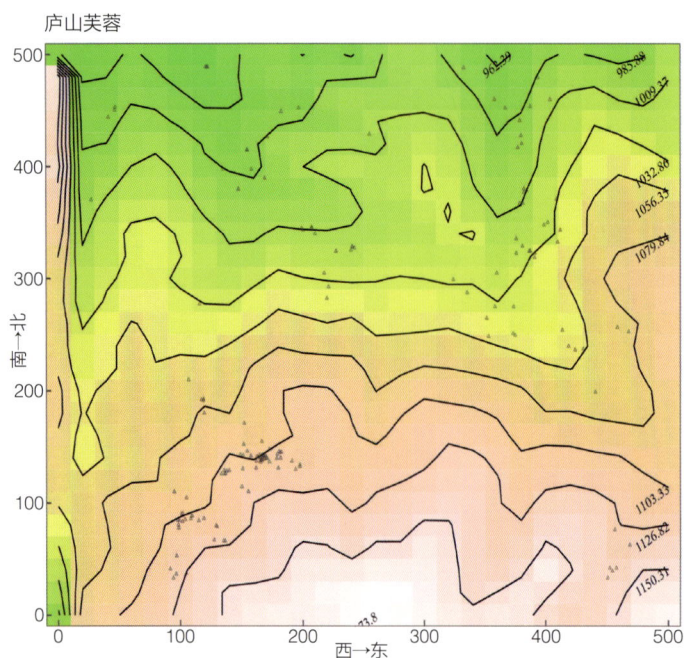

树干 / Trunk
摄影：王静轩 / Photo by: Wang Jingxuan

小枝和叶片 / Branchlets and leaves
摄影：王静轩 / Photo by: Wang Jingxuan

小枝和叶背 / Branchlets and leaf abaxial surfaces
摄影：王静轩 / Photo by: Wang Jingxuan

庐山芙蓉

个体分布图 / Distribution of individuals

径级分布表 / DBH class

径级区间 (Diameter class) (cm)	个体数 (No. of individuals)	比例 (Proportion) (%)
1.0~2.5	113	69.3
2.5~5.0	37	22.7
5.0~8.0	11	6.8
8.0~11.0	2	1.2
11.0~15.0	0	0.0
15.0~20.0	0	0.0
≥ 20.0	0	0.0

104 短毛椴
Tilia chingiana

锦葵科 Malvaceae　椴属 *Tilia*

代码（Sp.Code）：**TILCHI**

个体数（Individual number / 25hm²）：**1718**

最大胸径（Max DBH）：**85.6cm**

重要值排序（Important value rank）：**8/171**

落叶乔木。嫩枝无毛或初时略有微毛，顶芽略有短柔毛。叶阔卵形，基部斜截形至心形，上面无毛，下面被点状短星状毛，最后常变秃净，仅在脉腋内有毛丛，侧脉6~7对，边缘有锯齿；叶柄长2.5~4cm，初时有毛，以后变秃净。聚伞花序。果实球形，被星状柔毛。花期6~7月，果期10~11月。

Deciduous trees. Young branches glabrous or at first slightly mucilaginous, terminal buds slightly short-pubescent. Leaf blades broadly ovate, bases obliquely truncated to cordate, adaxially glabrous, abaxially punctately short-stellate hairy, finally usually glabrous, only hairy tufts in vein axils, lateral veins 6–7 pairs, margins serrate; petioles 2.5–4 cm long, at first hairy, then glabrous. Cymes. Fruits globose, stellate pilose. Fl. Jun.–Jul., fr. Oct.–Nov.

树干 / Trunk
摄影：王静轩 / Photo by: Wang Jingxuan

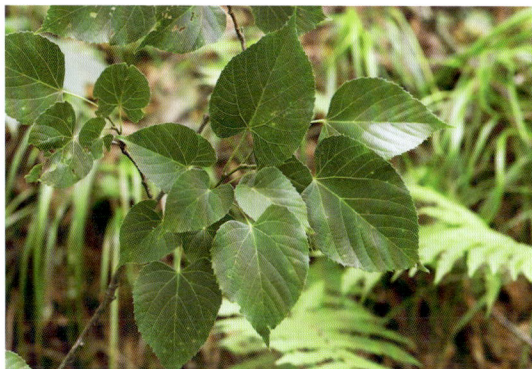
小枝和叶片 / Branchlets and leaves
摄影：王静轩 / Photo by: Wang Jingxuan

小枝和叶背 / Branchlets and leaf abaxial surfaces
摄影：王静轩 / Photo by: Wang Jingxuan

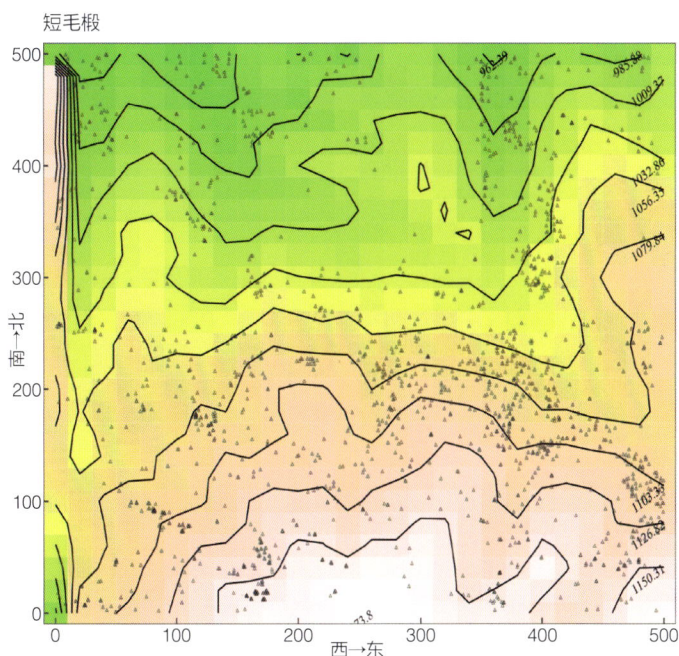
个体分布图 / Distribution of individuals

径级分布表 / DBH class

径级区间 (Diameter class) (cm)	个体数 (No. of individuals)	比例 (Proportion) (%)
1.0~2.5	243	14.1
2.5~5.0	306	17.8
5.0~10.0	374	21.8
10.0~25.0	655	38.1
25.0~50.0	139	8.1
50.0~100.0	1	0.1
≥ 100.0	0	0.0

105 毛糯米椴
Tilia henryana

锦葵科 Malvaceae　椴属 *Tilia*

代码（Sp.Code）：**TILHEN**

个体数（Individual number / 25hm²）：**520**

最大胸径（Max DBH）：**57.8cm**

重要值排序（Important value rank）：**30/171**

落叶乔木。嫩枝被黄色星状茸毛，顶芽亦有黄色茸毛。叶圆形，先端宽而圆，有短尖尾，基部心形，整正或偏斜，上面无毛，下面被黄色星状茸毛，侧脉5~6对，边缘有锯齿，由侧脉末梢突出成齿刺；叶柄被黄色茸毛。聚伞花序。果实倒卵形，有棱5条，被星状毛。花期6月，果期9~10月。

Deciduous trees. Young branchlets covered with yellow stellate tomentose, terminal buds also yellow tomentose. Leaves round, apexes broad and rounded, with short caudate tips, bases cordate, rectified or deflected, adaxially glabrous, abaxially yellow stellate tomentose, lateral veins 5–6 pairs, margins serrate, with the ends of lateral veins protruding into tooth thorns; petioles covered with yellow tomentose. Cymes. Fruits obovate, with 5 edges, stellately hairy. Fl. Jun., fr. Sep.–Oct.

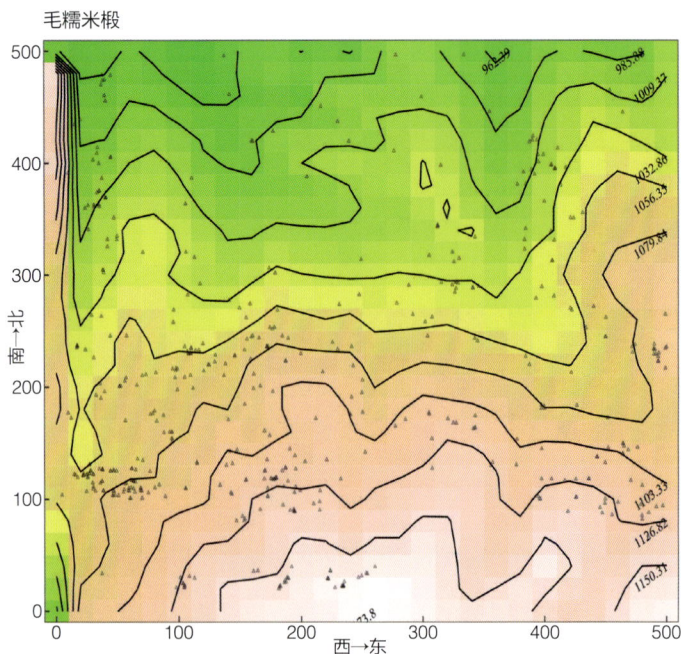

树干 / Trunk
摄影：薛凯 / Photo by: Xue Kai

小枝和叶片 / Branchlets and leaves
摄影：周建军 / Photo by: Zhou Jianjun

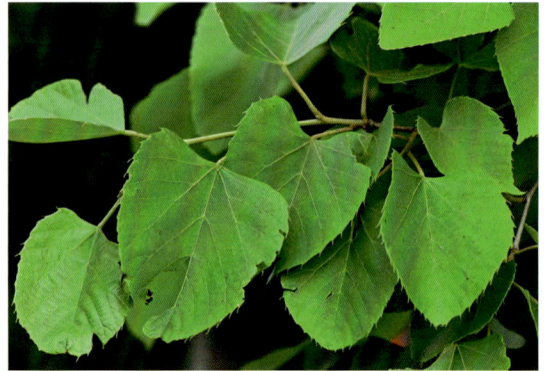

小枝和叶背 / Branchlets and leaf abaxial surfaces
摄影：秦位强 / Photo by: Qin Weiqiang

毛糯米椴

个体分布图 / Distribution of individuals

径级分布表 / DBH class

径级区间 (Diameter class) (cm)	个体数 (No. of individuals)	比例 (Proportion) (%)
1.0~2.5	51	9.8
2.5~5.0	93	17.9
5.0~10.0	113	21.7
10.0~25.0	204	39.2
25.0~50.0	56	10.8
50.0~100.0	3	0.6
≥ 100.0	0	0.0

106 糯米椴
Tilia henryana var. subglabra

锦葵科 Malvaceae　椴属 *Tilia*

代码（Sp.Code）：**TILHENSUB**

个体数（Individual number / 25hm²）：**491**

最大胸径（Max DBH）：**45.75cm**

重要值排序（Important value rank）：**32/171**

落叶乔木。嫩枝及顶芽均无毛或近秃净；叶圆形，先端宽而圆，有短尖尾，基部心形，整正或偏斜，上面无毛，下面除脉腋有毛丛外，其余秃净无毛，侧脉5~6对，边缘有锯齿，由侧脉末梢突出成齿刺。果实倒卵形，有棱5条，被星状毛。花期6月，果期9~10月。

Deciduous trees. Young branches and terminal buds glabrous or nearly glabrous; leaves round, apexes wide and round, with short acute tips, bases cordate, straight or oblique, adaxially glabrous, abaxially except hairy tufts in vein axils, the rest glabrous, lateral veins 5–6 pairs, margins serrate, with the ends of lateral veins protruding into teeth torn. Fruits obovate, with 5 edges, stellate hairy. Fl. Jun., fr. Sep.–Oct.

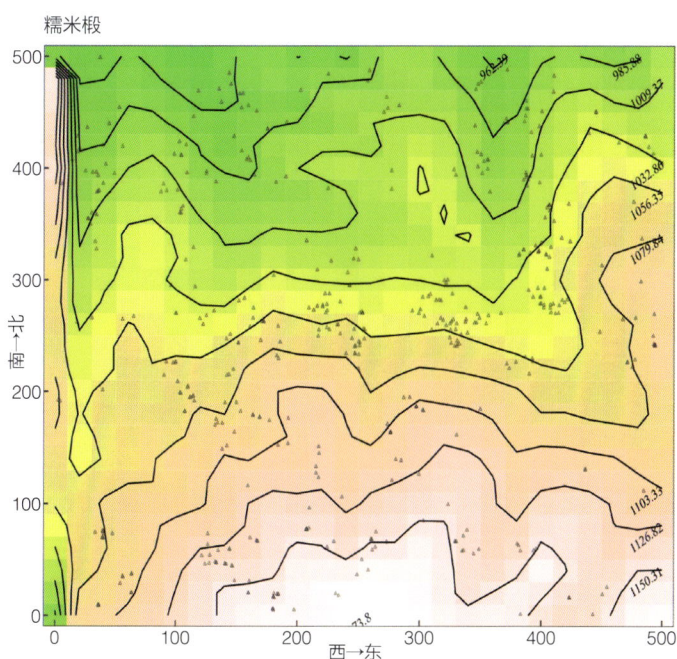

树干 / Trunks
摄影：白重炎 / Photo by: Bai Chongyan

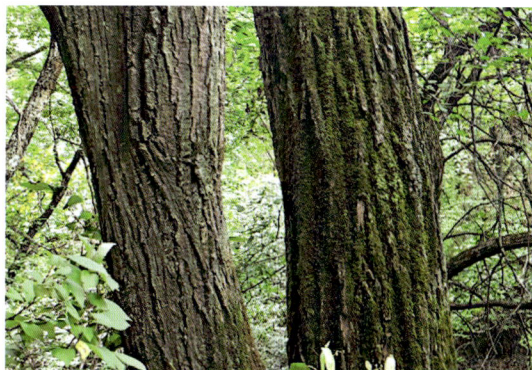

小枝和叶片 / Branchlets and leaves
摄影：白重炎 / Photo by: Bai Chongyan

小枝和叶背 / Branchlets and leaf abaxial surfaces
摄影：聂廷秋 / Photo by: Nie Tingqiu

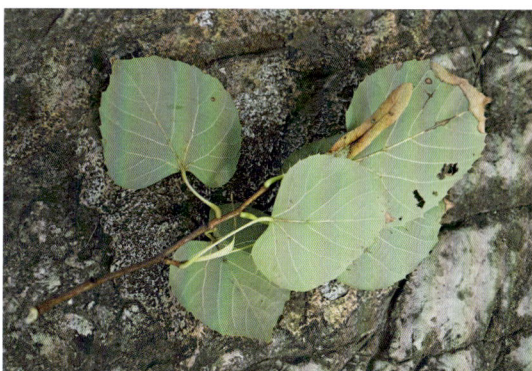

个体分布图 / Distribution of individuals

径级分布表 / DBH class

径级区间 (Diameter class) (cm)	个体数 (No. of individuals)	比例 (Proportion) (%)
1.0~2.5	59	12.0
2.5~5.0	106	21.6
5.0~10.0	119	24.2
10.0~25.0	158	32.2
25.0~50.0	49	10.0
50.0~100.0	0	0.0
≥ 100.0	0	0.0

107 南京椴

Tilia miqueliana

锦葵科 Malvaceae 椴属 *Tilia*

代码（Sp.Code）：**TILMIQ**

个体数（Individual number / 25hm²）：**220**

最大胸径（Max DBH）：**44.79cm**

重要值排序（Important value rank）：**56/171**

落叶乔木。树皮灰白色。嫩枝和顶芽均被黄褐色茸毛。叶卵圆形，先端急短尖，基部心形，整正或稍偏斜，边缘有整齐锯齿，下面被灰色或灰黄色星状茸毛；叶柄长3~4cm，圆柱形，被茸毛。花序长6~8cm，有花3~12朵。果球形，无棱，被星状柔毛。花期7月，果期10~11月。

Deciduous trees. Barks grayish white. Young branches and terminal buds yellowish brown tomentose. Leaves ovate, apexes shortly acute, bases cordate, straight or slightly oblique, margins neatly serrate, abaxially gray or grayish yellow stellate tomentose; petioles 3–4 cm long, cylindrical, tomentose. Inflorescences 6–8 cm long, with 3–12 flowered. Fruits globose, without edges, stellate pilose. Fl. Jul., fr. Oct.–Nov.

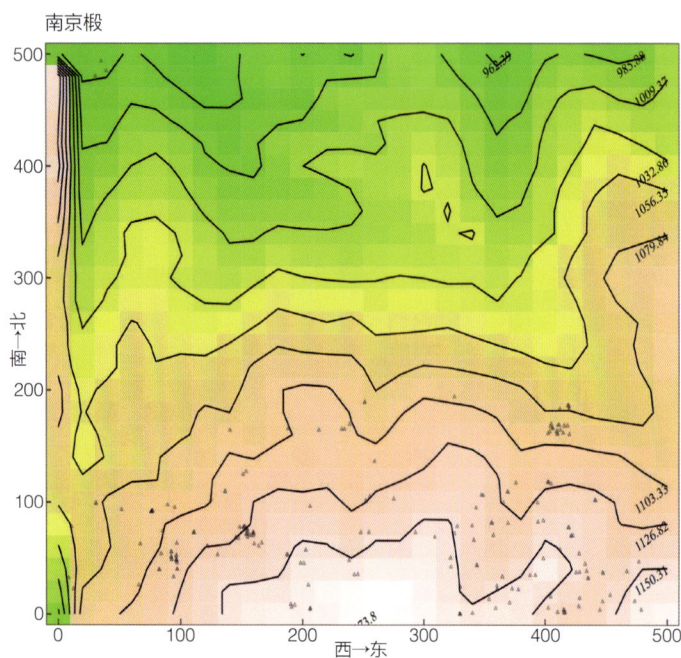

树干 / Trunk
摄影：薛自超 / Photo by: Xue Zichao

小枝和叶片 / Branchlets and leaves
摄影：周洪义 / Photo by: Zhou Hongyi

小枝和叶背 / Branchlets and leaf abaxial surfaces
摄影：武晶 / Photo by: Wu Jing

南京椴

个体分布图 / Distribution of individuals

径级分布表 / DBH class

径级区间 (Diameter class) (cm)	个体数 (No. of individuals)	比例 (Proportion) (%)
1.0~2.5	28	12.7
2.5~5.0	41	18.6
5.0~10.0	56	25.5
10.0~25.0	82	37.3
25.0~50.0	13	5.9
50.0~100.0	0	0.0
≥ 100.0	0	0.0

108 蓝果树
Nyssa sinensis

蓝果树科 Nyssaceae　蓝果树属 *Nyssa*

代码（Sp.Code）：**NYSSIN**

个体数（Individual number / 25hm²）：**2**

最大胸径（Max DBH）：**25.13cm**

重要值排序（Important value rank）：**142/171**

落叶乔木。叶纸质或薄革质，互生，椭圆形或长椭圆形，顶端短急锐尖，基部近圆形，边缘略呈浅波状，上面无毛，下面有很稀疏的微柔毛；叶柄长1.5~2cm。花序伞形或短总状。核果矩圆状椭圆形或长倒卵圆形，微扁，成熟时深蓝色。花期4月下旬，果期9月。

Deciduous trees. Leaf blades papery or thinly leathery, alternate, elliptic or long-elliptic, apexes shortly acute, bases subrounded, margins slightly undulating, adaxially glabrous, abaxially sparsely puberulent; petioles 1.5–2 cm long. Inflorescence umbel or raceme. Drupes oblong-elliptic or long-obovoid, slightly oblate, dark blue when mature. Fl. late Apr., fr. Sep.

小枝和叶片 / Branchlets and leaves
摄影：唐忠炳 / Photo by: Tang Zhongbing

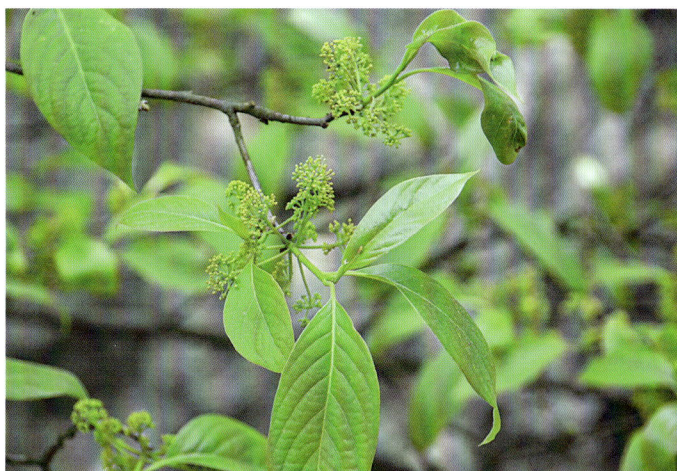

花枝 / Flowering branches
摄影：唐忠炳 / Photo by: Tang Zhongbing

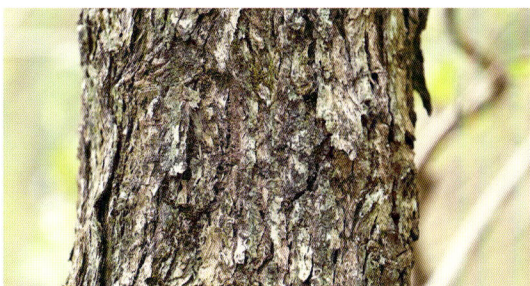

树干 / Trunk
摄影：梁同军 / Photo by: Liang Tongjun

径级分布表 / DBH class

径级区间 (Diameter class) (cm)	个体数 (No. of individuals)	比例 (Proportion) (%)
1.0~2.5	0	0.0
2.5~5.0	0	0.0
5.0~10.0	1	50.0
10.0~25.0	0	0.0
25.0~50.0	1	50.0
50.0~100.0	0	0.0
≥ 100.0	0	0.0

蓝果树

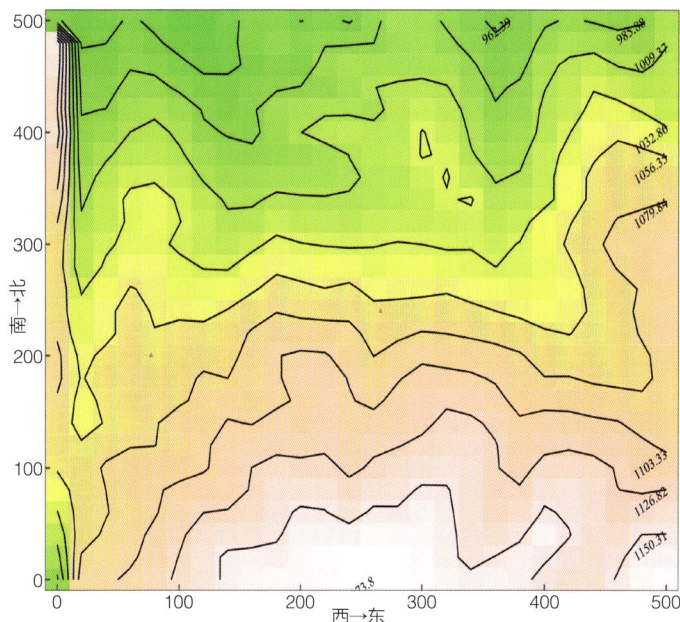

个体分布图 / Distribution of individuals

109 绝毛山梅花
Philadelphus sericanthus

绣球花科 Hydrangeaceae　山梅花属 *Philadelphus*

代码（Sp.Code）：**PHISER**

个体数（Individual number / 25hm²）：**19**

最大胸径（Max DBH）：**4.3cm**

重要值排序（Important value rank）：**118/171**

灌木。叶纸质，椭圆形或椭圆状披针形，基部楔形或阔楔形，边缘具锯齿，上面疏被糙伏毛，下面仅沿主脉和脉腋被长硬毛，叶脉稍离基3~5条；叶柄疏被毛。总状花序有花7~15（30）朵；花瓣白色，倒卵形或长圆形。蒴果倒卵形。花期5~6月，果期8~9月。

Shrubs. Leaf blades papery, elliptic or elliptic-lanceolate, bases cuneate or broadly cuneate, margins serrate, adaxially sparsely strigose, abaxially hirsute only along main veins and vein axils, leaf veins 3–5, slightly arising from the bases; petioles sparsely hairy. Inflorescences racemose, with 7–15(30)-flowered; petals white, obovate or oblong. Capsules obovate. Fl. May–Jun., fr. Aug.–Sep.

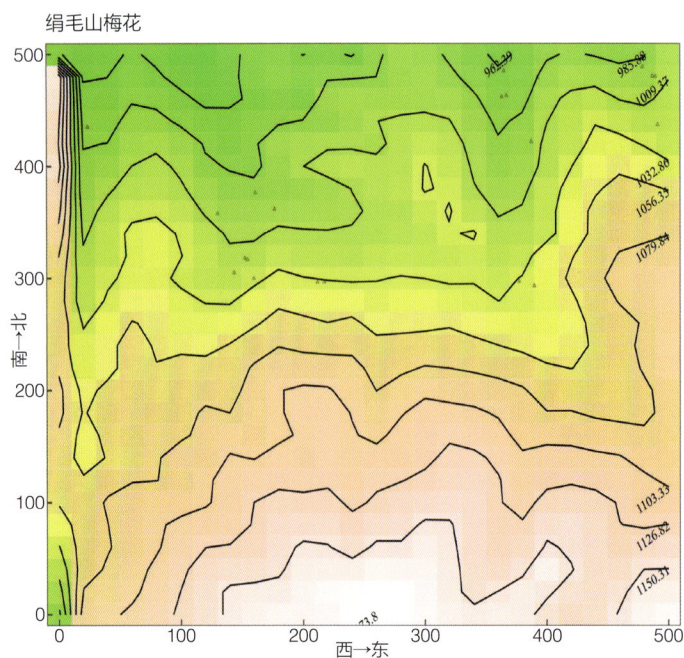
树干 / Trunk
摄影：王静轩 / Photo by: Wang Jingxuan

小枝和叶片 / Branchlets and leaves
摄影：王静轩 / Photo by: Wang Jingxuan

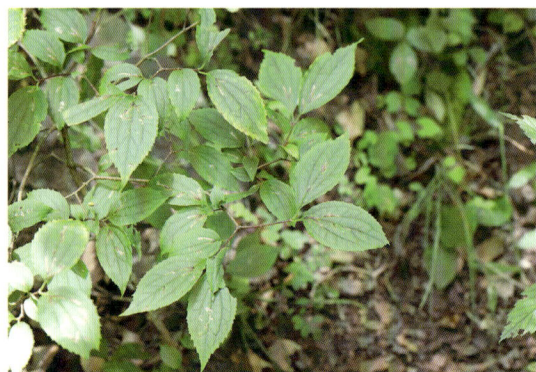
小枝和叶背 / Branchlets and leaf abaxial surfaces
摄影：王静轩 / Photo by: Wang Jingxuan

绢毛山梅花

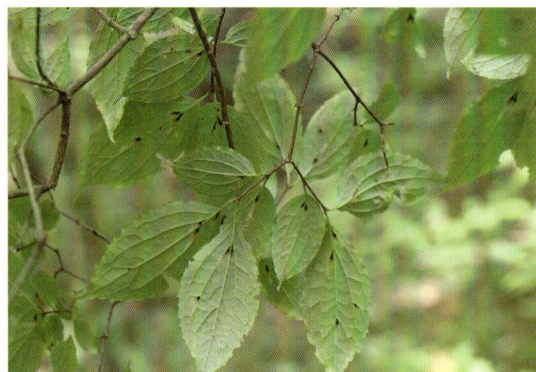

个体分布图 / Distribution of individuals

径级分布表 / DBH class

径级区间 (Diameter class) (cm)	个体数 (No. of individuals)	比例 (Proportion) (%)
1.0~2.0	13	68.4
2.0~3.0	1	5.3
3.0~4.0	2	10.5
4.0~5.0	3	15.8
5.0~7.0	0	0.0
7.0~10.0	0	0.0
≥ 10.0	0	0.0

110 牯岭山梅花
Philadelphus sericanthus var. kulingensis

绣球花科 Hydrangeaceae
山梅花属 *Philadelphus*

代码（Sp.Code）：**PHISERKUL**

个体数（Individual number / 25hm²）：**448**

最大胸径（Max DBH）：**13.54cm**

重要值排序（Important value rank）：**46/171**

落叶灌木。叶纸质，卵状椭圆形，上面无毛或近无毛，边缘明显具9~12齿；叶脉稍离基3~5条；叶柄疏被毛。总状花序有花7~15（30）朵；花瓣白色，倒卵形或长圆形。蒴果倒卵形。花期6月，果期8~9月。

Deciduous shrubs. Leaf blades papery, ovate-elliptic, adaxially glabrous or subglabrous, margins prominently serrate with 9–12 teeth; leaf veins 3–5, slightly arising from the base; petiole sparsely hairy. Racemes with 7–15(30) flowers; petals white, obovate or oblong. Capsules obovate. Fl. Jun., fr. Aug.–Sep.

小枝和叶片 / Branchlets and leaves
摄影：王静轩 / Photo by: Wang Jingxuan

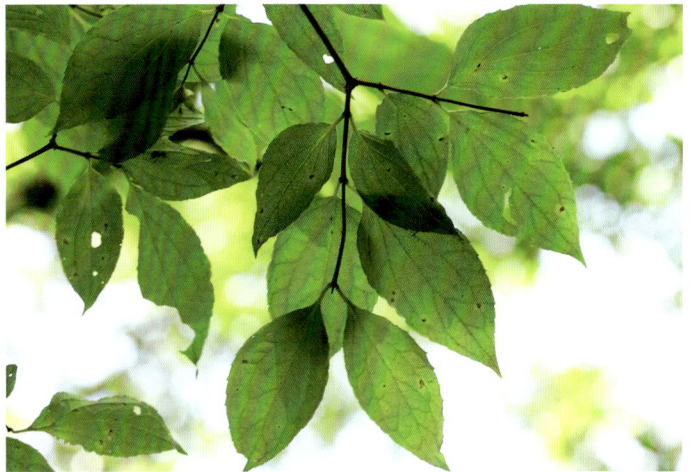
小枝和叶背 / Branchlets and leaf abaxial surfaces
摄影：王静轩 / Photo by: Wang Jingxuan

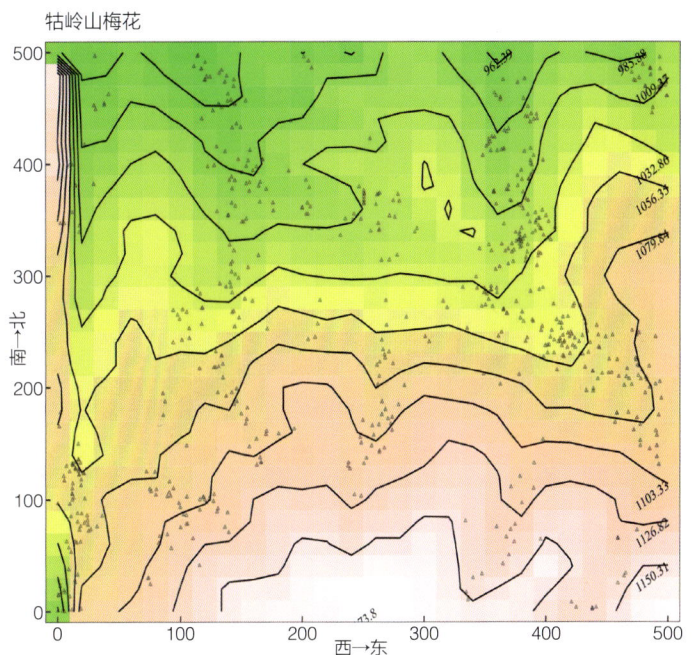
树干 / Trunk
摄影：王静轩 / Photo by: Jingxuan Wang

径级分布表 / DBH class

径级区间 (Diameter class) (cm)	个体数 (No. of individuals)	比例 (Proportion) (%)
1.0~2.0	181	40.4
2.0~3.0	16	3.6
3.0~4.0	153	34.2
4.0~5.0	62	13.8
5.0~7.0	27	6.0
7.0~10.0	7	1.6
≥ 10.0	2	0.4

个体分布图 / Distribution of individuals

111 中国绣球
Hydrangea chinensis

绣球花科 Hydrangeaceae 绣球属 *Hydrangea*

代码（Sp.Code）：**HYDCHI**

个体数（Individual number / 25hm²）：**821**

最大胸径（Max DBH）：**5.02cm**

重要值排序（Important value rank）：**40/171**

落叶灌木。小枝红褐色或褐色。叶薄纸质至纸质，长圆形或狭椭圆形，边缘近中部以上具疏钝齿或小齿，两面被疏短柔毛或仅脉上被毛，侧脉6~7对；叶柄长0.5~2cm。伞形状或伞房状聚伞花序顶生；不育花萼片3~4枚；花瓣黄色。蒴果卵球形。花期5~6月，果期9~10月。

Deciduous shrubs. Branchlets red-brown to brown. Leaves thinly papery to papery, oblong or narrowly oval, with sparsely obtuse teeth or small teeth above the middle of the margin, both sides with sparse short pubescence or only veins with hairs, lateral veins 6–7 pairs; petiole 0.5–2 cm long. Umbrella-shaped or umbellate cymes are terminal; sterile flowers with sepals 3–4; petals yellow. Capsules ovoid. Fl. May–Jun., fr. Sep.–Oct.

树干 / Trunk
摄影：王静轩 / Photo by: Wang Jingxuan

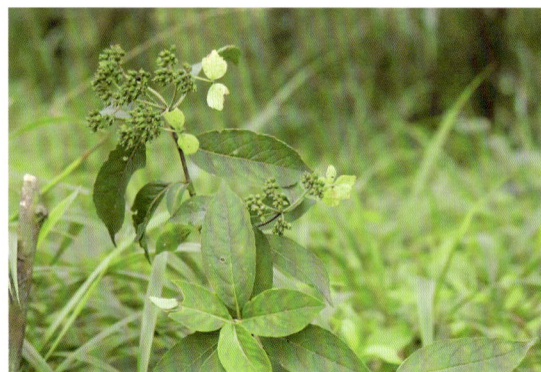
果枝 / Fruiting branches
摄影：王静轩 / Photo by: Wang Jingxuan

小枝和叶背 / Branchlets and leaf abaxial surfaces
摄影：王静轩 / Photo by: Wang Jingxuan

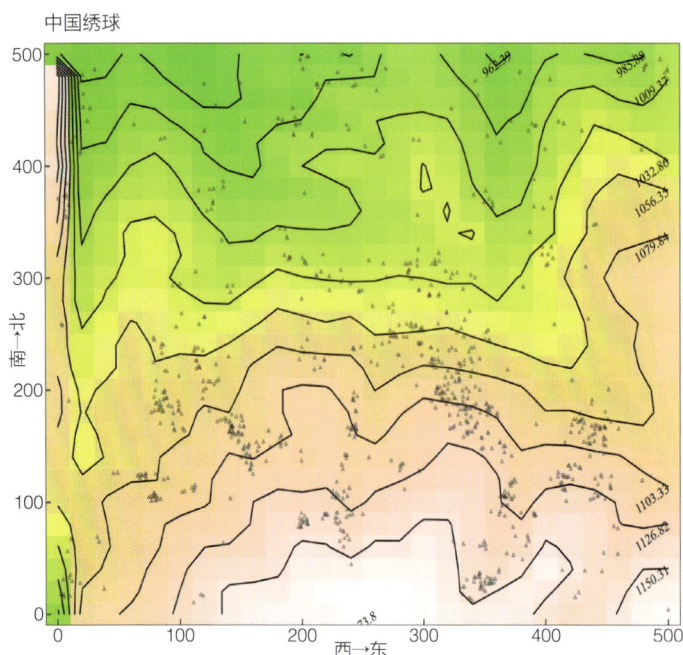
个体分布图 / Distribution of individuals

径级分布表 / DBH class

径级区间 (Diameter class) (cm)	个体数 (No. of individuals)	比例 (Proportion) (%)
1.0~2.0	803	97.8
2.0~3.0	11	1.4
3.0~4.0	6	0.7
4.0~5.0	0	0.0
5.0~7.0	1	0.1
7.0~10.0	0	0.0
≥ 10.0	0	0.0

112 常山

Dichroa febrifuga

绣球花科 Hydrangeaceae 常山属 *Dichroa*

代码（Sp.Code）：**DICFEB**

个体数（Individual number / 25hm²）：**1**

最大胸径（Max DBH）：**1.6cm**

重要值排序（Important value rank）：**168/171**

灌木。小枝圆柱状或稍具4棱，无毛或被稀疏短毛。叶形状大小变异大，常椭圆形、倒卵形、椭圆状长圆形或披针形，边缘具锯齿或粗齿，侧脉每边8~10条；叶柄长1.5~5cm。伞房状圆锥花序顶生，花蓝色或白色。浆果直径3~7mm，蓝色。花期2~4月，果期5~8月。

Shrubs. Branchlets cylindric or slightly quadrangular, glabrous or with sparse short hairs. Leaves varying greatly in shape and size, often elliptic, obovate, elliptic-oblong or lanceolate, margin serrate or coarsely toothed, lateral veins 8–10 on each sides; petioles 1.5–5 cm long. Corymbose panicles terminal on apex, flowers blue or white. Berries 3–7 mm in diameter, blue. Fl. Feb.–Apr., fr. May–Aug.

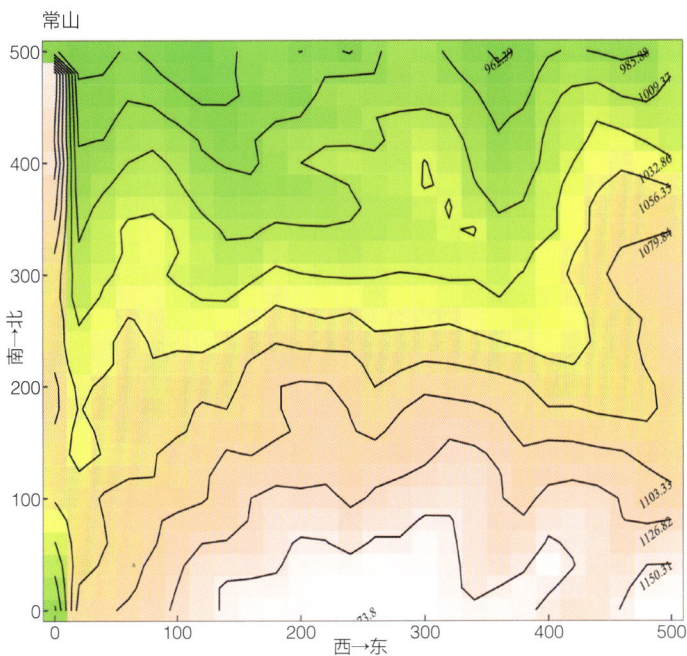

树干 / Trunk
摄影：苏享修 / Photo by: Su Xiangxiu

果枝 / Fruiting branches
摄影：梁同军 / Photo by: Liang Tongjun

叶背 / Leaf abaxial surfaces
摄影：唐忠炳 / Photo by: Tang Zhongbing

常山

个体分布图 / Distribution of individuals

径级分布表 / DBH class

径级区间 (Diameter class) (cm)	个体数 (No. of individuals)	比例 (Proportion) (%)
1.0~2.0	1	100.0
2.0~3.0	0	0.0
3.0~4.0	0	0.0
4.0~5.0	0	0.0
5.0~7.0	0	0.0
7.0~10.0	0	0.0
≥ 10.0	0	0.0

113 宁波溲疏
Deutzia ningpoensis

绣球花科 Hydrangeaceae 溲疏属 *Deutzia*

代码（Sp.Code）：**DEUNIN**

个体数（Individual number / 25hm²）：**18**

最大胸径（Max DBH）：**4.4cm**

重要值排序（Important value rank）：**113/171**

落叶灌木。叶厚纸质，卵状长圆形或卵状披针形，先端渐尖或急尖，基部圆形或阔楔形，边缘具疏离锯齿或近全缘，上面绿色，下面灰白色或灰绿色，密被星状毛，毛被连续覆盖，侧脉每边5~6条；叶柄长5~10mm。聚伞状圆锥花序；花瓣白色。蒴果半球形，密被星状毛。花期5~7月，果期9~10月。

Deciduous shrubs. Leaves thickly papery, ovate-oblong or ovate-lanceolate, apexes acuminate or acute, bases rounded or broadly cuneate, margins sparsely serrate or subentire, adaxially green, abaxially grayish white or grayish green, densely stellate hairy, hairs continuously covering the surface, lateral veins 5–6 on each side; petioles 5–10 mm long. Cymose panicles; petals white. Capsules hemispherical, densely stellate hairy. Fl. May–Jul., fr. Sep.–Oct.

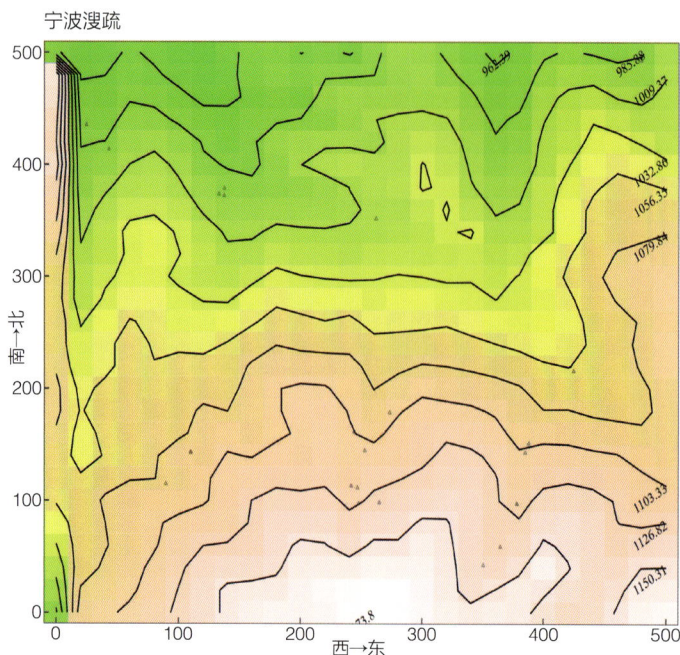

树干 / Trunk
摄影：甄爱国 / Photo by: Zhen Aiguo

花枝 / Flowering branches
摄影：梁同军 / Photo by: Liang Tongjun

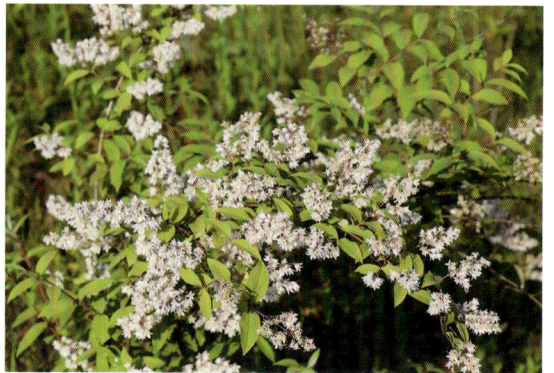

小枝和叶背 / Branchlets and leaf abaxial surfaces
摄影：梁同军 / Photo by: Liang Tongjun

宁波溲疏

个体分布图 / Distribution of individuals

径级分布表 / DBH class

径级区间 (Diameter class) (cm)	个体数 (No. of individuals)	比例 (Proportion) (%)
1.0~2.0	14	77.8
2.0~3.0	1	5.6
3.0~4.0	2	11.0
4.0~5.0	1	5.6
5.0~7.0	0	0.0
7.0~10.0	0	0.0
≥ 10.0	0	0.0

114 长江溲疏
Deutzia schneideriana

绣球花科 Hydrangeaceae   溲疏属 *Deutzia*

代码（Sp.Code）：**DEUSCH**

个体数（Individual number / 25hm²）：**40**

最大胸径（Max DBH）：**9.12cm**

重要值排序（Important value rank）：**94/171**

落叶灌木。叶纸质，卵形、倒卵形或椭圆状卵形，先端急尖或急渐尖，基部圆形或阔楔形，边缘具细锯齿，上面疏被星状毛，下面灰白色，密被星状毛，毛被不连续覆盖；叶柄长3~4mm，疏被星状毛。聚伞状圆锥花序长3~15cm；花瓣白色。蒴果半球形，被星状毛。花期5~6月，果期8~10月。

Deciduous shrubs. Leaves papery, ovate, obovate or elliptic-ovate, apexes acute or acutely acuminate, bases rounded or broadly cuneate, margins finely serrate, adaxially sparsely stellate hairy, abaxially grayish white, densely stellate hairy, hairs covering discontinuously; petioles 3–4 mm long, sparsely stellate hairy. Cymose panicles are 3–15 cm long; petals white. Capsules hemispherical, stellate hairy. Fl. May–Jun., fr. Aug.–Oct.

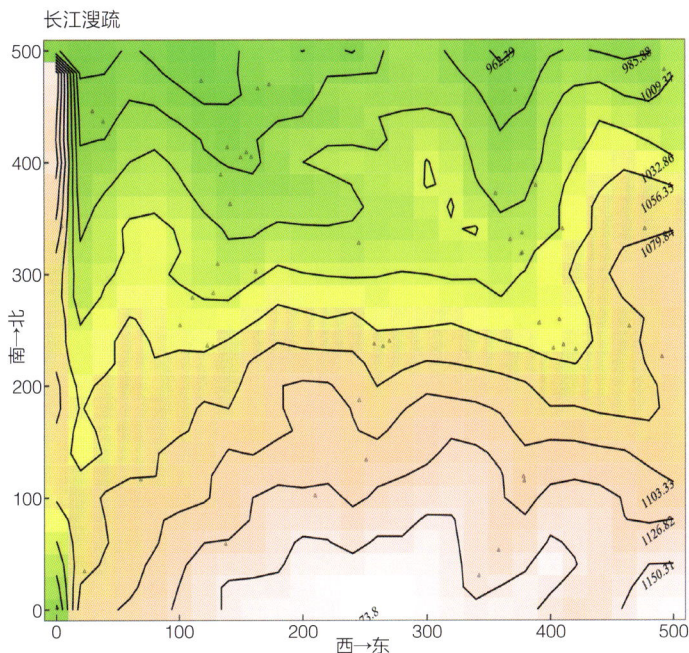

树干 / Trunk
摄影：王静轩 / Photo by: Wang Jingxuan

小枝和叶片 / Branchlets and leaves
摄影：王静轩 / Photo by: Wang Jingxuan

小枝和叶背 / Branchlets and leaf abaxial surfaces
摄影：王静轩 / Photo by: Wang Jingxuan

长江溲疏

个体分布图 / Distribution of individuals

径级分布表 / DBH class

径级区间 (Diameter class) (cm)	个体数 (No. of individuals)	比例 (Proportion) (%)
1.0~2.0	28	70.0
2.0~3.0	1	2.5
3.0~4.0	8	20.0
4.0~5.0	1	2.5
5.0~7.0	1	2.5
7.0~10.0	1	2.5
≥ 10.0	0	0.0

115 灯台树
Cornus controversa

山茱萸科 Cornaceae　山茱萸属 *Cornus*

代码（Sp.Code）：**CORCON**

个体数（Individual number / 25hm²）：**1985**

最大胸径（Max DBH）：**49.8cm**

重要值排序（Important value rank）：**7/171**

落叶乔木。叶互生，纸质，阔卵形、阔椭圆状卵形或披针状椭圆形，先端突尖，基部圆形或急尖，上面无毛，下面密被淡白色平贴短柔毛，侧脉6~7对，弓形内弯；叶柄长2~6.5cm。伞房状聚伞花序，顶生。核果球形。花期5~6月，果期7~8月。

Deciduous trees. Leaves alternate, papery, broadovate, broad-elliptic-ovate or lanceolate-elliptic, apexes cuspidate, bases rounded or acute, adaxially glabrous, abaxially densely pale white appressed pubescent, lateral veins 6–7 pairs, arched incurved; petioles 2–6.5 cm long. Corymbose cymes terminal. Drupes globose. Fl. May–Jun., fr. Jul.–Aug.

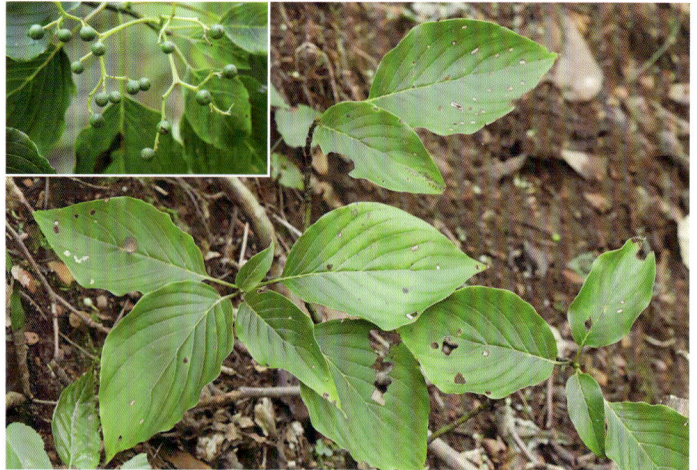
小枝和叶片 / Branchlets and leaves
摄影：王静轩 / Photo by: Wang Jingxuan

小枝和叶背 / Branchlets and leaf abaxial surfaces
摄影：王静轩 / Photo by: Wang Jingxuan

树干 / Trunk
摄影：王静轩 / Photo by: Wang Jingxuan

径级分布表 / DBH class

径级区间 (Diameter class) (cm)	个体数 (No. of individuals)	比例 (Proportion) (%)
1.0~2.5	267	13.4
2.5~5.0	406	20.5
5.0~10.0	480	24.2
10.0~25.0	729	36.7
25.0~50.0	103	5.2
50.0~100.0	0	0.0
≥ 100.0	0	0.0

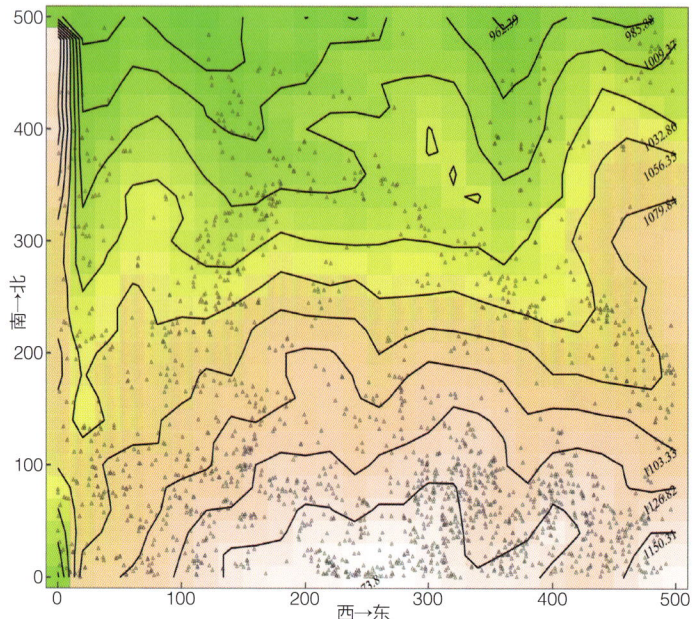
灯台树
个体分布图 / Distribution of individuals

116 四照花

Cornus kousa subsp. *chinensis*

山茱萸科 Cornaceae　山茱萸属 *Cornus*

代码（Sp.Code）：**CORKOU**

个体数（Individual number / 25hm²）：**5455**

最大胸径（Max DBH）：**35.57cm**

重要值排序（Important value rank）：**3/1711**

落叶小乔木。叶对生，纸质或厚纸质，背面粉绿色，卵形或卵状椭圆形，先端渐尖，有尖尾，基部宽楔形或圆形，上面绿色，疏生白色细伏毛，下面淡绿色，被白色贴生短柔毛，侧脉4~5对；叶柄细圆柱形，长5~10mm。头状花序球形；总苞片4枚，白色。果序球形，成熟时红色。花期6~7月，果期9~10月。

Deciduous small trees. Leaf blades opposite, papery or thickly papery, abaxially pinkish green, ovate or ovate-elliptic, apexes acuminate, with caudate tips, bases broadly cuneate or rounded, adaxially green, sparsely covered with white thin tomentose, abaxially pale green, covered with white appressed pubescence, lateral veins 4–5 pairs; petioles fine cylindrical, 5–10 cm long. Capitula spherical; involucral bracts 4, white. Infructescences spherical, red when mature. Fl. Jun.–Jul., fr. Sep.–Oct.

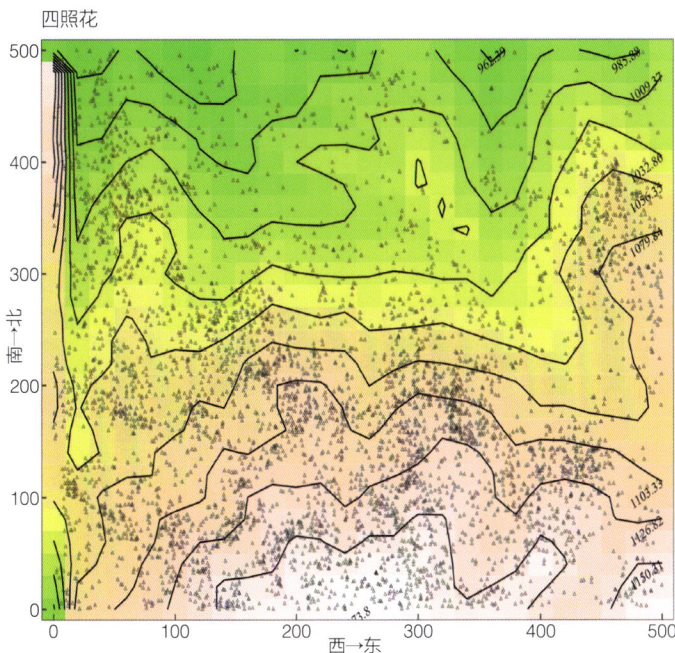

树干 / Trunk
摄影：王静轩 / Photo by: Wang Jingxuan

小枝和叶片 / Branchlets and leaves
摄影：王静轩 / Photo by: Wang Jingxuan

小枝和叶背 / Branchlets and leaf abaxial surfaces
摄影：王静轩 / Photo by: Wang Jingxuan

四照花

个体分布图 / Distribution of individuals

径级分布表 / DBH class

径级区间 (Diameter class) (cm)	个体数 (No. of individuals)	比例 (Proportion) (%)
1.0~2.5	1718	31.5
2.5~5.0	1539	28.2
5.0~8.0	982	18.0
8.0~11.0	616	11.3
11.0~15.0	429	7.9
15.0~20.0	138	2.5
≥ 20.0	33	0.6

117 八角枫
Alangium chinense

山茱萸科 Cornaceae   八角枫属 *Alangium*

代码（Sp.Code）：**ALACHI**

个体数（Individual number / 25hm²）：**998**

最大胸径（Max DBH）：**38.72cm**

重要值排序（Important value rank）：**26/171**

落叶乔木或灌木。小枝略呈"之"字形。叶纸质，近圆形或椭圆形、卵形，基部两侧常不对称，一侧微向下扩张，另一侧向上倾斜，不分裂或3~7裂；叶柄长2.5~3.5cm。聚伞花序腋生；花瓣线形，初为白色，后变黄色。核果卵圆形，成熟后黑色。花期5~7月和9~10月，果期7~11月。

Deciduous trees or shrubs. Branchlets slightly in a "zhi"-shaped form. Leaves papery, suborbicular or oval, ovate, bases usually asymmetric, one side slightly expanding downward, the other side oblique upward, without lobes or 3–7-lobed; petioles 2.5–3.5 cm long. Cymes axillary; petals linear, white at first, then turning yellow. Drupes ovoid, black after maturation. Fl. May–Jul. and Sep.–Oct., fr. Jul.–Nov.

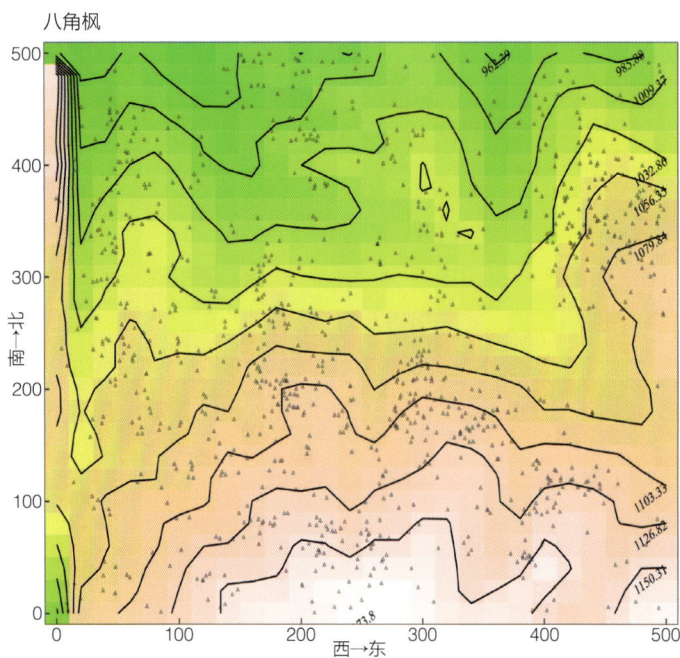

树干 / Trunk
摄影：朱鑫鑫 / Photo by: Zhu Xinxin

花枝 / Flowering branches
摄影：唐忠炳 / Photo by: Tang Zhongbing

果枝 / Fruiting branches
摄影：唐忠炳 / Photo by: Tang Zhongbing

八角枫

个体分布图 / Distribution of individuals

径级分布表 / DBH class

径级区间 (Diameter class) (cm)	个体数 (No. of individuals)	比例 (Proportion) (%)
1.0~2.5	244	24.4
2.5~5.0	237	23.8
5.0~10.0	298	29.9
10.0~25.0	203	20.3
25.0~50.0	16	1.6
50.0~100.0	0	0.0
≥ 100.0	0	0.0

118 毛八角枫
Alangium kurzii

山茱萸科 Cornaceae　八角枫属 *Alangium*

代码（Sp.Code）：**ALAKUR**

个体数（Individual number / 25hm²）：**156**

最大胸径（Max DBH）：**32.3cm**

重要值排序（Important value rank）：**66/171**

落叶小乔木。当年生枝被淡黄色绒毛和短柔毛。叶互生，纸质，近圆形或阔卵形，顶端长渐尖，基部心脏形或近心脏形，倾斜，两侧不对称，上面幼时除沿叶脉被毛，下面有黄褐色丝状微绒毛；叶柄被黄褐色微绒毛，稀无毛。聚伞花序有5~7朵花。花期5~6月，果期9月。

Deciduous small trees. Branches of the current year covered with light yellow fluff and short pubescence. Leaves alternate, papery, suborbicular or broadly ovate, long-tapering at the top, bases cardiac or near cardiac shape, inclined, asymmetric on both sides, adaxially tomentose when young except along the veins, abaxially yellowish-brown filamentous microvilli; petioles covered with yellowish brown microvillus, rarely hairless. Inflorescences with 5–7 flowers. Fl. May–Jun., fr. Sep.

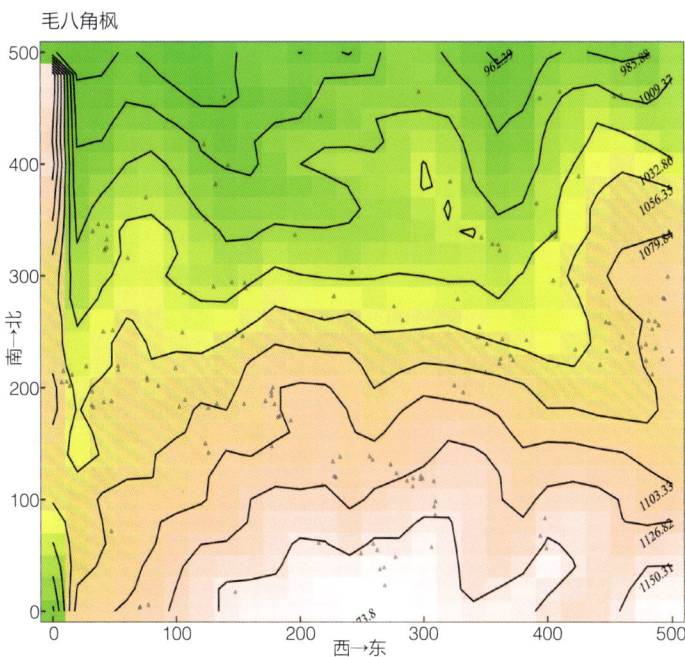

树干 / Trunk
摄影：王静轩 / Photo by: Wang Jingxuan

小枝和叶片 / Branchlets and leaves
摄影：王静轩 / Photo by: Wang Jingxuan

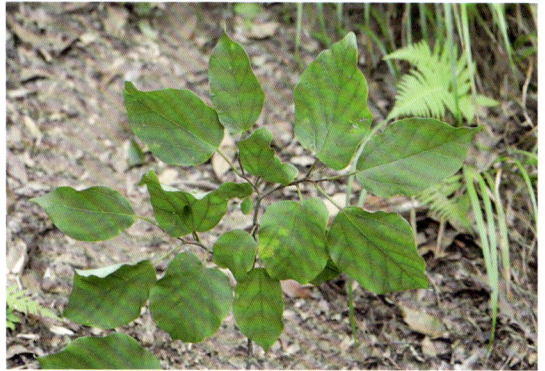

小枝和叶背 / Branchlets and leaf abaxial surfaces
摄影：王静轩 / Photo by: Wang Jingxuan

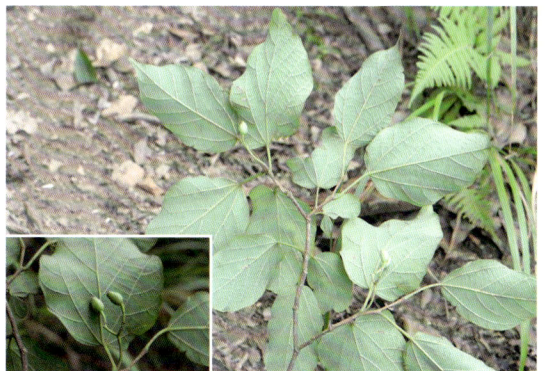

毛八角枫

个体分布图 / Distribution of individuals

径级分布表 / DBH class

径级区间 (Diameter class) (cm)	个体数 (No. of individuals)	比例 (Proportion) (%)
1.0~2.5	29	18.6
2.5~5.0	36	23.1
5.0~8.0	30	19.2
8.0~11.0	16	10.3
11.0~15.0	25	16.0
15.0~20.0	11	7.0
≥ 20.0	9	5.8

119 瓜木
Alangium platanifolium

山茱萸科 Cornaceae　八角枫属 *Alangium*

代码（Sp.Code）：**ALAPLA**

个体数（Individual number / 25hm²）：**7**

最大胸径（Max DBH）：**19cm**

重要值排序（Important value rank）：**141/171**

落叶灌木或小乔木。小枝呈"之"字形。叶纸质，近圆形，基部近于心脏形或圆形，不分裂或稀分裂，两面除沿叶脉或脉腋幼时有长柔毛或疏柔毛外，其余部分近无毛；叶柄长3.5~5（10）cm。聚伞花序生叶腋，通常有3~5朵花。核果长卵圆形或长椭圆形。花期3~7月，果期7~9月。

Deciduous shrubs or small trees. Branchlets in a "zhi"-shaped form. Leaves papery, suborbicular, base near cardioid or round, without lobes or sparsely lobed, both sides except along veins or in the axils are young villous or pilose, the rest subglabrous; petioles 3.5–5(10) cm long. Cymes in the leaf axils, often with 3–5 flowers. Drupes long-ovoid or long-elliptic. Fl. Mar.–Jul., fr. Jul.–Sep.

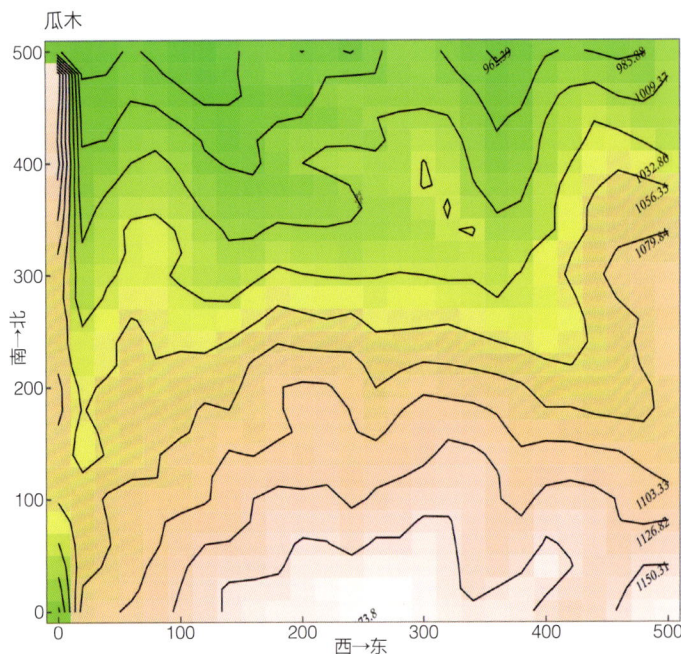
树干 / Trunk
摄影：王静轩 / Photo by: Wang Jingxuan

小枝和叶片 / Branchlets and leaves
摄影：王静轩 / Photo by: Wang Jingxuan

小枝和叶背 / Branchlets and leaf abaxial surfaces
摄影：王静轩 / Photo by: Wang Jingxuan

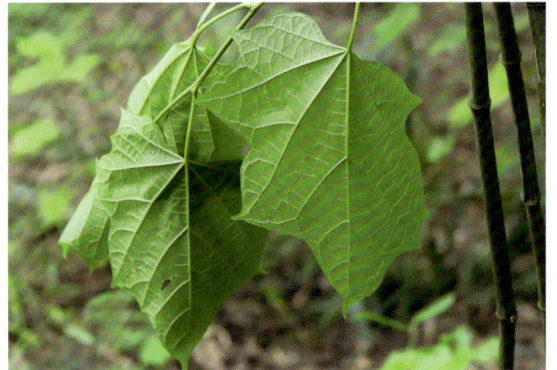
瓜木
个体分布图 / Distribution of individuals

径级分布表 / DBH class

径级区间 (Diameter class) (cm)	个体数 (No. of individuals)	比例 (Proportion) (%)
1.0~2.5	1	14.3
2.5~5.0	1	14.3
5.0~8.0	1	14.3
8.0~11.0	2	28.5
11.0~15.0	1	14.3
15.0~20.0	1	14.3
≥ 20.0	0	0.0

120 微毛柃
Eurya hebeclados

五列木科 Pentaphylacaceae　柃属 *Eurya*

代码（Sp.Code）：**EURHEB**

个体数（Individual number / 25hm²）：**1716**

最大胸径（Max DBH）：**46cm**

重要值排序（Important value rank）：**28/171**

灌木或小乔木。嫩枝圆柱形，密被灰色微毛；顶芽卵状披针形，密被微毛。叶革质，长圆状椭圆形、椭圆形，边缘除顶端和基部外均有浅细齿，两面均无毛，中脉在上面凹下，下面凸起；叶柄被微毛。花4~7朵簇生于叶腋。果实圆球形。花期12月至翌年1月，果期8~10月。

Shrubs or small trees. Young branches terete, densely gray puberulent; terminal buds ovate-lanceolate, densely puberulent. Leaves leathery, oblong-elliptic, elliptic, with shallow fine teeth on the margin except for the apex and base, both surfaces glabrous, midveins abaxially elevated and adaxially impressed; petioles covered with microhairs. Flowers in clusters of 4–7 in the leaf axils. Fruits globose. Fl. Dec.–Jan. of the following year., fr. Aug.–Oct.

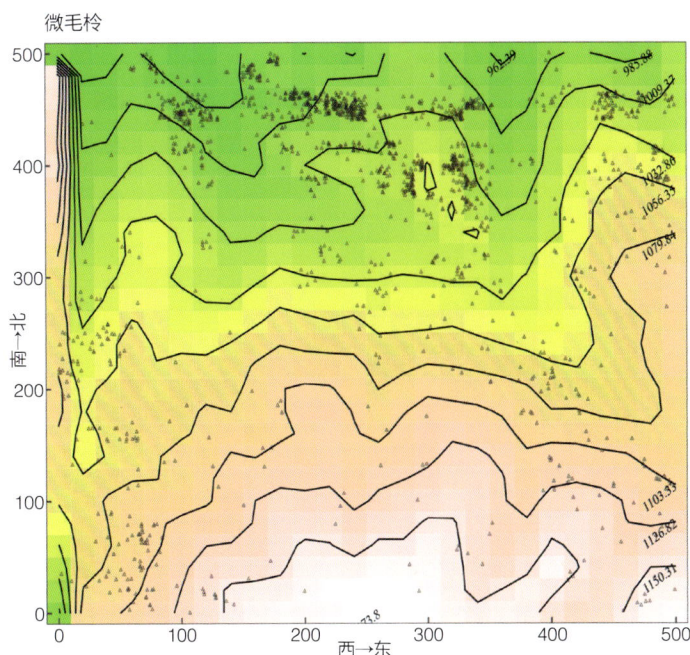
树干 / Trunk
摄影：王静轩 / Photo by: Wang Jingxuan

小枝和叶片 / Branchlets and leaves
摄影：王静轩 / Photo by: Wang Jingxuan

小枝和叶背 / Branchlets and leaf abaxial surface
摄影：王静轩 / Photo by: Wang Jingxuan

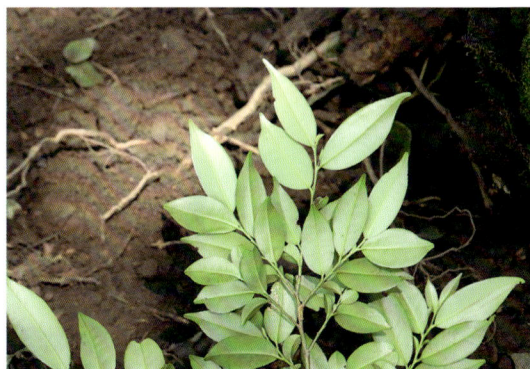
个体分布图 / Distribution of individuals

径级分布表 / DBH class

径级区间 (Diameter class) (cm)	个体数 (No. of individuals)	比例 (Proportion) (%)
1.0~2.5	413	24.1
2.5~5.0	771	44.9
5.0~8.0	427	24.9
8.0~11.0	88	5.1
11.0~15.0	14	0.8
15.0~20.0	0	0.0
≥ 20.0	3	0.2

121 格药柃
Eurya muricata

五列木科 Pentaphylacaceae　柃属 *Eurya*

代码（Sp.Code）：**EURMUR**

个体数（Individual number / 25hm²）：**3155**

最大胸径（Max DBH）：**22cm**

重要值排序（Important value rank）：**21/171**

常绿灌木或小乔木。全株无毛。叶革质，稍厚，长圆状椭圆形或椭圆形，边缘有细钝锯齿，中脉在上面凹下，侧脉9~11对，两面均不甚明显或在上面稍明显。花1~5朵簇生叶腋；花瓣5枚，白色。果实圆球形，直径4~5mm，成熟时紫黑色。花期9~11月，果期翌年6~8月。

Evergreen shrubs or small trees. The whole plant glabrous. Leaf blades leathery, slightly thick, oblong-elliptic or elliptic, margins finely and obtusely serrate, midveins adaxially impressed, lateral veins 9–11 pairs, obscure on both surfaces or abaxially slightly visible. Flowers 1–5, fascicled in the leaf axil; petals 5, white. Fruits globose, 4–5 mm in diameter, purplish black when mature. Fl. Sep.–Nov., fr. Jun.–Aug. of the following year.

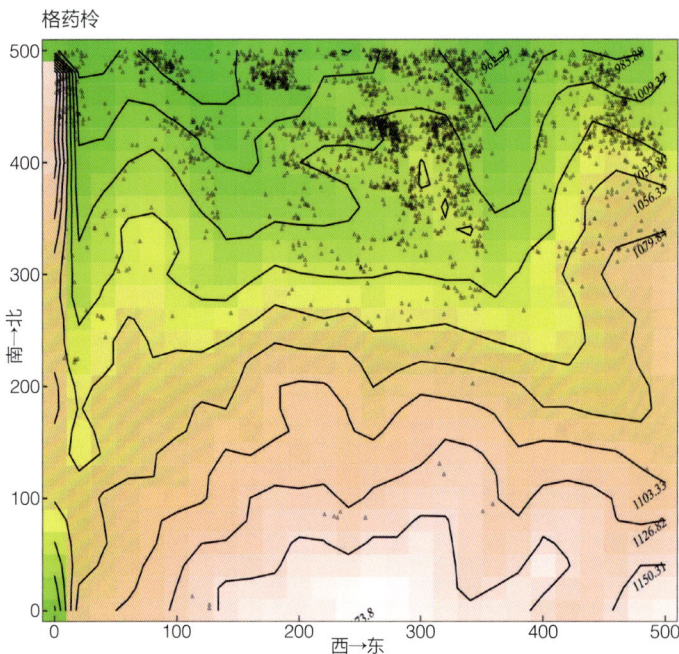
树干 / Trunk
摄影：王静轩 / Photo by: Wang Jingxuan

小枝和叶片 / Branchlets and leaves
摄影：王静轩 / Photo by: Wang Jingxuan

小枝和叶背 / Branchlets and leaf abaxial surfaces
摄影：王静轩 / Photo by: Wang Jingxuan

格药柃
个体分布图 / Distribution of individuals

径级分布表 / DBH class

径级区间 (Diameter class) (cm)	个体数 (No. of individuals)	比例 (Proportion) (%)
1.0~2.5	651	20.6
2.5~5.0	1491	47.3
5.0~8.0	827	26.2
8.0~11.0	161	5.1
11.0~15.0	23	0.8
15.0~20.0	1	0.0
≥20.0	1	0.0

122 红淡比
Cleyera japonica

五列木科 Pentaphylacaceae 红淡比属 *Cleyera*

代码（Sp.Code）：**CLEJAP**

个体数（Individual number / 25hm²）：**2**

最大胸径（Max DBH）：**3.2cm**

重要值排序（Important value rank）：**152/171**

灌木或小乔木。全株无毛。叶革质，长圆形或长圆状椭圆形至椭圆形，顶端渐尖或短渐尖，基部楔形或阔楔形；中脉在上面平贴或少有略下凹，下面隆起。花常2~4朵腋生，花梗长1~2cm；花瓣5枚，白色。果实圆球形，成熟时紫黑色。花期5~6月，果期10~11月。

Shrubs or small trees. The whole plant glabrous. Leaves leathery, oblong or elliptic to oblong-elliptic, apexes acuminate or shortly acuminate, bases cuneate or broadly cuneate; midveins adaxially flat or rarely slightly impressed, abaxially elevated. Flowers often 2–4 axillary, pedicels 1–2 cm long, petals 5, white. Fruits globose, purplish black when mature. Fl. May–Jul., fr. Oct.–Dec.

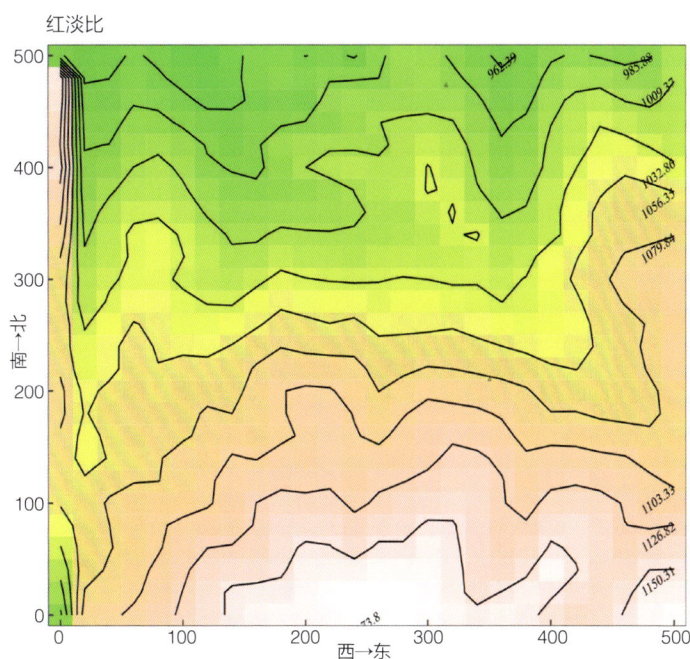
树干 / Trunk
摄影：王静轩 / Photo by: Wang Jingxuan

小枝和叶片 / Branchlets and leaves
摄影：王静轩 / Photo by: Wang Jingxuan

叶背 / Leaf abaxial surfaces
摄影：王静轩 / Photo by: Wang Jingxuan

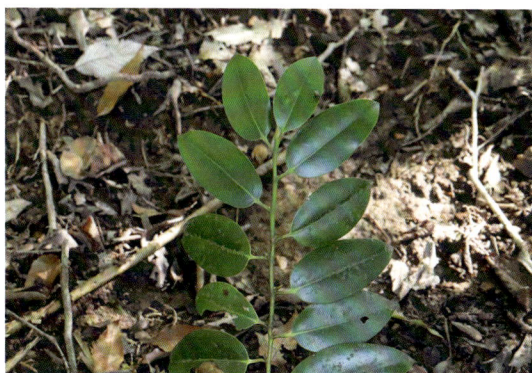
红淡比
个体分布图 / Distribution of individuals

径级分布表 / DBH class

径级区间 (Diameter class) (cm)	个体数 (No. of individuals)	比例 (Proportion) (%)
1.0~2.5	1	50.0
2.5~5.0	1	50.0
5.0~8.0	0	0.0
8.0~11.0	0	0.0
11.0~15.0	0	0.0
15.0~20.0	0	0.0
≥ 20.0	0	0.0

123 山柿
Diospyros japonica

柿科 Ebenaceae　柿属 *Diospyros*

代码（Sp.Code）：**DIOJAP**

个体数（Individual number / 25hm²）：**286**

最大胸径（Max DBH）：**44.1cm**

重要值排序（Important value rank）：**45/171**

落叶乔木。叶革质，宽椭圆形、卵形或卵状披针形，基部圆形、截形、浅心形或钝，上面无毛，下面粉绿色，无毛或疏生贴伏柔毛，侧脉每边7~9条；叶柄无毛。花雌雄异株；花冠壶形。果球形或扁球形，直径1.5~2（3）cm。花期4~5月，果期9~10月。

Deciduous trees. Leaf blades leathery, broadly elliptic, ovoid or ovoid-lanceolate, bases rounded, truncate, shallowly cordate or obtuse, adaxially glabrous, abaxially pinkish green, glabrous or sparsely appressed pubescent, lateral veins 7–9 on each side; petioles glabrous. Dioecious; corollas urn-shaped. Fruits spherical or oblate, 1.5–2(3) cm in diameter. Fl. Apr.–May, fr. Sep.–Oct.

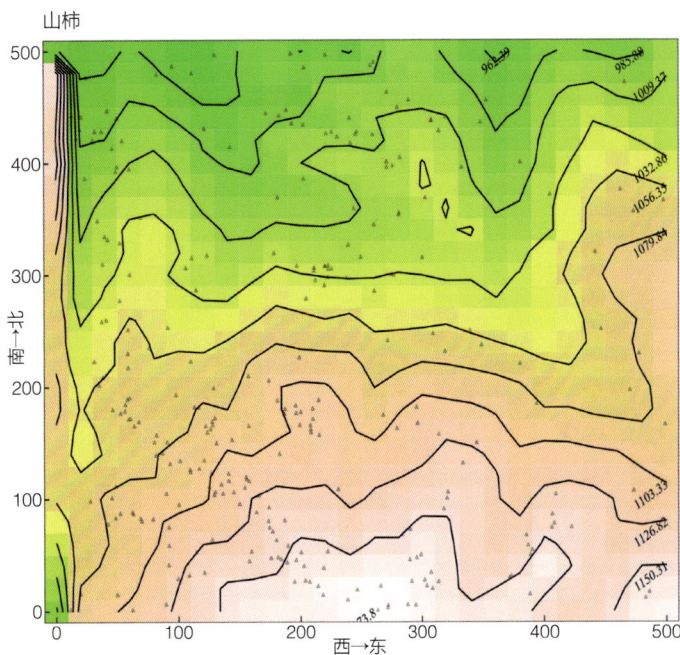

树干 / Trunk
摄影：王静轩 / Photo by: Wang Jingxuan

小枝和叶片 / Branchlets and leaves
摄影：王静轩 / Photo by: Wang Jingxuan

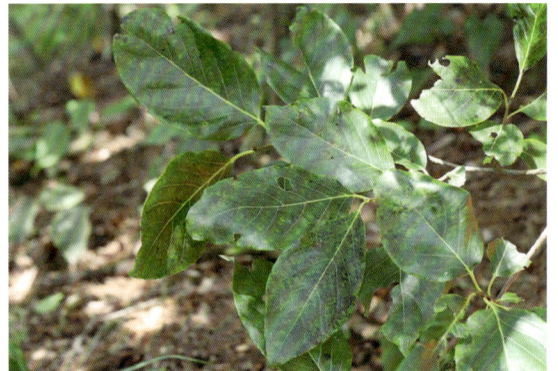

小枝和叶背 / Branchlets and leaf abaxial surfaces
摄影：王静轩 / Photo by: Wang Jingxuan

山柿

个体分布图 / Distribution of individuals

径级分布表 / DBH class

径级区间 (Diameter class) (cm)	个体数 (No. of individuals)	比例 (Proportion) (%)
1.0~2.5	64	22.4
2.5~5.0	66	23.1
5.0~10.0	58	20.3
10.0~25.0	63	22.0
25.0~50.0	35	12.2
50.0~100.0	0	0.0
≥ 100.0	0	0.0

124 君迁子
Diospyros lotus

柿科 Ebenaceae 柿属 *Diospyros*

代码（Sp.Code）：**DIOLOT**

个体数（Individual number / 25hm²）：**8**

最大胸径（Max DBH）：**35.4cm**

重要值排序（Important value rank）：**128/171**

落叶乔木。叶近膜质，椭圆形至长椭圆形，先端渐尖或急尖，基部钝，宽楔形以至近圆形，上面深绿色，下面绿色或粉绿色，有柔毛，每边7~10条；叶柄长7~15（18）mm，有时有短柔毛。花萼钟形，4裂。果近球形或椭圆形。花期5~6月，果期10~11月。

Deciduous trees. Leaves submembranous, elliptic to oblong-elliptic, apexes acuminate or acute, bases obtuse, broadly cuneate to suborbicular, adaxially dark green, abaxially green or pinkish green, pilose, lateral veins 7–10 on each side; petioles 7–15(18) mm long, sometimes pubescent. Calyxes campanulate, 4-lobed. Fruits nearly spherical or elliptic. Fl. May–Jun., fr. Oct.–Nov.

果枝 / Fruiting branches
摄影：谢恒星 / Photo by: Xie Hengxing

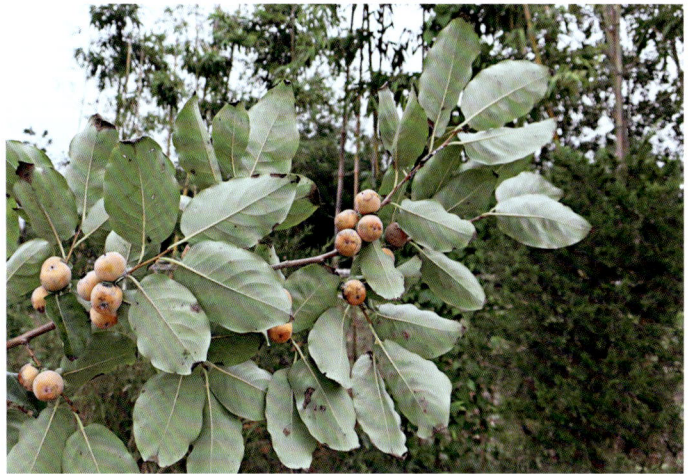

小枝和叶背 / Branchlets and leaf abaxial surface
摄影：谢恒星 / Photo by: Xie Hengxing

树干 / Trunk
摄影：聂廷秋 / Photo by: Nie Tingqiu

径级分布表 / DBH class

径级区间 (Diameter class) (cm)	个体数 (No. of individuals)	比例 (Proportion) (%)
1.0~2.5	1	12.5
2.5~5.0	1	12.5
5.0~10.0	3	37.5
10.0~25.0	2	25.0
25.0~50.0	1	12.5
50.0~100.0	0	0.0
≥100.0	0	0.0

君迁子

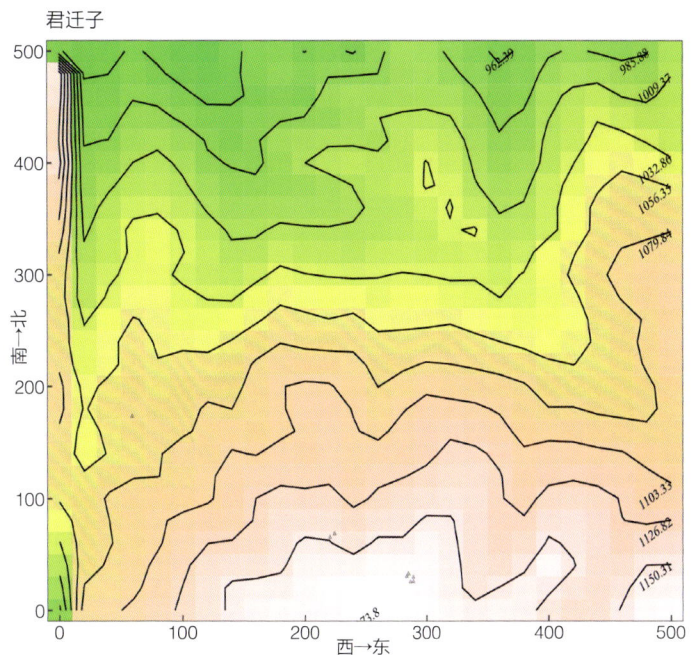

个体分布图 / Distribution of individuals

125 天目紫茎
Stewartia gemmata

山茶科 Theaceae　紫茎属 *Stewartia*

代码（Sp.Code）：**STEGEM**

个体数（Individual number / 25hm²）：**195**

最大胸径（Max DBH）：**30.19cm**

重要值排序（Important value rank）：**80/1711**

落叶小乔木。树皮平滑。幼枝被柔毛。叶纸质，椭圆形，先端渐尖，基部楔形，边缘有疏而钝的锯齿，下面被柔毛，侧脉6~7对；叶柄长约1cm。花白色，单生叶腋。蒴果长卵球形，被毛，宿存花柱长。种子每室1~3粒，长圆形。花期5~6月，果期8~9月。

Deciduous small trees. Barks smooth. Young branches hairy. Leaves papery, elliptic, apexes acute, bases cuneate, margins with sparsely blunt serrations, abaxially hairy, lateral veins 6–7 pairs; petioles 1 cm long. Flowers white, solitary in the leaf axil. Capsules long-ovoid, hairy, persistent style long. 1–3 seeds per chamber, long-elliptic, Fl. May–Jun., fr. Aug.–Sep.

小枝和叶片 / Branchlets and leaves
摄影：王静轩 / Photo by: Wang Jingxuan

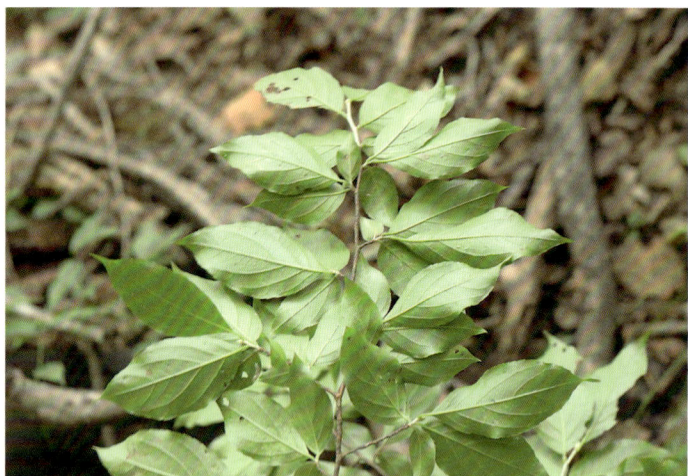

小枝和叶背 / Branchlets and leaf abaxial surfaces
摄影：王静轩 / Photo by: Wang Jingxuan

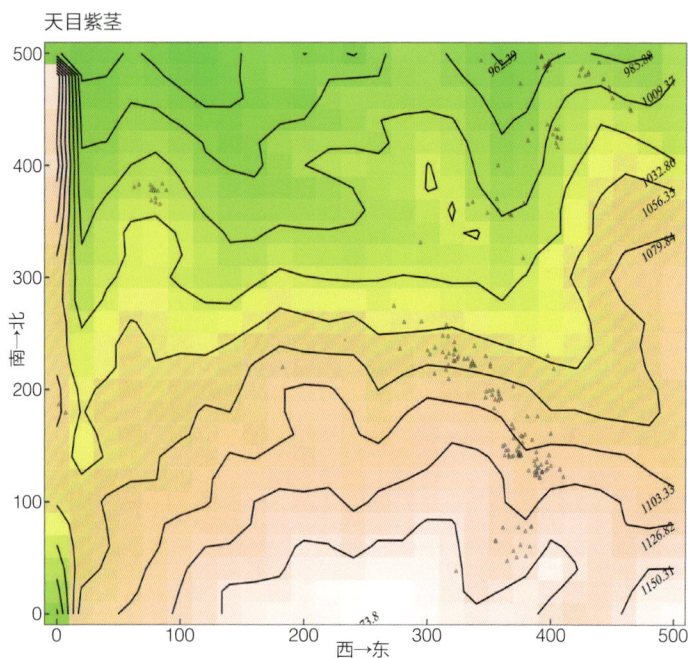

树干 / Trunk
摄影：王静轩 / Photo by: Wang Jingxuan

径级分布表 / DBH class

径级区间 (Diameter class) (cm)	个体数 (No. of individuals)	比例 (Proportion) (%)
1.0~2.5	82	42.0
2.5~5.0	59	30.3
5.0~8.0	25	12.8
8.0~11.0	15	7.7
11.0~15.0	5	2.6
15.0~20.0	3	1.5
≥ 20.0	6	3.1

天目紫茎

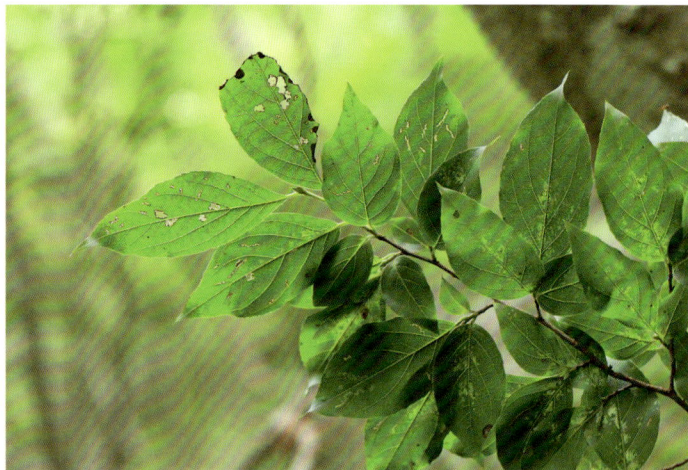

个体分布图 / Distribution of individuals

126 紫茎
Stewartia sinensis

山茶科 Theaceae 紫茎属 *Stewartia*

代码（Sp.Code）：**STESIN**

个体数（Individual number / 25hm²）：**158**

最大胸径（Max DBH）：**22.25cm**

重要值排序（Important value rank）：**88/171**

落叶小乔木。嫩枝无毛或有疏毛。叶纸质，椭圆形或卵状椭圆形，先端渐尖，基部楔形，边缘有粗齿，侧脉7~10对，下面叶腋常有簇生毛丛，叶柄长1cm。花单生，直径4~5cm；花瓣阔卵形。蒴果卵圆形，先端尖，宽1.5~2cm。种子长1cm，有窄翅。花期6月，果期8~9月。

Deciduous small trees. Young branches glabrous or sparsely hairy. Leaf blades papery, elliptic to ovate-elliptic, apexes acuminate, bases cuneate, margins coarsely toothed, lateral veins 7–10 pairs, often clustered hairs in the lower leaf axil, petioles 1cm long. Flowers solitary, 4–5 cm in diameter; petals broadly ovate. Capsules ovoid, apexes acute, 1.5–2 cm wide. Seeds 1 cm long, with narrow wings. Fl. Jun., fr. Aug.–Sep.

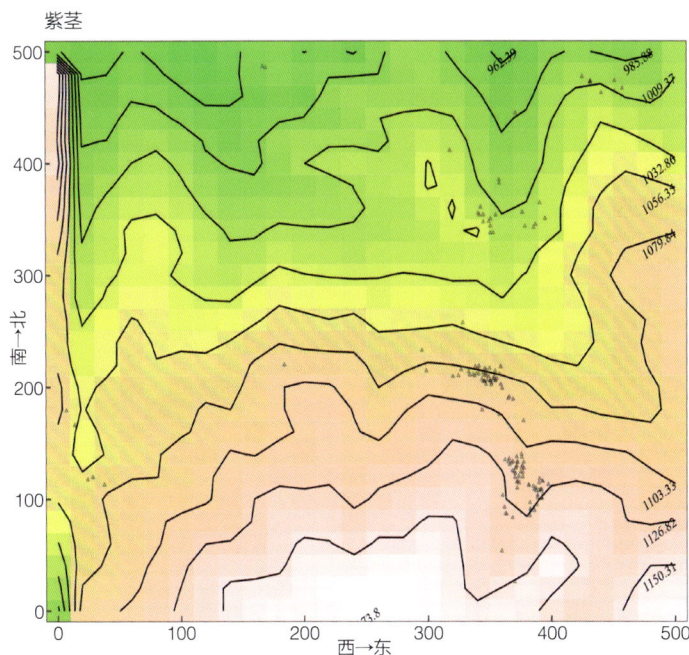
树干 / Trunk
摄影：王静轩 / Photo by: Wang Jingxuan

小枝和叶片 / Branchlets and leaves
摄影：王静轩 / Photo by: Wang Jingxuan

小枝和叶背 / Branchlets and leaf abaxial surfaces
摄影：王静轩 / Photo by: Wang Jingxuan

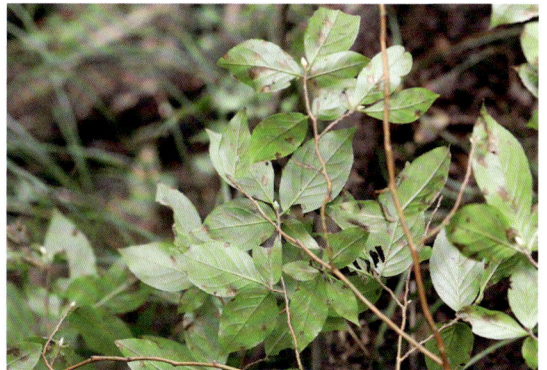
紫茎
个体分布图 / Distribution of individuals

径级分布表 / DBH class

径级区间 (Diameter class) (cm)	个体数 (No. of individuals)	比例 (Proportion) (%)
1.0~2.5	61	38.6
2.5~5.0	38	24.1
5.0~8.0	22	13.9
8.0~11.0	17	10.8
11.0~15.0	12	7.6
15.0~20.0	4	2.5
≥ 20.0	4	2.5

127 长喙紫茎
Stewartia rostrata

山茶科 Theaceae　紫茎属 *Stewartia*

代码（Sp.Code）：**STEROS**

个体数（Individual number / 25hm²）：**108**

最大胸径（Max DBH）：**25.73cm**

重要值排序（Important value rank）：**87/171**

落叶小乔木。嫩枝无毛或有疏毛。叶纸质，椭圆形或卵状椭圆形，先端渐尖，基部楔形，边缘有粗齿，下面叶腋常有簇生毛丛，叶柄长1cm。花单生，直径4~5cm；花瓣阔卵形，子房近秃净，仅在基部有茸毛。蒴果近无毛，先端伸长。花期6月，果期8~10月。

Deciduous small trees. Young branches glabrous or sparsely hairy. Leaves papery, elliptic or ovate-elliptic, apexes acuminate, bases cuneate, margins coarsely serrate, abaxial leaf axils usually with fasciculate tufts of hairs, petioles 1 cm long. Flowers solitary, 4–5 cm in diameter; petals broadly ovate, ovaries nearly glabrous, only bases tomentose, capsules subglabrous, apexes elongated. Fl. Jun., fr. Aug.–Oct.

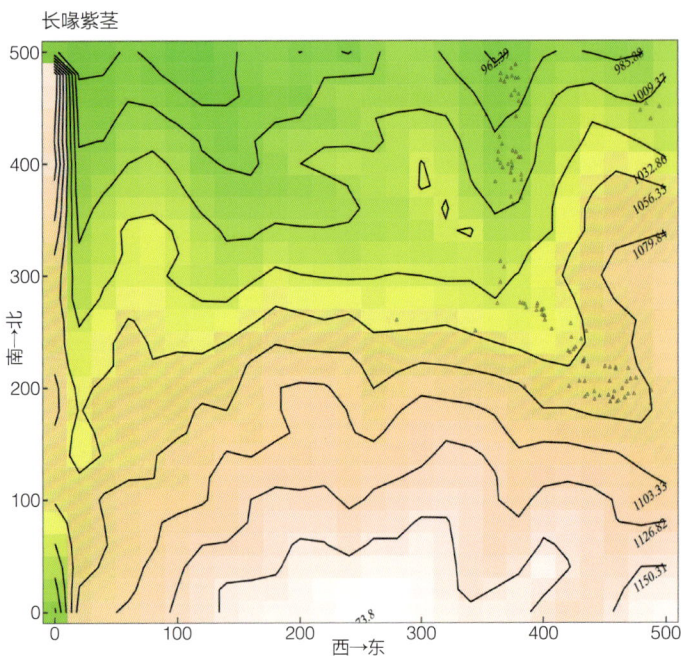

树干 / Trunk
摄影：王静轩 / Photo by: Wang Jingxuan

小枝和叶片 / Branchlets and leaves
摄影：王静轩 / Photo by: Wang Jingxuan

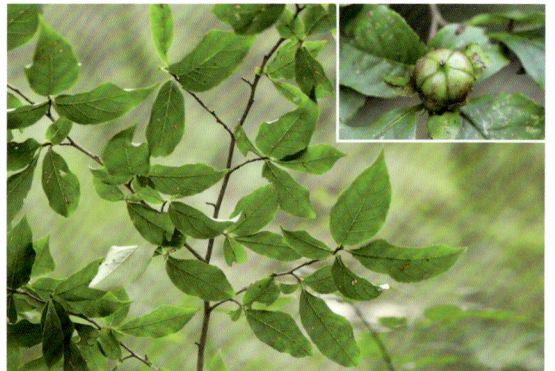

小枝和叶背 / Branchlets and leaf abaxial surfaces
摄影：王静轩 / Photo by: Wang Jingxuan

长喙紫茎

个体分布图 / Distribution of individuals

径级分布表 / DBH class

径级区间 (Diameter class) (cm)	个体数 (No. of individuals)	比例 (Proportion) (%)
1.0~2.5	18	16.7
2.5~5.0	24	22.2
5.0~8.0	15	13.9
8.0~11.0	18	16.7
11.0~15.0	14	13.0
15.0~20.0	10	9.2
≥ 20.0	9	8.3

128 尖连蕊茶
Camellia cuspidata

山茶科 Theaceae　山茶属 *Camellia*

代码（Sp.Code）：**CAMCUS**

个体数（Individual number / 25hm²）：**1**

最大胸径（Max DBH）：**1cm**

重要值排序（Important value rank）：**171/171**

常绿灌木。嫩枝无毛，或最初开放的新枝有微毛，很快变秃净。叶革质，卵状披针形或椭圆形，先端渐尖至尾状渐尖，基部楔形或略圆，下面浅绿色，无毛；侧脉6~7对，在上面略下陷，在下面不明显；边缘密具细锯齿，叶柄长3~5mm。花单独顶生，花冠白色。蒴果圆球形。花期4~7月，果期8~10月。

Evergreen shrubs. Young branchlets glabrous, or only initial new branchlets microhairs, then becoming glabrous quickly. Leaf blades leathery, ovoid-lanceolate or elliptic, apexes acuminate to caudate acuminate, bases cuneate or slightly rounded, abaxially light green, glabrous; lateral veins 6–7 pairs, adaxially slightly depressed, abaxially not obvious; margins densely finely serrate, petioles 3–5 mm long. Flowers single terminal, corollas white. Capsules spherical. Fl. Apr.–Jul., fr. Aug.–Oct.

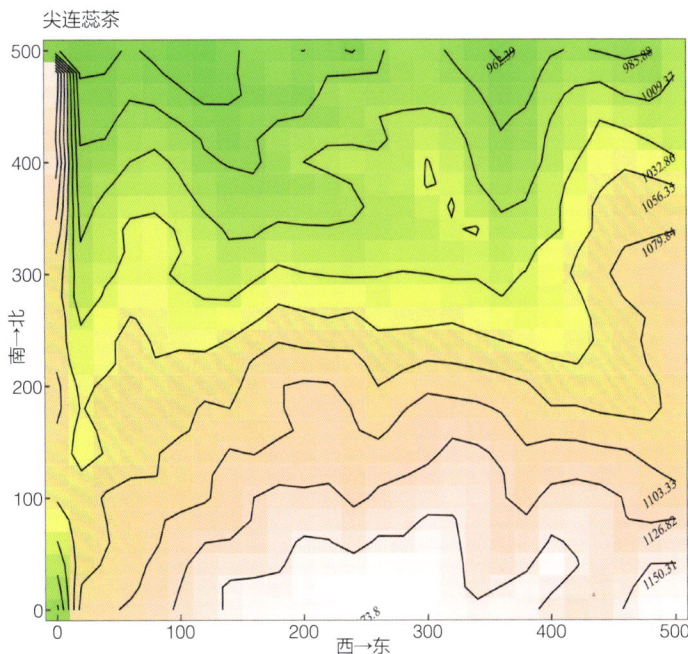

树干 / Trunk
摄影：沈卓民 / Photo by: Shen Zhuomin

果枝 / Fruiting branches
摄影：唐忠炳 / Photo by: Tang Zhongbing

花枝 / Flowering branches
摄影：唐忠炳 / Photo by: Tang Zhongbing

尖连蕊茶

个体分布图 / Distribution of individuals

径级分布表 / DBH class

径级区间 (Diameter class) (cm)	个体数 (No. of individuals)	比例 (Proportion) (%)
1.0~2.0	1	100.0
2.0~3.0	0	0.0
3.0~4.0	0	0.0
4.0~5.0	0	0.0
5.0~7.0	0	0.0
7.0~10.0	0	0.0
≥ 10.0	0	0.0

129 毛柄连蕊茶
Camellia fraterna

山茶科 Theaceae 山茶属 *Camellia*

代码（Sp.Code）：**CAMFRA**

个体数（Individual number / 25hm²）：**50**

最大胸径（Max DBH）：**10.03cm**

重要值排序（Important value rank）：**115/171**

常绿灌木。嫩枝密生粗柔毛。叶革质，椭圆形或宽椭圆形，先端渐尖而有钝尖头，基部宽楔形，边缘有钝锯齿，上面沿中脉上有毛，下面有紧贴长柔毛或变无毛，侧脉5~6对；叶柄长3~5mm，有柔毛。花白色或带紫红色。蒴果球形。花期4~5月，果期4~10月。

Evergreen shrubs. Twigs densely coarsely pubescent. Leaves leathery, elliptic or broadly elliptic, apexes acuminate and with obtuse tips, bases broadly cuneate, margins obtusely serrate, adaxially hairy along midvein, abaxially appressed villous or becoming glabrous later, lateral veins 5–6 pairs; petioles 3–5 mm long, pubescent. Flowers white or purplish red. Capsules spherical. Fl. Apr.–May, fr. Apr.–Oct.

树干 / Trunk
摄影：梁同军 / Photo by: Liang Tongjun

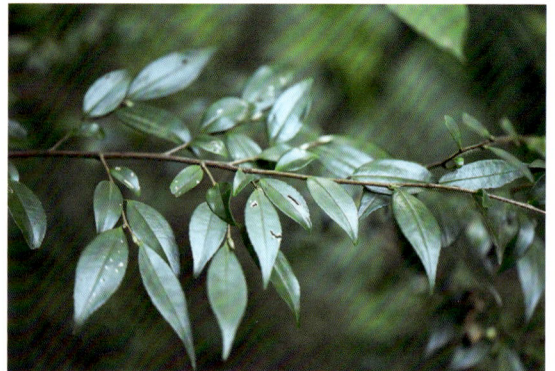
小枝和叶片 / Branchlets and leaves
摄影：梁同军 / Photo by: Liang Tongjun

小枝和叶背 / Branchlets and leaf abaxial surfaces
摄影：梁同军 / Photo by: Liang Tongjun

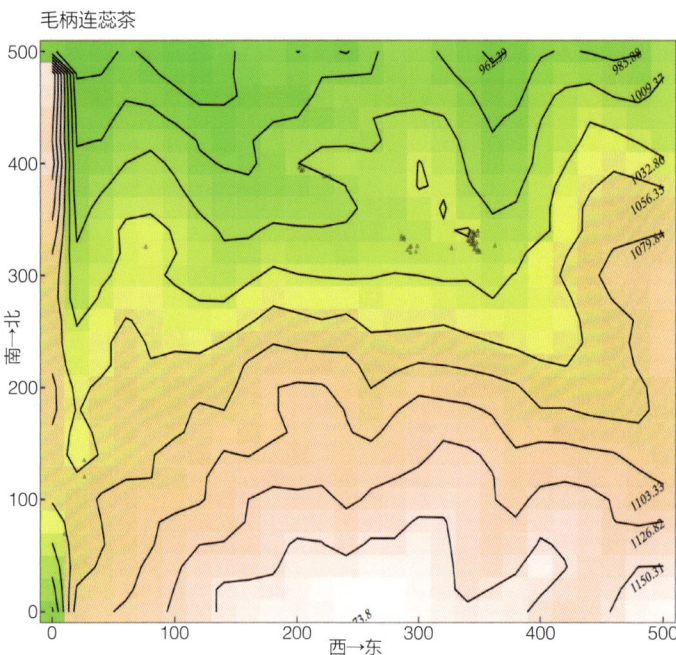
个体分布图 / Distribution of individuals

径级分布表 / DBH class

径级区间 (Diameter class) (cm)	个体数 (No. of individuals)	比例 (Proportion) (%)
1.0~2.0	7	14.0
2.0~3.0	0	0.0
3.0~4.0	13	26.0
4.0~5.0	9	18.0
5.0~7.0	12	24.0
7.0~10.0	8	16.0
≥ 10.0	1	2.0

130 油茶
Camellia oleifera

山茶科 Theaceae 山茶属 *Camellia*

代码（Sp.Code）：**CAMOLE**

个体数（Individual number / 25hm²）：**339**

最大胸径（Max DBH）：**10.25cm**

重要值排序（Important value rank）：**75/171**

落叶灌木或小乔木。嫩枝有粗毛。叶革质，椭圆形，长圆形或倒卵形，先端尖而有钝头，有时渐尖或钝，上面中脉有粗毛或柔毛，下面浅绿色，无毛或中脉有长毛，边缘有细锯齿，有时具钝齿，叶柄长4~8mm，有粗毛。花顶生，近于无柄，花瓣白色，5~7枚。蒴果球形或卵圆形，3室或1室。花期10月至翌年2月，果期翌年9~10月。

Deciduous shrubs or small trees. Young branches hirtellous. Leaves leathery, elliptic, oblong or obovate, apexes apiculate and obtuse, sometimes acuminate or obtuse, adaxially midveins with hirtellous hairs or pilose, abaxially light green, glabrous or midveins with long hair, margins finely serrate, sometimes obtusely serrate, petioles 4–8 mm long, hirtellous. Flowers terminal, subsessile, with 5–7 white petals. Capsules globose to ellipsoid, 3-locular or 1-locular. Fl. Oct.–Feb. of the following year, fr. Sep.–Oct.

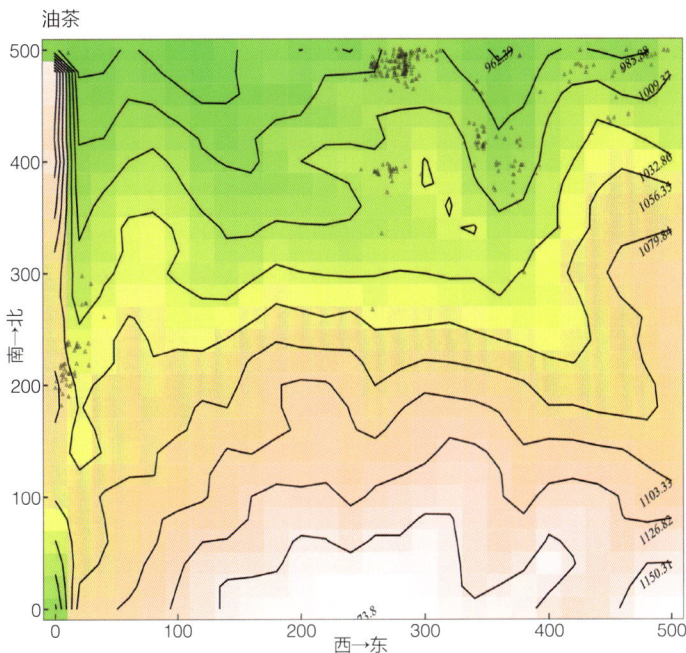

油茶

个体分布图 / Distribution of individuals

树干 / Trunk
摄影：王静轩 / Photo by: Wang Jingxuan

小枝和叶片 / Branchlets and leaves
摄影：王静轩 / Photo by: Wang Jingxuan

小枝和叶背 / Branchlets and leaf abaxial surfaces
摄影：王静轩 / Photo by: Wang Jingxuan

径级分布表 / DBH class

径级区间 (Diameter class) (cm)	个体数 (No. of individuals)	比例 (Proportion) (%)
1.0~2.5	193	56.9
2.5~5.0	110	32.5
5.0~8.0	31	9.1
8.0~11.0	5	1.5
11.0~15.0	0	0.0
15.0~20.0	0	0.0
≥ 20.0	0	0.0

131 白檀
Symplocos tanakana

山矾科 Symplocaceae   山矾属 *Symplocos*

代码（Sp.Code）：**SYMTAN**

个体数（Individual number / 25hm²）：**2158**

最大胸径（Max DBH）：**26.18cm**

重要值排序（Important value rank）：**12/171**

落叶灌木或小乔木。叶膜质或薄纸质，阔倒卵形、椭圆状倒卵形，边缘有细尖锯齿，叶面无毛或有柔毛，叶背通常有柔毛或仅脉上有柔毛，中脉在叶面凹下，每边4~8条；叶柄长3~5mm。圆锥花序长5~8cm；花冠白色。核果熟时蓝色，卵状球形，稍偏斜。花期4~5月，果期7~8月。

Deciduous shrubs or small trees. Leaves membranous or thinly papery, broadly obovate, elliptic-obovate, margins finely and sharply serrulate, leaf blades adaxially glabrous or pubescent, leaf blades abaxially usually pappose or only veins pappose, midveins concave on the leaf surface, lateral veins 4–8 on each side; petioles 3–5 mm long. Panicles 5–8 cm long; corollas white. Drupes blue when mature, ovoid-globose, a little skewed. Fl. Apr.–May, fr. Jul.–Aug.

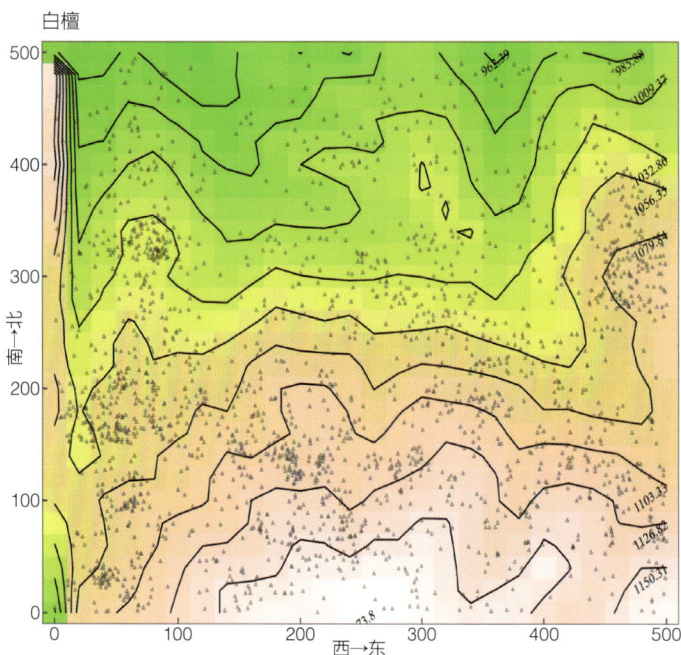

树干 / Trunk
摄影：王静轩 / Photo by: Wang Jingxuan

小枝和叶片 / Branchlets and leaves
摄影：王静轩 / Photo by: Wang Jingxuan

小枝和叶背 / Branchlets and leaf abaxial surfaces
摄影：王静轩 / Photo by: Wang Jingxuan

白檀
个体分布图 / Distribution of individuals

径级分布表 / DBH class

径级区间 (Diameter class) (cm)	个体数 (No. of individuals)	比例 (Proportion) (%)
1.0~2.5	223	10.3
2.5~5.0	482	22.3
5.0~8.0	639	29.6
8.0~11.0	517	24.0
11.0~15.0	234	10.8
15.0~20.0	55	2.6
≥ 20.0	8	0.4

132 老鼠矢
Symplocos stellaris

山矾科 Symplocaceae　山矾属 *Symplocos*

代码（Sp.Code）：**SYMSTE**

个体数（Individual number / 25hm²）：**7**

最大胸径（Max DBH）：**5.09cm**

重要值排序（Important value rank）：**130/171**

常绿乔木。小枝粗，髓心中空，具横隔；芽、嫩枝、嫩叶柄、苞片和小苞片均被红褐色绒毛。叶厚革质，叶面有光泽，披针状椭圆形或狭长圆状椭圆形，通常全缘；叶柄有纵沟，长1.5~2.5cm。团伞花序着生于2年生枝的叶痕之上；核果狭卵状圆柱形。花期4~5月，果期6月。

Evergreen trees. Branchlets stout, piths hollow, with transverse septums; buds, young branchlets, young petioles, bracts and bractlets reddish-brown tomentose. Leaf blades thickly leathery, leaf surfaces glossy, lanceolate-oblong or narrowly oblong-elliptic, margins usually entire; petioles with a longitudinal groove, 1.5–2.5 cm long. Glomerule on the leaf scars of biennial branches; drupes narrowly ovoid-cylindrical. Fl. Apr.–May, fr. Jun.

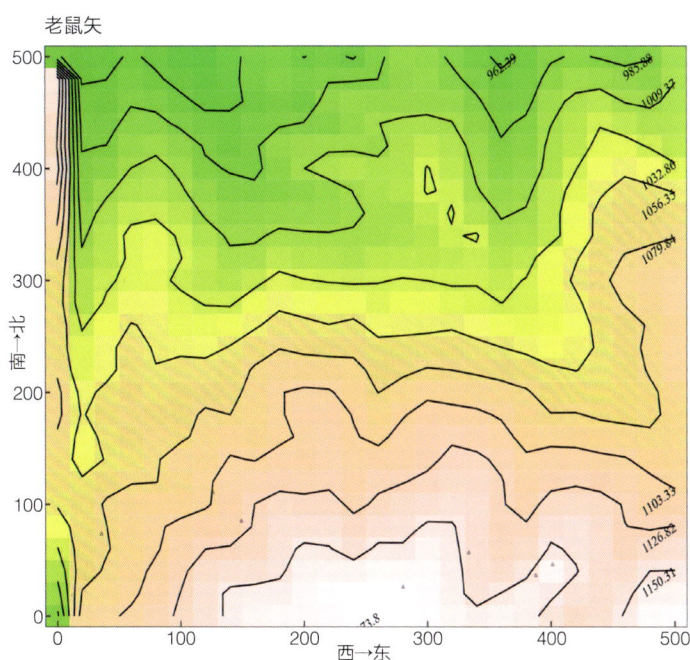

树干 / Trunk
摄影：王静轩 / Photo by: Wang Jingxuan

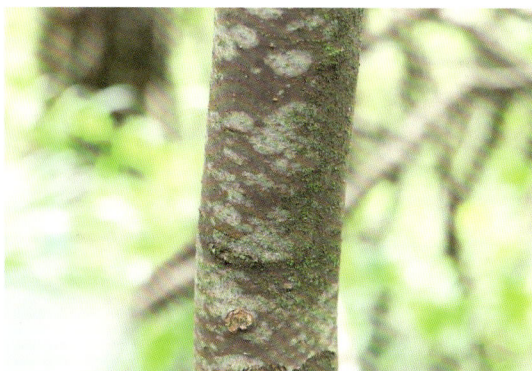

小枝和叶片 / Branchlets and leaves
摄影：王静轩 / Photo by: Wang Jingxuan

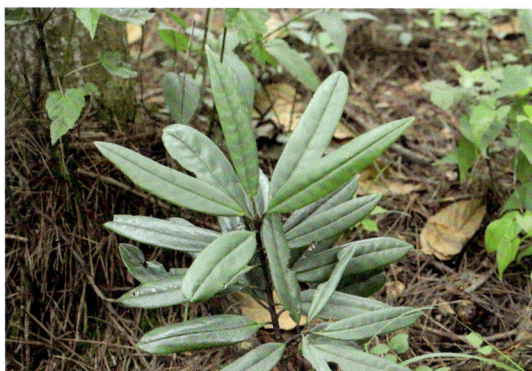

小枝和叶背 / Branchlets and leaf abaxial surfaces
摄影：王静轩 / Photo by: Wang Jingxuan

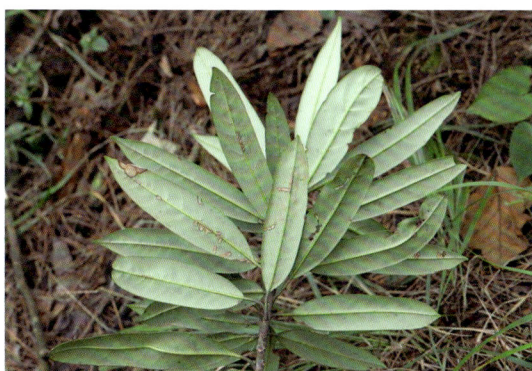

个体分布图 / Distribution of individuals

径级分布表 / DBH class

径级区间 (Diameter class) (cm)	个体数 (No. of individuals)	比例 (Proportion) (%)
1.0~2.5	1	14.3
2.5~5.0	4	57.1
5.0~10.0	2	28.6
10.0~25.0	0	0.0
25.0~50.0	0	0.0
50.0~100.0	0	0.0
≥ 100.0	0	0.0

133 小叶白辛树
Pterostyrax corymbosus

安息香科 Styracaceae 白辛树属 *Pterostyrax*

代码（Sp.Code）：**PTECOR**

个体数（Individual number / 25hm²）：**267**

最大胸径（Max DBH）：**48.01cm**

重要值排序（Important value rank）：**34/171**

落叶乔木。嫩枝密被星状短柔毛，老枝无毛。叶纸质，倒卵形、宽倒卵形或椭圆形，基部楔形或宽楔形，边缘有锐尖的锯齿，嫩叶两面被毛。圆锥花序伞房状；花白色。果实倒卵形，5翅，密被星状绒毛。花期3~4月，果期5~9月。

Deciduous trees. Young branchlets densely stellate pubescent, old branchlets glabrous. Leaves papery, obovate, broadly obovate or elliptic, bases cuneate or broadly cuneate, margins with alienated sharp serrulations, young leaves hairy on both sides. Panicles corymbose; flowers white. Fruits obovoid, 5-winged, densely stellate tomentose. Fl. Mar.–Apr., fr. May–Sep.

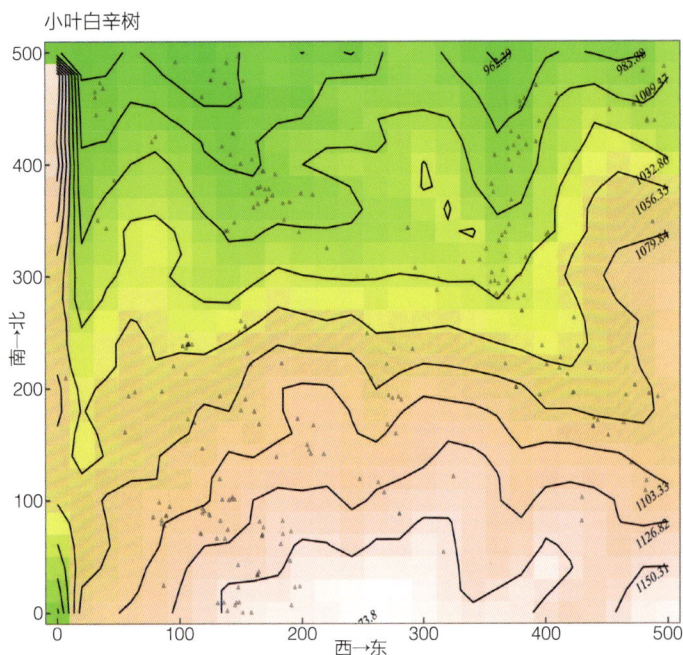

树干 / Trunk
摄影：王静轩 / Photo by: Wang Jingxuan

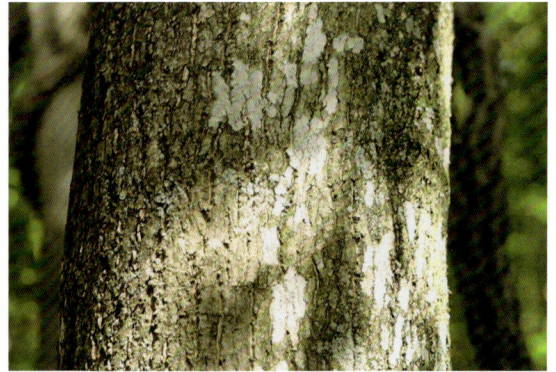

小枝和叶片 / Branchlets and leaves
摄影：王静轩 / Photo by: Wang Jingxuan

小枝和叶背 / Branchlets and leaf abaxial surfaces
摄影：王静轩 / Photo by: Wang Jingxuan

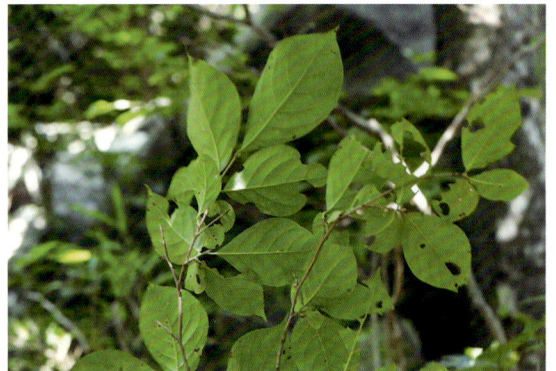

小叶白辛树

个体分布图 / Distribution of individuals

径级分布表 / DBH class

径级区间 (Diameter class) (cm)	个体数 (No. of individuals)	比例 (Proportion) (%)
1.0~2.5	57	21.3
2.5~5.0	29	10.9
5.0~10.0	21	7.9
10.0~25.0	85	31.8
25.0~50.0	75	28.1
50.0~100.0	0	0.0
≥ 100.0	0	0.0

134 赛山梅
Styrax confusus

安息香科 Styracaceae   安息香属 *Styrax*

代码（Sp.Code）：**STYCON**

个体数（Individual number / 25hm²）：**4**

最大胸径（Max DBH）：**11.5cm**

重要值排序（Important value rank）：**140/171**

落叶小乔木。嫩枝密被黄褐色星状短柔毛，成长后脱落。叶革质，椭圆形、长圆状椭圆形或倒卵状椭圆形，边缘有细锯齿；初时两面均疏被星状短柔毛，以后脱落，仅叶脉上有毛。总状花序顶生，有花3~8朵。果实近球形或倒卵形。花期4~6月，果期9~11月。

Deciduous small trees. Young branchlets densely yellowish-brown stellate tomentose, then glabrescent. Leaf blades leathery, elliptic, oblong-elliptic or obovate-elliptic, margins finely serrate; initially both sides sparsely stellate tomentose, then glabrescent, only veins tomentose. Racemes terminal, with 3–8 flowers. Fruits nearly spherical or obovate. Fl. Apr.–Jun., fr. Sep.–Nov.

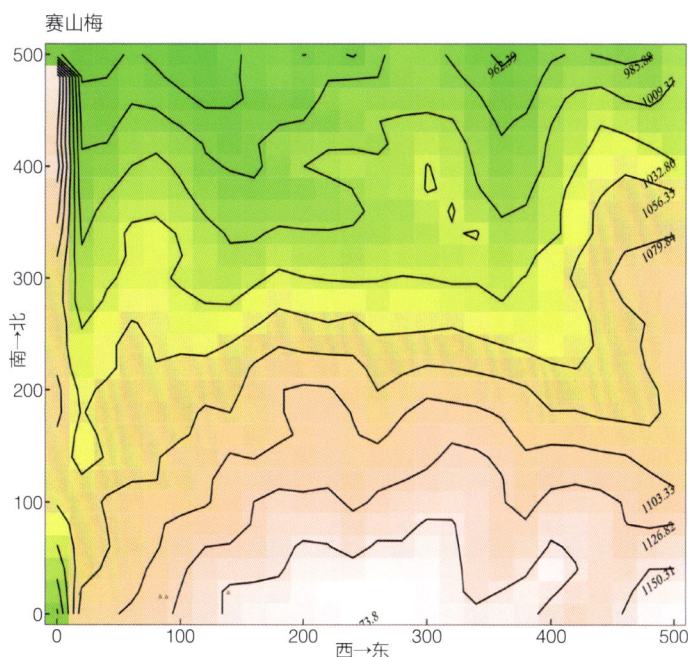

树干 / Trunk
摄影：梁同军 / Photo by: Liang Tongjun

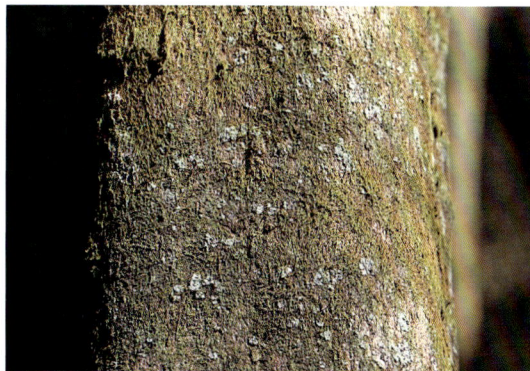

小枝和叶片 / Branchlets and leaves
摄影：唐忠炳 / Photo by: Tang Zhongbing

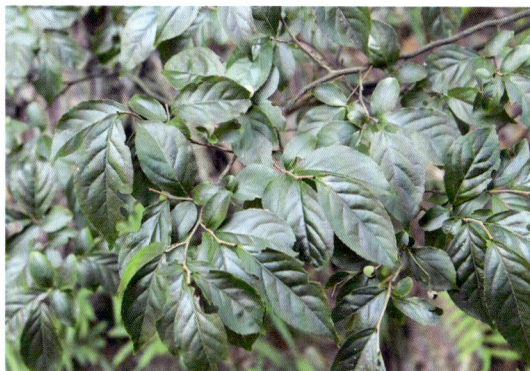

小枝和叶背 / Branchlets and leaf abaxial surfaces
摄影：唐忠炳 / Photo by: Tang Zhongbing

赛山梅

个体分布图 / Distribution of individuals

径级分布表 / DBH class

径级区间 (Diameter class) (cm)	个体数 (No. of individuals)	比例 (Proportion) (%)
1.0~2.5	0	0.0
2.5~5.0	1	25.0
5.0~8.0	1	25.0
8.0~11.0	0	0.0
11.0~15.0	2	50.0
15.0~20.0	0	0.0
≥ 20.0	0	0.0

135 南烛
Vaccinium bracteatum

杜鹃花科 Ericaceae 越橘属 *Vaccinium*

代码（Sp.Code）：**VACBRA**

个体数（Individual number / 25hm²）：**94**

最大胸径（Max DBH）：**19cm**

重要值排序（Important value rank）：**90/171**

常绿灌木或小乔木。叶片薄革质，椭圆形、菱状椭圆形、披针状椭圆形至披针形，边缘有细锯齿，表面平坦有光泽，两面无毛。总状花序顶生和腋生，序轴密被短柔毛稀无毛；花冠白色，筒状。浆果，熟时紫黑色，外面通常被短柔毛。花期6~7月，果期8~10月。

Evergreen shrubs or small trees. Leaf blades thinly leathery, elliptic, rhombic-elliptic, lanceolate-elliptic to lanceolate, margins finely serrate, surfaces flat and shiny, glabrous on both sides. Racemes terminal and axillary, rachides densely pubescent and rarely glabrous; corollas white, tubular. Berries are purplish black when mature and usually pubescent outside. Fl. Jun.–Jul., fr. Aug.–Oct.

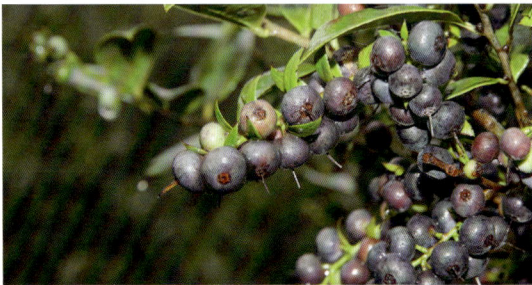
小枝和叶片 / Branchlets and leaves
摄影：梁同军 / Photo by: Liang Tongjun

叶背和果枝 / Leaf abaxial surfaces and fruiting branches
摄影：彭焱松 / Photo by: Peng Yansong

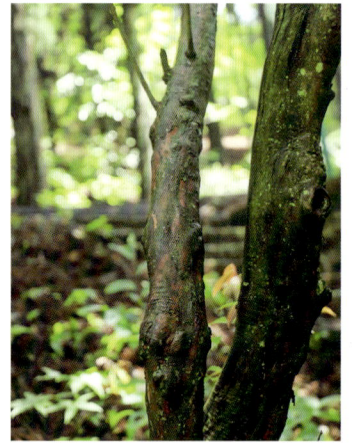
树干 / Trunk
摄影：梁同军 / Photo by: Liang Tongjun

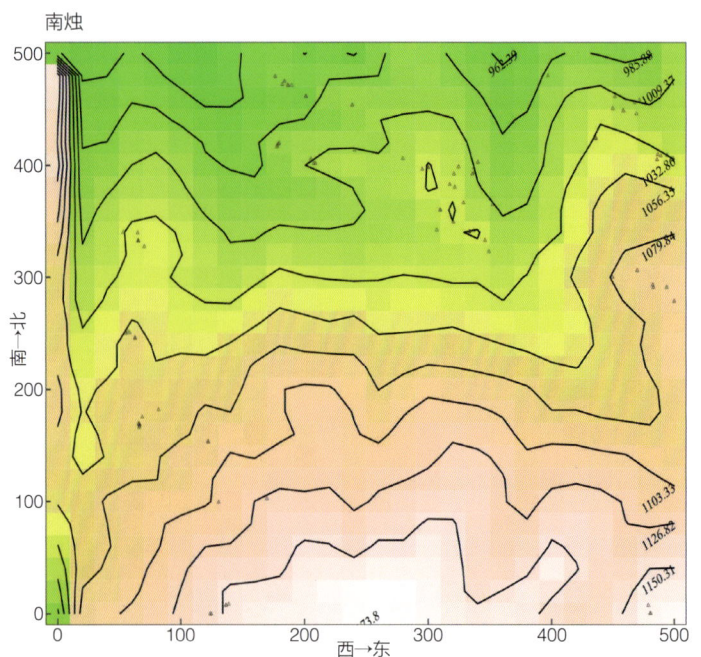
果枝 / Fruiting branches
摄影：彭焱松 / Photo by: Peng Yansong

径级分布表 / DBH class

径级区间 (Diameter class) (cm)	个体数 (No. of individuals)	比例 (Proportion) (%)
1.0~2.5	8	8.5
2.5~5.0	25	26.6
5.0~8.0	35	37.2
8.0~11.0	16	17.0
11.0~15.0	4	4.3
15.0~20.0	6	6.4
≥ 20.0	0	0.0

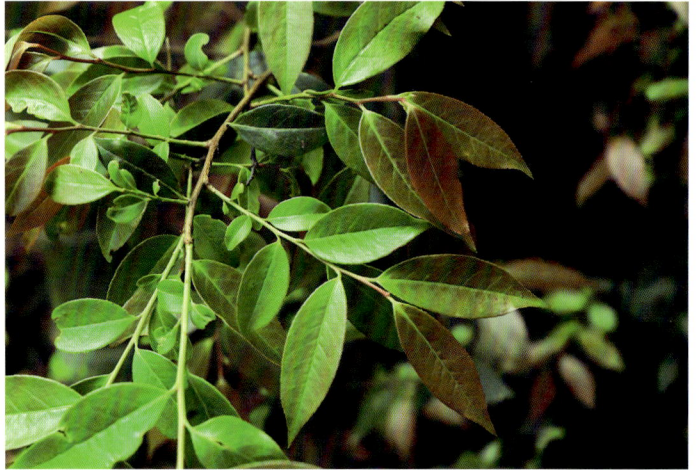
个体分布图 / Distribution of individuals

136 江南越橘
Vaccinium mandarinorum

杜鹃花科 Ericaceae 越橘属 *Vaccinium*

代码（Sp.Code）：**VACMAN**

个体数（Individual number / 25hm²）：**2**

最大胸径（Max DBH）：**2.74cm**

重要值排序（Important value rank）：**151/171**

常绿灌木或小乔木。叶卵形或长圆状披针形，基部楔形或钝圆，有细齿。老枝灰黑色，通常无毛。总状花序多花，花萼无毛，花冠白色，有时淡红。浆果紫黑色。花期4~6月，果期6~10月。

Evergreen shrubs or small trees. Leaf blades ovate or oblong-lanceolate, bases cuneate or bluntly rounded, margins finely serrated. Old branches grayish black, usually glabrous. Racemes with many flowers, calyxes glabrous, corollas white, sometimes light red. Berries purplish black. Fl. Apr.–Jun., fr. Jun.–Oct.

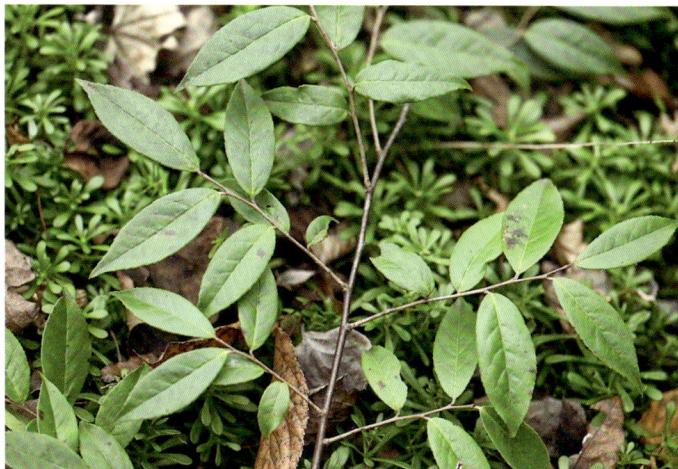
小枝和叶片 / Branchlets and leaves
摄影：梁同军 / Photo by: Liang Tongjun

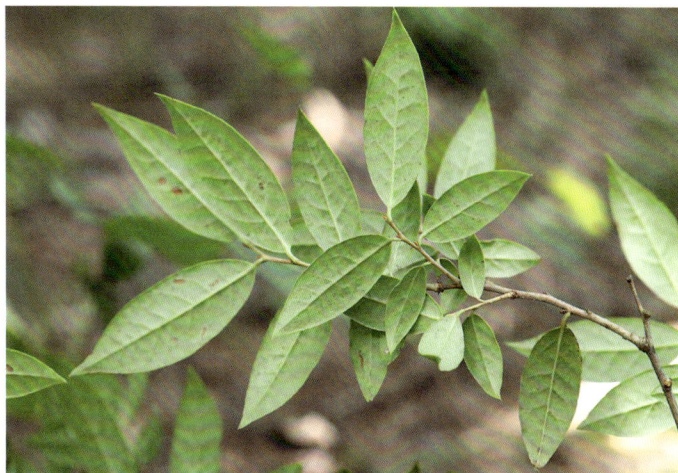
小枝和叶背 / Branchlets and leaf abaxial surfaces
摄影：王静轩 / Photo by: Wang Jingxuan

树干 / Trunk
摄影：王静轩 / Photo by: Wang Jingxuan

径级分布表 / DBH class

径级区间 (Diameter class) (cm)	个体数 (No. of individuals)	比例 (Proportion) (%)
1.0~2.5	1	50.0
2.5~5.0	1	50.0
5.0~8.0	0	0.0
8.0~11.0	0	0.0
11.0~15.0	0	0.0
15.0~20.0	0	0.0
≥ 20.0	0	0.0

江南越橘

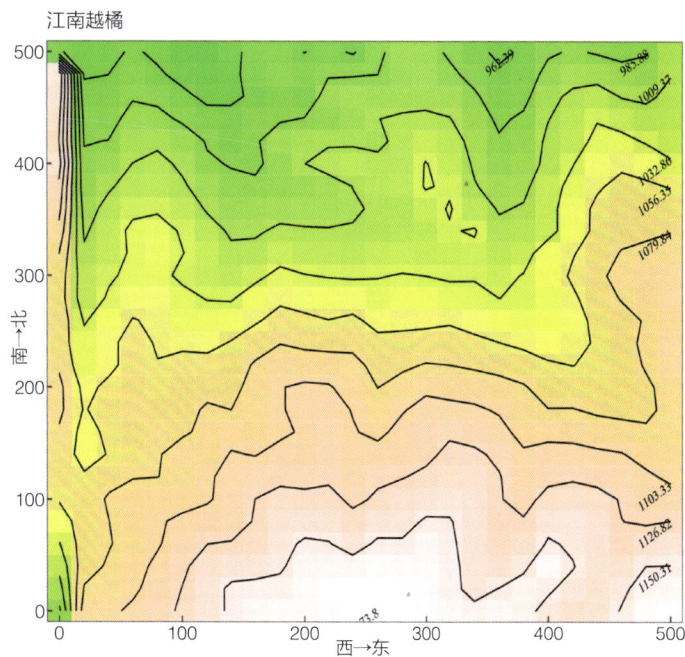
个体分布图 / Distribution of individuals

137 丁香杜鹃（满山红）
Rhododendron farrerae

杜鹃花科 Ericaceae 杜鹃花属 *Rhododendron*

代码（Sp.Code）：**RHOFAR**

个体数（Individual number / 25hm²）：**2882**

最大胸径（Max DBH）：**20.08cm**

重要值排序（Important value rank）：**20/171**

落叶灌木。轮生枝。叶厚纸质或近于革质，常2~3片集生枝顶，椭圆形、卵状披针形或三角状卵形，基部钝或近于圆形，边缘微反卷，幼时两面均被淡黄棕色长柔毛，后无毛。花芽卵球形。花通常2朵顶生，先花后叶；花冠漏斗形，淡紫红色或紫红色。蒴果椭圆状卵球形。花期4~5月，果期6~11月。

Deciduous shrubs. Branches verticillate. Leaves thickly papery or almost leathery, often 2–3 concentrated at the top of the branch, elliptic, oval-lanceolate or triangular-ovate, bases obtuse or nearly circular, margins slightly revolute, both sides light yellow brown-villous when young, then glabrous. Flower buds ovoid. Flowers usually 2 terminal, flowers opening before leaves; corollas funnel-shaped, light purplish red or purplish red. Capsules elliptic-ovoid. Fl. Apr.–May, fr. Jun.–Nov.

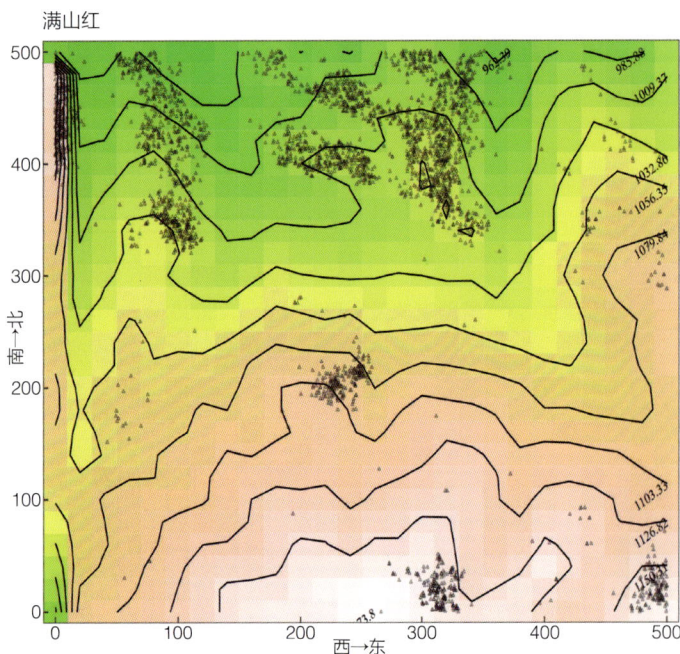
树干 / Trunk
摄影：王静轩 / Photo by: Wang Jingxuan

小枝和叶片 / Branchlets and leaves
摄影：王静轩 / Photo by: Wang Jingxuan

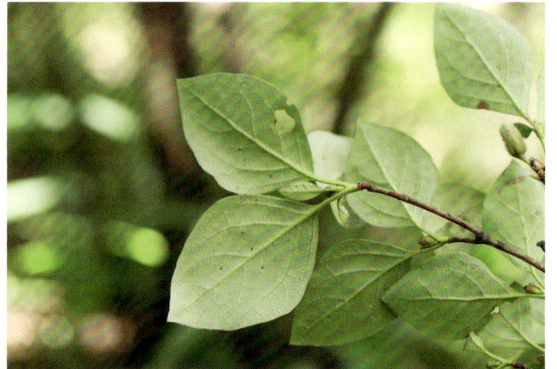
叶背 / Leaf abaxial surfaces
摄影：王静轩 / Photo by: Wang Jingxuan

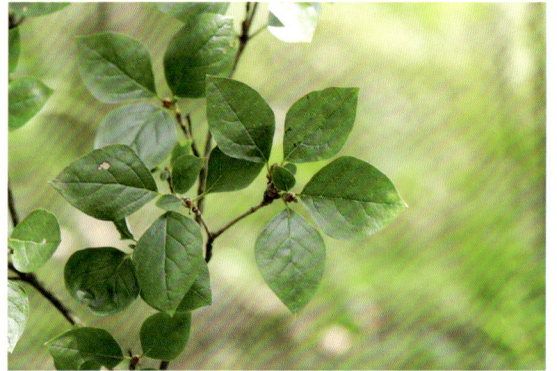
个体分布图 / Distribution of individuals

径级分布表 / DBH class

径级区间 (Diameter class) (cm)	个体数 (No. of individuals)	比例 (Proportion) (%)
1.0~2.0	200	6.9
2.0~3.0	30	1.0
3.0~4.0	925	32.1
4.0~5.0	775	26.9
5.0~7.0	735	25.5
7.0~10.0	210	7.3
≥ 10.0	7	0.3

138 马银花
Rhododendron ovatum

杜鹃花科 Ericaceae　杜鹃花属 *Rhododendron*

代码（Sp.Code）：**RHOOVA**

个体数（Individual number / 25hm²）：**203**

最大胸径（Max DBH）：**12.6cm**

重要值排序（Important value rank）：**78/171**

常绿灌木。小枝灰褐色，疏被具柄腺体和短柔毛。叶革质，卵形或椭圆状卵形，长3.5~5cm，基部圆形，上面沿中脉被短柔毛，下面无毛；叶柄长8mm，具狭翅，被短柔毛。花芽圆锥状；花单生枝顶叶腋；花冠淡紫色、紫色或粉红色，5深裂。蒴果阔卵球形。花期4~5月，果期7~10月。

Evergreen shrubs. Branchlets taupe, sparsely with stipitate glands and pubescent. Leaves leathery, ovate or elliptic-ovate, 3.5–5 cm long, bases rounded, adaxially pubescent along the midvein, abaxially glabrous; petioles 8 mm long, narrowly winged, pubescent. Flower buds conical. Flower single in the leaf axil at the branch apex; corollas lavender, purple or pink, deeply 5-lobed. Capsules broadly ovoid. Fl. Apr.–May, fr. Jul.–Oct.

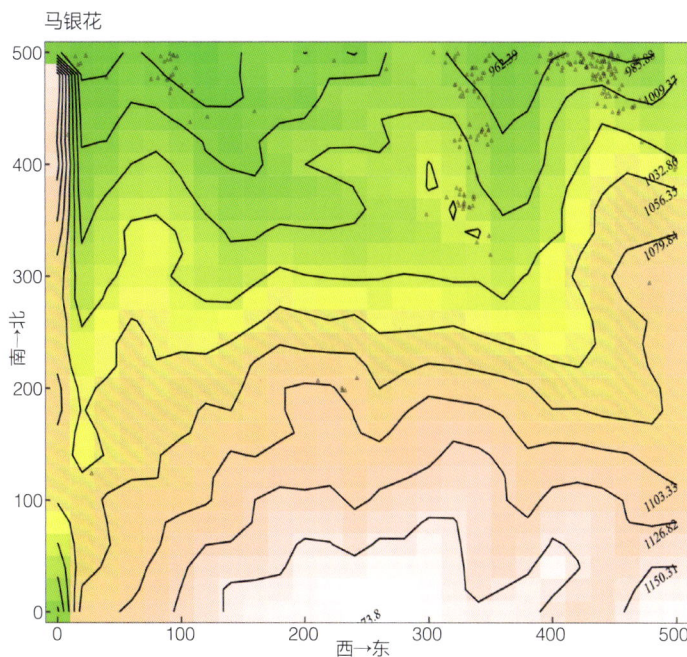

树干 / Trunk
摄影：王静轩 / Photo by: Wang Jingxuan

小枝和叶片 / Branchlets and leaves
摄影：王静轩 / Photo by: Wang Jingxuan

叶背 / Leaf abaxial surfaces
摄影：王静轩 / Photo by: Wang Jingxuan

马银花

个体分布图 / Distribution of individuals

径级分布表 / DBH class

径级区间 (Diameter class) (cm)	个体数 (No. of individuals)	比例 (Proportion) (%)
1.0~2.0	67	33.0
2.0~3.0	6	3.0
3.0~4.0	25	12.3
4.0~5.0	31	15.3
5.0~7.0	41	20.2
7.0~10.0	25	12.3
≥ 10.0	8	3.9

139 杜鹃
Rhododendron simsii

杜鹃花科 Ericaceae 杜鹃花属 *Rhododendron*

代码（Sp.Code）：**RHOSIM**

个体数（Individual number / 25hm²）：**17285**

最大胸径（Max DBH）：**32.8cm**

重要值排序（Important value rank）：**1/171**

落叶灌木。小枝密被亮棕褐色扁平糙伏毛。叶革质，常集生枝端，卵形、椭圆状卵形或倒卵形或倒卵形至倒披针形，上面疏被糙伏毛，下面密被褐色糙伏毛。花芽卵球形。花2~3（6）朵簇生枝顶；花冠阔漏斗形，玫瑰色、鲜红色或暗红色。蒴果卵球形。花期4~5月，果期6~8月。

Deciduous shrub. Branchlets densely shiny brown appressed strigose. Leaves leathery, usually mass growing on branch ends, ovate, elliptic-ovate or obovate or obovate to oblanceolate, adaxially sparsely strigose, abaxially densely brown strigose. Flower buds ovoid. Flowers 2–3(6) clustered on the branch apex; corollas broadly funnelform, rose-red, bright red or dark red. Capsules ovoid. Fl. Apr.–May, fr. Jun.–Aug.

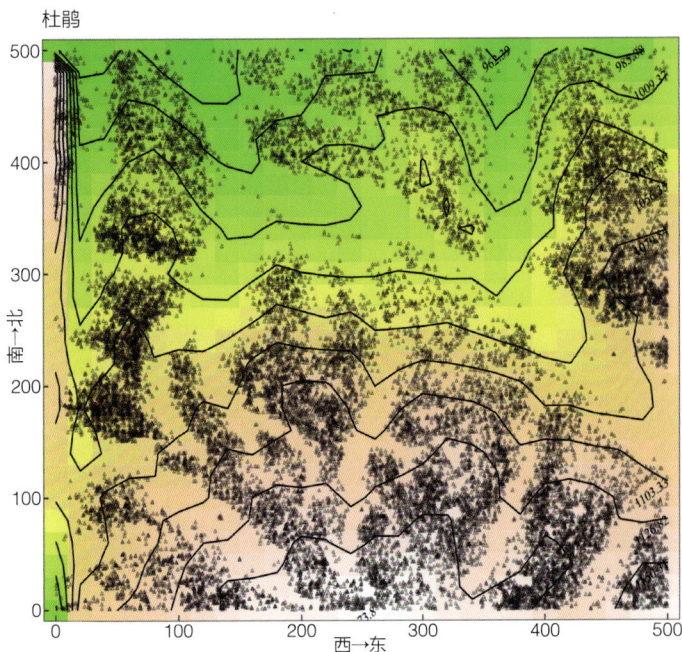

树干 / Trunk
摄影：王静轩 / Photo by: Wang Jingxuan

小枝和叶片 / Branchlets and leaves
摄影：王静轩 / Photo by: Wang Jingxuan

小枝和叶背 / Branchlets and leaf abaxial surfaces
摄影：王静轩 / Photo by: Wang Jingxuan

径级分布表 / DBH class

径级区间 (Diameter class) (cm)	个体数 (No. of individuals)	比例 (Proportion) (%)
1.0~2.0	8038	46.5
2.0~3.0	809	4.7
3.0~4.0	6123	35.4
4.0~5.0	1733	10.0
5.0~7.0	494	2.8
7.0~10.0	44	0.3
≥ 10.0	44	0.3

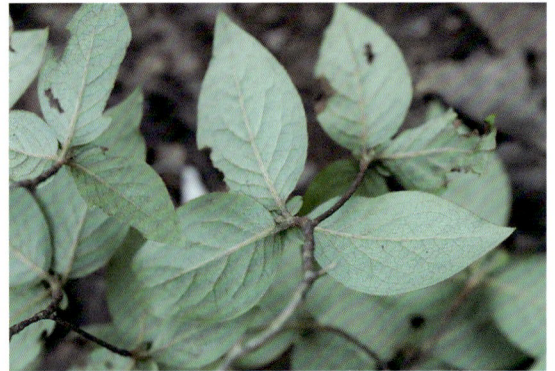

个体分布图 / Distribution of individuals

140 香果树

Emmenopterys henryi

茜草科 Rubiaceae　香果树属 *Emmenopterys*

代码（Sp.Code）：**EMMHEN**

个体数（Individual number / 25hm²）：**26**

最大胸径（Max DBH）：**57.23cm**

重要值排序（Important value rank）：**108/171**

落叶乔木。叶纸质或革质，阔椭圆形、阔卵形或卵状椭圆形，侧脉5~9对；叶柄长2~8cm。圆锥状聚伞花序顶生；花芳香，变态的叶状萼裂片白色、淡红色，纸质或革质，匙状卵形或广椭圆形；花冠漏斗形，白色或黄色。蒴果长圆状卵形或近纺锤形。花期6~8月，果期8~11月。

Deciduous trees. Leaves papery or leathery, broadly elliptic, broadly ovate or ovate-elliptic, lateral veins 5–9 pairs; petioles 2–8 cm long. Conical panicles terminal; flowers fragrant, metamorphosed leaf-like calyx lobes white, light reddish, papery or leathery, spoon-ovate or broadly ovate; corollas funnelform, white or yellow. Capsules oblong-ovate or nearly spindle-shaped. Fl. Jun.–Aug., fr. Aug.–Nov.

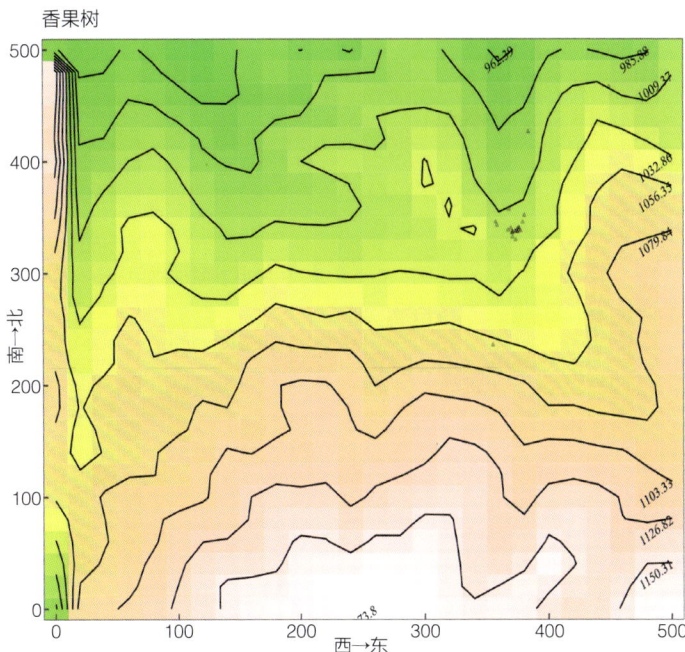

树干 / Trunk
摄影：王静轩 / Photo by: Wang Jingxuan

小枝和叶片 / Branchlets and leaves
摄影：王静轩 / Photo by: Wang Jingxuan

小枝和叶背 / Branchlets and leaf abaxial surfaces
摄影：王静轩 / Photo by: Wang Jingxuan

香果树

个体分布图 / Distribution of individuals

径级分布表 / DBH class

径级区间 (Diameter class) (cm)	个体数 (No. of individuals)	比例 (Proportion) (%)
1.0~2.5	6	23.1
2.5~5.0	9	34.6
5.0~10.0	5	19.2
10.0~25.0	1	3.9
25.0~50.0	4	15.4
50.0~100.0	1	3.8
≥ 100.0	0	0.0

141 白蜡树
Fraxinus chinensis

木樨科 Oleaceae　梣属 *Fraxinus*

代码（Sp.Code）：**FRACHI**

个体数（Individual number / 25hm^2）：**83**

最大胸径（Max DBH）：**28.65cm**

重要值排序（Important value rank）：**92/171**

落叶乔木。芽阔卵形或圆锥形。羽状复叶；叶柄基部不增厚；叶轴挺直，上面具浅沟；小叶5~7片，硬纸质，卵形、倒卵状长圆形至披针形，顶生小叶与侧生小叶近等大或稍大；小叶柄长3~5mm。圆锥花序顶生或腋生枝梢。翅果匙形。花期4~5月，果期7~9月。

Deciduous trees. Buds broad-ovate or conical. Pinnate compound leaves; petiole bases not thickened; leaf shafts straight, adaxially shallowly grooved; leaflets 5–7, hard papery, ovate, obovate-oblong to lanceolate, terminal leaflets nearly as large or slightly larger than lateral leaflets; small petioles 3–5 mm long. Panicles terminal or axillary shoot. Samaras spoon-shaped. Fl. Apr.–May, fr. Jul.–Sep.

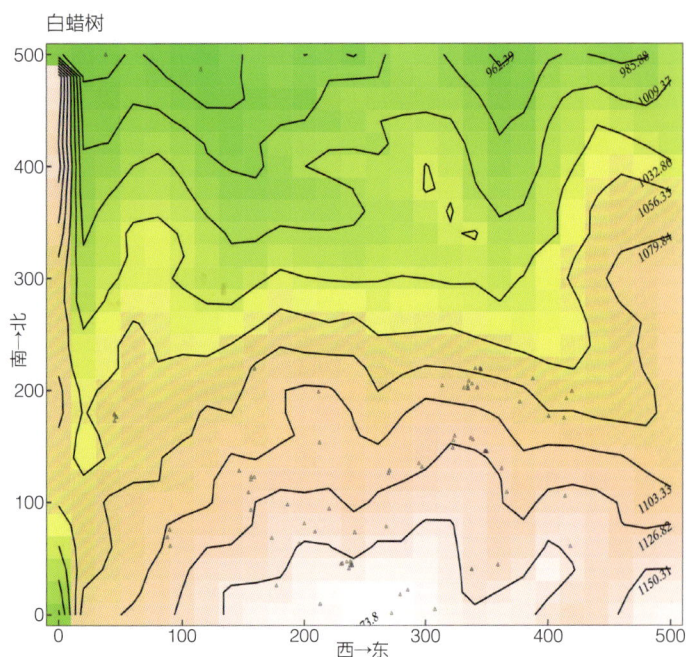

树干 / Trunk
摄影：李莹 / Photo by: Li Ying

果枝 / Fruiting branches
摄影：梁同军 / Photo by: Liang Tongjun

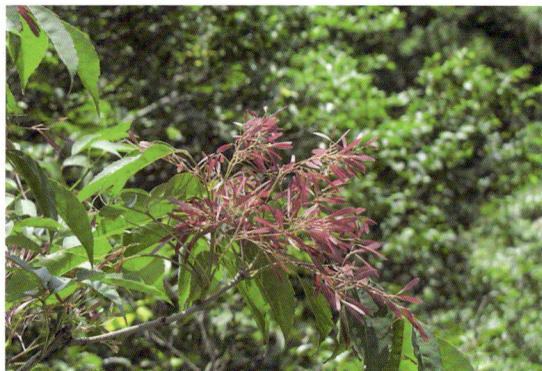

小枝和叶背 / Branchlets and leaf abaxial surfaces
摄影：王挺 / Photo by: Wang Ting

白蜡树

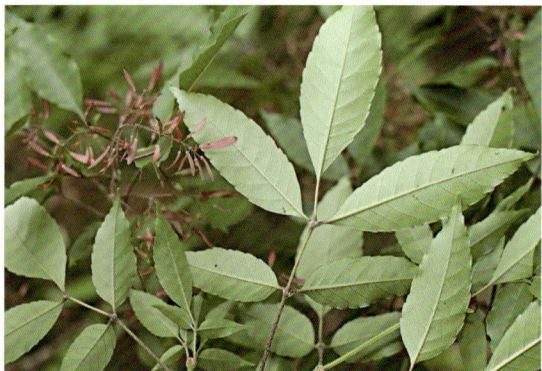

个体分布图 / Distribution of individuals

径级分布表 / DBH class

径级区间 (Diameter class) (cm)	个体数 (No. of individuals)	比例 (Proportion) (%)
1.0~2.5	40	48.2
2.5~5.0	19	22.9
5.0~10.0	15	18.1
10.0~25.0	8	9.6
25.0~50.0	1	1.2
50.0~100.0	0	0.0
≥ 100.0	0	0.0

142 苦枥木
Fraxinus insularis

木樨科 Oleaceae 梣属 *Fraxinus*

代码（Sp.Code）：**FRAINS**

个体数（Individual number / 25hm²）：**29**

最大胸径（Max DBH）：**23.34cm**

重要值排序（Important value rank）：**110/171**

落叶小乔木或灌木。芽狭三角状圆锥形。嫩枝扁平，节膨大。羽状复叶长10~30cm；叶柄长5~8cm，基部稍增厚；叶轴平坦，具不明显浅沟；小叶（3）5~7片，两面无毛。圆锥花序生于当年生枝端，顶生及侧生叶腋。翅果红色至褐色。花期4~5月，果期7~9月。

Deciduous small trees or shrubs. Buds narrowly triangular-conical. Young branches flat, joints inflated. Pinnate compound leaves 10–30 cm long; petioles 5–8 cm long, base slightly thickened; leaf rachides flat, with inconspicuous shallow grooves; leaflets 3–5(7), glabrous on both sides. Panicles borne at the top of branches of the current year, terminal and lateral in leaf axils. Samaras red to brown. Fl. Apr.–May, fr. Jul.–Sep.

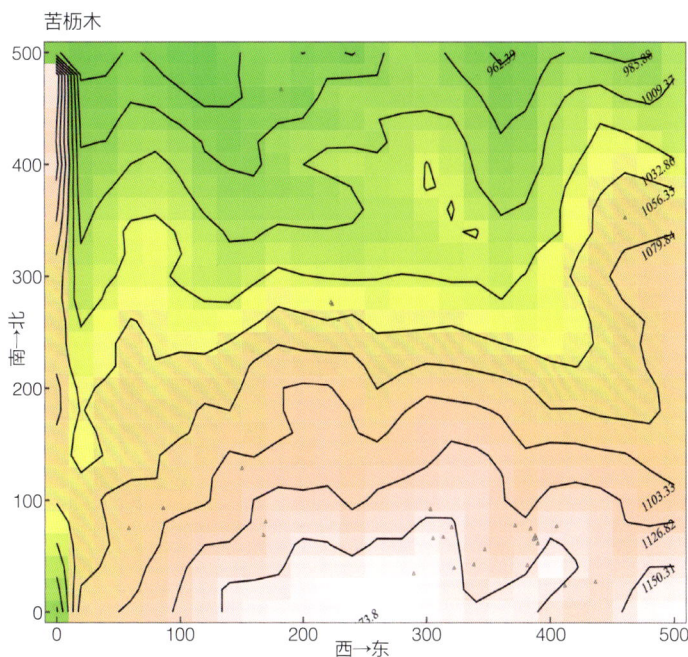

树干 / Trunk
摄影：王静轩 / Photo by: Wang Jingxuan

小枝和叶片 / Branchlets and leaves
摄影：王静轩 / Photo by: Wang Jingxuan

小枝和叶背 / Branchlets and leaf abaxial surfaces
摄影：王静轩 / Photo by: Wang Jingxuan

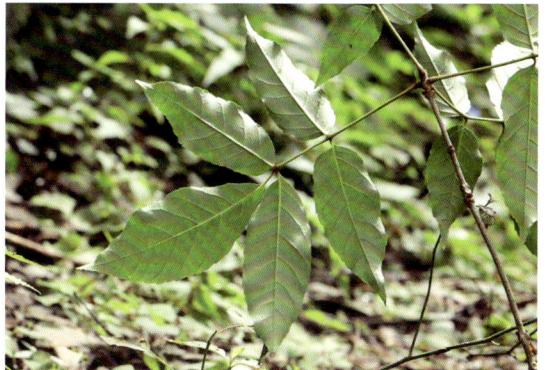

苦枥木

个体分布图 / Distribution of individuals

径级分布表 / DBH class

径级区间 (Diameter class) (cm)	个体数 (No. of individuals)	比例 (Proportion) (%)
1.0~2.5	15	51.7
2.5~5.0	9	31.0
5.0~8.0	2	6.9
8.0~11.0	2	6.9
11.0~15.0	0	0.0
15.0~20.0	0	0.0
≥ 20.0	1	3.5

143 庐山梣
Fraxinus sieboldiana

木樨科 Oleaceae 梣属 *Fraxinus*

代码（Sp.Code）：**FRASIE**

个体数（Individual number / 25hm²）：**201**

最大胸径（Max DBH）：**25.71cm**

重要值排序（Important value rank）：**63/171**

落叶小乔木。小枝被细柔毛和糠秕状毛。羽状复叶长7~15cm；叶柄长2~3cm；叶轴被毛；小叶3~5片，纸质至薄革质，卵形或阔卵形，近全缘或中下部以上具锯齿，两面无毛。圆锥花序顶生或腋生枝梢。花梗被毛。翅果线形或线状匙形。花期5~6月，果期9月。

Deciduous small trees. Branchlets finely pubescent and furfuraceous. Pinnately compound leaves 7–15 cm long; petioles 2–3 cm long; leaf axes hairy; leaflets 3–5, papery to thinly leathery, ovate or broadly ovate, subentire or above middle and lower parts serrated, glabrous at both sides. Panicles terminal or axillary at the apex of branches. Pedicels hairy. Samaras linear or linear-spoon-shaped. Fl. May–Jun., fr. Sep.

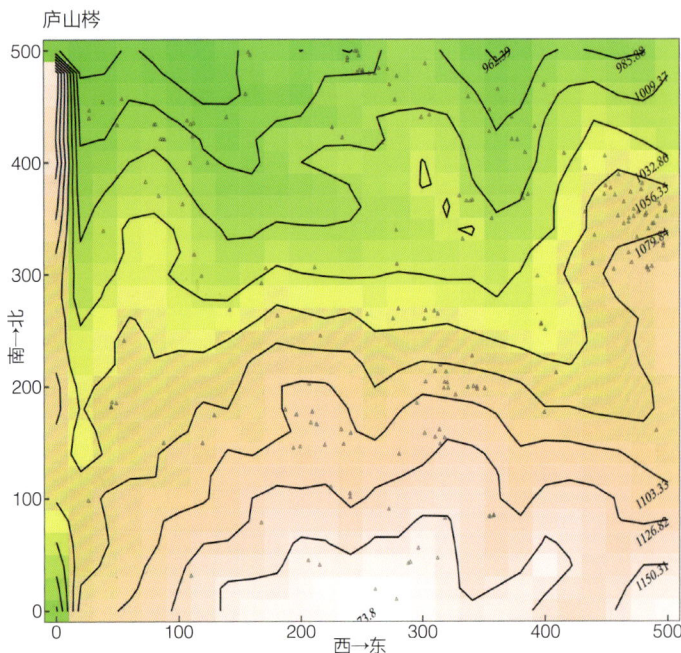

树干 / Trunk
摄影：朱鑫鑫 / Photo by: Zhu Xinxin

叶片 / Leaves
摄影：唐忠炳 / Photo by: Tang Zhongbing

花枝 / Flowering branches
摄影：唐忠炳 / Photo by: Tang Zhongbing

径级分布表 / DBH class

径级区间 (Diameter class) (cm)	个体数 (No. of individuals)	比例 (Proportion) (%)
1.0~2.5	91	45.3
2.5~5.0	55	27.3
5.0~8.0	28	13.9
8.0~11.0	14	7.0
11.0~15.0	5	2.5
15.0~20.0	6	3.0
≥ 20.0	2	1.0

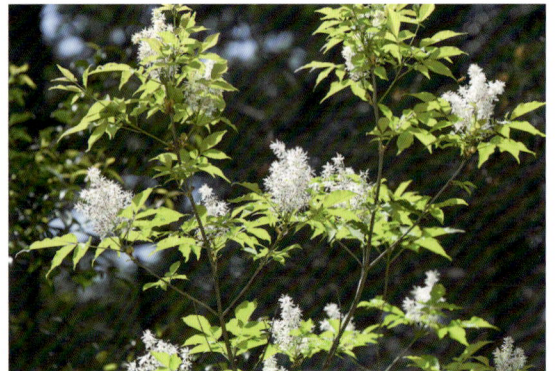

庐山梣

个体分布图 / Distribution of individuals

144 蜡子树

Ligustrum leucanthum

木樨科 Oleaceae 女贞属 *Ligustrum*

代码（Sp.Code）：**LIGLEU**

个体数（Individual number / 25hm²）：**93**

最大胸径（Max DBH）：**5.52cm**

重要值排序（Important value rank）：**84/171**

落叶灌木或小乔木。小枝、叶两面或仅中脉上、叶柄、花序轴、花梗及花萼均被硬毛、柔毛、短柔毛至无毛。叶纸质或厚纸质，椭圆形、椭圆状长圆形至披针形，或为椭圆状卵形，大小不一，先端锐尖、短渐尖而具微凸头，或钝，基部楔形、宽楔形至近圆形；叶柄长1~3mm。花序顶生。果近球形至宽长圆球形。花期6~7月，果期8~11月。

Deciduous shrubs or small trees. Branchlets, both sides of the leaves or only the midveins, petioles, inflorescence axes, pedicels and calyxes all covered with hard hair, pappus, pubescent to glabrous. Leaves papery or thick papery, elliptic, elliptic-oblong to lanceolate or elliptic-ovate, in different sizes, apexes acute, shortly acuminate and slightly convex, or obtuse, bases cuneate, broadly cuneate to near rounded; petioles 1–3 mm long. Inflorescences terminal. Fruits subglobose to broadly oblong-globose. Fl. Jun.–Jul., fr. Aug.–Nov.

蜡子树

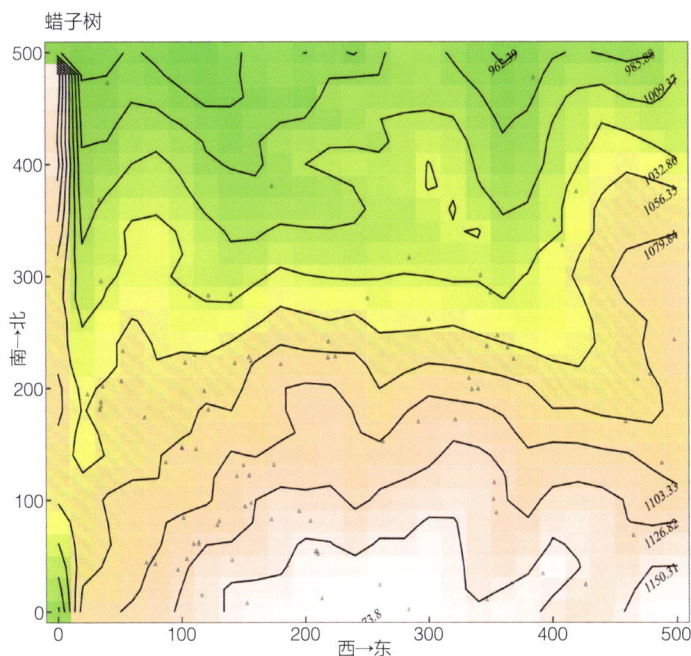

个体分布图 / Distribution of individuals

树干 / Trunk
摄影：王静轩 / Photo by: Wang Jingxuan

小枝和叶片 / Branchlets and leaves
摄影：王静轩 / Photo by: Wang Jingxuan

小枝和叶背 / Branchlets and leaf abaxial surfaces
摄影：王静轩 / Photo by: Wang Jingxuan

径级分布表 / DBH class

径级区间 (Diameter class) (cm)	个体数 (No. of individuals)	比例 (Proportion) (%)
1.0~2.5	82	88.2
2.5~5.0	10	10.8
5.0~8.0	1	1.0
8.0~11.0	0	0.0
11.0~15.0	0	0.0
15.0~20.0	0	0.0
≥ 20.0	0	0.0

145 小蜡
Ligustrum sinense

木樨科 Oleaceae　女贞属 *Ligustrum*

代码（Sp.Code）：**LIGSIN**

个体数（Individual number / 25hm²）：**95**

最大胸径（Max DBH）：**5.25cm**

重要值排序（Important value rank）：**86/171**

落叶灌木或小乔木。叶片纸质或薄革质，叶形多变，长2~7cm，常沿中脉被短柔毛，侧脉4~8对，上面微凹入；叶柄长28mm，被短柔毛。圆锥花序顶生或腋生。果近球形，径5~8mm。花期3~6月，果期9~12月。

Deciduous shrubs or small trees. Leaves papery or thinly leathery, leaf shapes changeable, 2–7 cm long, often pubescent along midveins, lateral veins 4–8 pairs, adaxially slightly impressed; petioles 28 mm long, pubescent. Panicles terminal or axillary. Fruits subglobose, 5–8 mm in diameter. Fl. Mar.–Jun., fr. Sep.–Dec.

小枝和叶片 / Branchlets and leaves
摄影：梁同军 / Photo by: Liang Tongjun

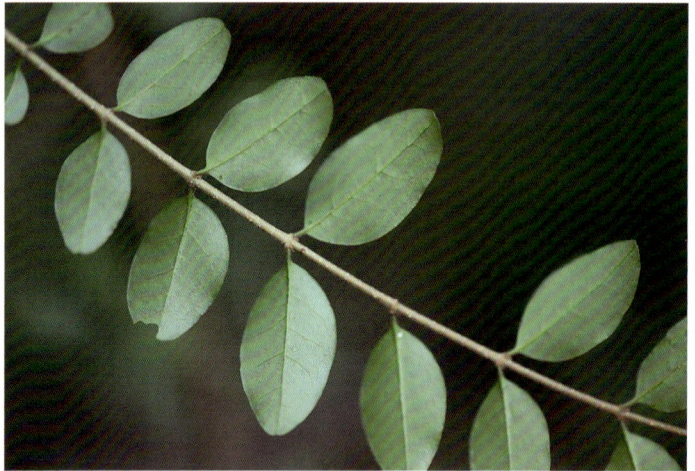

叶背 / Leaf abaxial surfaces
摄影：梁同军 / Photo by: Liang Tongjun

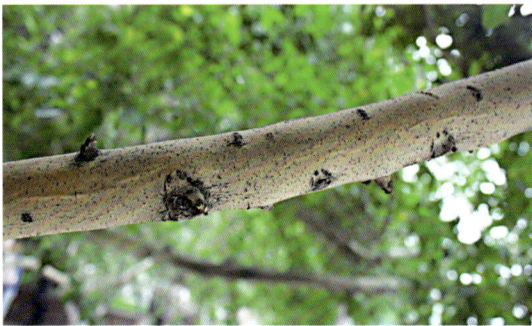

树干 / Trunk
摄影：李可来 / Photo by: Li Kelai

径级分布表 / DBH class

径级区间 (Diameter class) (cm)	个体数 (No. of individuals)	比例 (Proportion) (%)
1.0~2.5	81	85.3
2.5~5.0	13	13.7
5.0~8.0	1	1.0
8.0~11.0	0	0.0
11.0~15.0	0	0.0
15.0~20.0	0	0.0
≥ 20.0	0	0.0

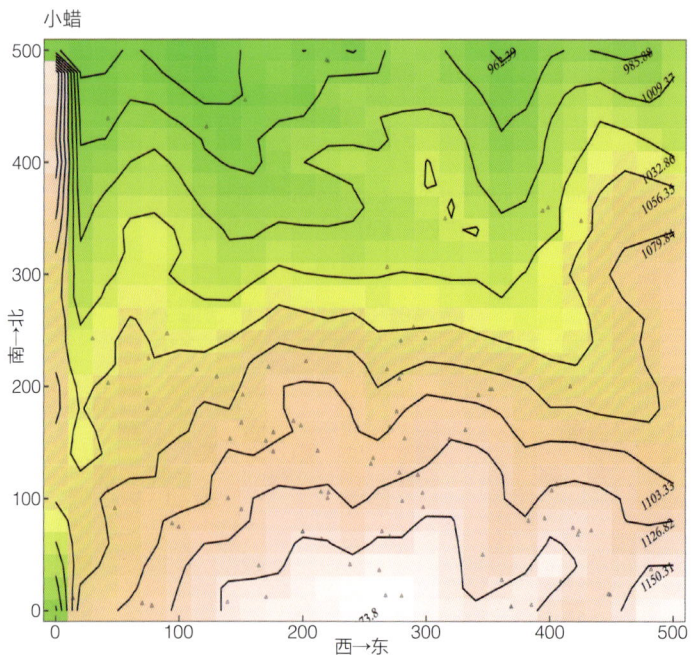

小蜡

个体分布图 / Distribution of individuals

146 紫珠
Callicarpa bodinieri

唇形科 Lamiaceae 紫珠属 *Callicarpa*

代码（Sp.Code）：**CALBOD**

个体数（Individual number / 25hm²）：**191**

最大胸径（Max DBH）：**10.1cm**

重要值排序（Important value rank）：**67/171**

落叶灌木。小枝、叶柄和花序均被粗糠状星状毛。叶片卵状长椭圆形至椭圆形，表面有短柔毛，背面灰棕色，密被星状柔毛，两面密生暗红色或红色细粒状腺点；叶柄长0.5~1cm。聚伞花序宽3~4.5cm，4~5次分歧；花冠紫色。果实球形，紫色。花期6~7月，果期8~11月。

Deciduous shrubs. Branchlets, petioles and inflorescences covered with coarse, furry stellate hairs. Leaf blades ovate-long elliptic to elliptic, pubescent on surfaces, abaxially gray-brown, densely stellate pilose, dark red or red fine granular glandular dots on both sides; petioles 0.5–1 cm long. Cymes 3–4.5 cm wide, with 4–5 bifurcations; corollas purple. Fruits spherical, purple. Fl. Jun.–Jul., fr. Aug.–Nov.

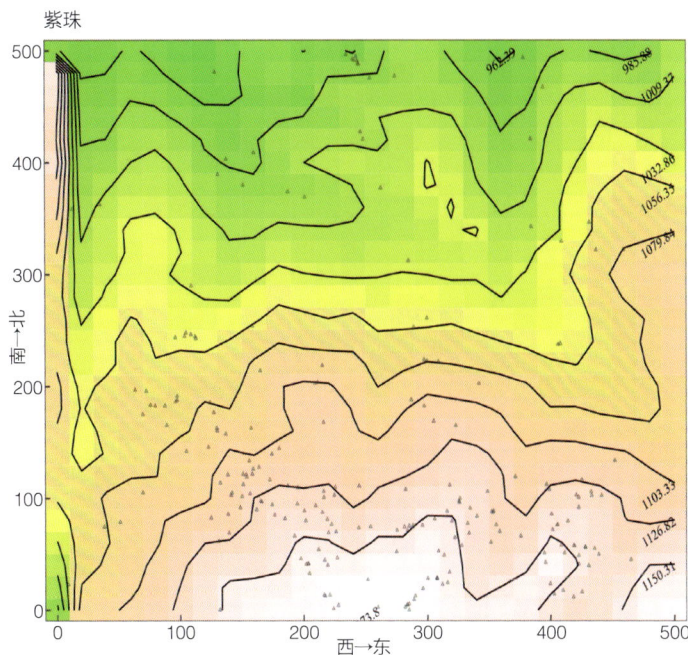

树干 / Trunk
摄影：王静轩 / Photo by: Wang Jingxuan

小枝和叶片 / Branchlets and leaves
摄影：王静轩 / Photo by: Wang Jingxuan

小枝和叶背 / Branchlets and leaf abaxial surfaces
摄影：王静轩 / Photo by: Wang Jingxuan

紫珠

个体分布图 / Distribution of individuals

径级分布表 / DBH class

径级区间 (Diameter class) (cm)	个体数 (No. of individuals)	比例 (Proportion) (%)
1.0~2.0	171	89.5
2.0~3.0	7	3.7
3.0~4.0	9	4.7
4.0~5.0	2	1.1
5.0~7.0	1	0.5
7.0~10.0	0	0.0
≥ 10.0	1	0.5

147 华紫珠

Callicarpa cathayana

唇形科 Lamiaceae   紫珠属 *Callicarpa*

代码（Sp.Code）：**CALCAT**

个体数（Individual number / 25hm²）：**35**

最大胸径（Max DBH）：**3.88cm**

重要值排序（Important value rank）：**106/171**

灌木。小枝纤细，幼嫩稍有星状毛，老后脱落。叶片椭圆形或卵形，长4~8cm，宽1.5~3cm，两面近于无毛，而有显著的红色腺点，侧脉5~7对，边缘密生细锯齿；叶柄长4~8mm。聚伞花序细弱，3~4次分歧，略有星状毛；花冠紫色。果实球形，紫色。花期5~7月，果期8~11月。

Shrubs. Branchlets slender, slightly stellate tomentose when young, glabrescent when mature. Leaf blades elliptic or ovate, 4–8 cm long, 1.5–3 cm wide, both sides near glabrous, with significant red glandular dots, lateral veins 5–7 pairs, margins densely serrulated; petioles 4–8 mm long. Cymes slender, with 3–4 bifurcations, sparsely stellate tomentose; corollas purple. Fruits globose, purple. Fl. May–Jul., fr. Aug.–Nov.

树干 / Trunk
摄影：王静轩 / Photo by: Wang Jingxuan

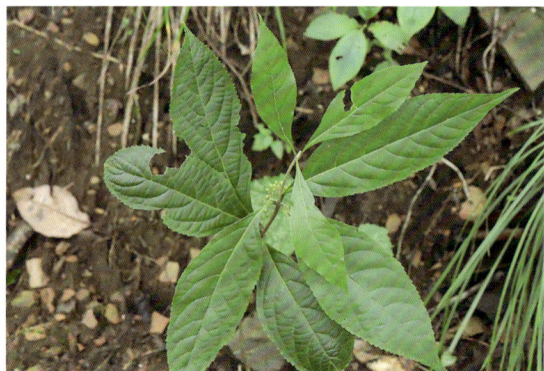

小枝和叶片 / Branchlets and leaves
摄影：王静轩 / Photo by: Wang Jingxuan

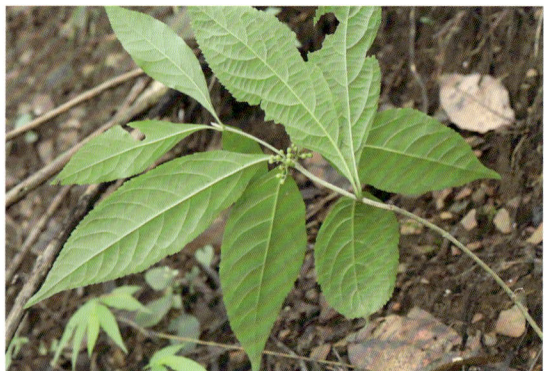

小枝和叶背 / Branchlets and leaf abaxial surfaces
摄影：王静轩 / Photo by: Wang Jingxuan

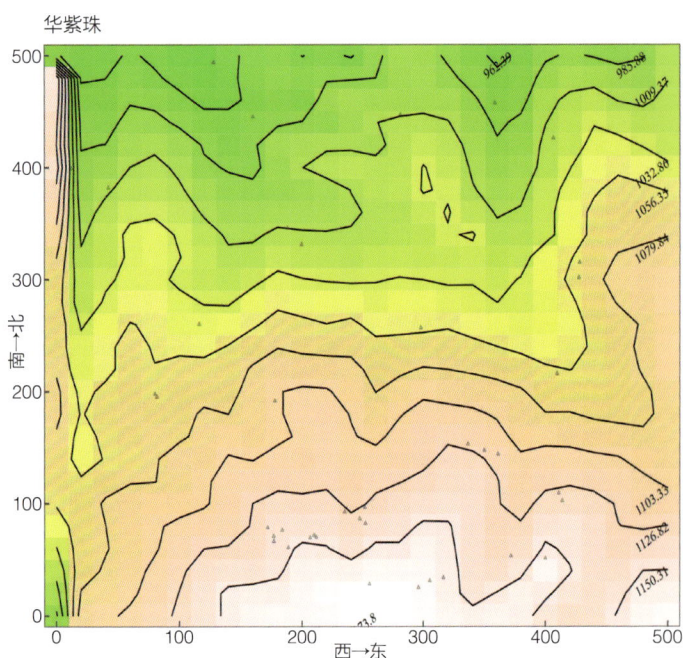

华紫珠

个体分布图 / Distribution of individuals

径级分布表 / DBH class

径级区间 (Diameter class) (cm)	个体数 (No. of individuals)	比例 (Proportion) (%)
1.0~2.0	31	88.6
2.0~3.0	0	0.0
3.0~4.0	4	11.4
4.0~5.0	0	0.0
5.0~7.0	0	0.0
7.0~10.0	0	0.0
≥ 10.0	0	0.0

148 老鸦糊

Callicarpa giraldii

唇形科 Lamiaceae 紫珠属 *Callicarpa*

代码（Sp.Code）：**CALGIR**

个体数（Individual number / 25hm²）：**20**

最大胸径（Max DBH）：**5.1cm**

重要值排序（Important value rank）：**111/171**

灌木。小枝圆柱形，灰黄色，被星状毛。叶片纸质，宽椭圆形至披针状长圆形，边缘有锯齿，表面稍有微毛，背面疏被星状毛和细小黄色腺点；叶柄长1~2cm。聚伞花序宽2~3cm，4~5次分歧，被毛与小枝同；花冠紫色，稍有毛。果实球形，紫色。花期5~6月，果期7~11月。

Shrubs. Branchlets cylindrical, grayish yellow, stellate hairy. Leaf blades papery, broadly elliptic to lanceolate-oblong, margins serrate, adaxially slightly mucoreous, abaxially sparsely stellate hairy and with tiny yellow glandular dots; petioles 1–2 cm long. Cymes 2–3 cm wide, bifurcations 4–5, hairy and the same as branchlets; corollas purple, slightly hairy. Fruits globose, purple. Fl. May–Jun., fr. Jul.–Nov.

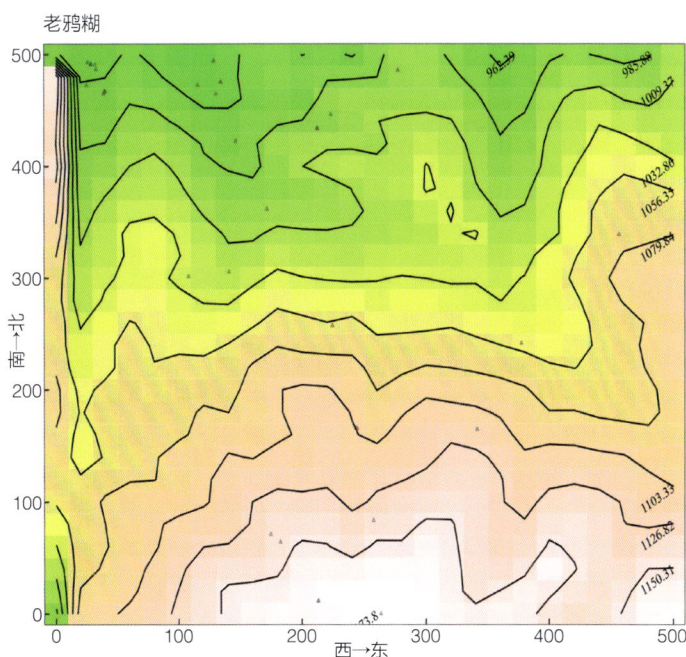
树干 / Trunk
摄影：王静轩 / Photo by: Wang Jingxuan

小枝和叶片 / Branchlets and leaves
摄影：王静轩 / Photo by: Wang Jingxuan

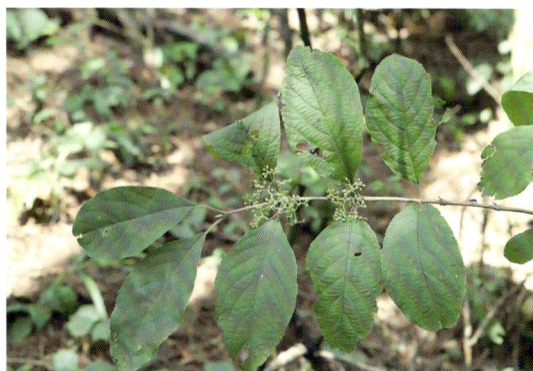
小枝和叶背 / Branchlets and leaf abaxial surface
摄影：王静轩 / Photo by: Wang Jingxuan

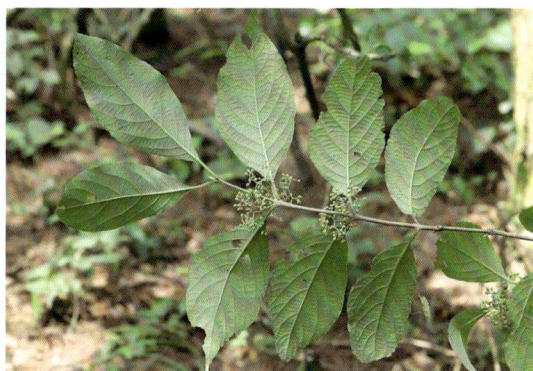
老鸦糊
个体分布图 / Distribution of individuals

径级分布表 / DBH class

径级区间 (Diameter class) (cm)	个体数 (No. of individuals)	比例 (Proportion) (%)
1.0~2.0	7	35.0
2.0~3.0	2	10.0
3.0~4.0	6	30.0
4.0~5.0	4	20.0
5.0~7.0	1	5.0
7.0~10.0	0	0.0
≥ 10.0	0	0.0

149 日本紫珠
Callicarpa japonica

唇形科 Lamiaceae 紫珠属 *Callicarpa*

代码（Sp.Code）：**CALJAP**

个体数（Individual number / 25hm²）：**45**

最大胸径（Max DBH）：**12.49cm**

重要值排序（Important value rank）：**102/171**

落叶灌木。小枝、叶片、花萼及花冠常无毛。叶倒卵形、卵形或椭圆形，先端急尖或长尾尖，基部楔形，边缘中部以上有锯齿，两面通常无毛，下面无腺点；叶柄长约6mm。聚伞花序细弱而短小；花冠白色或淡紫色。果紫色，球形。花期6~7月，果期8~10月。

Deciduous shrubs. Branchlets, leaf blades, calyxes and corollas usually glabrous. Leaves obovate, ovate or elliptic, apexes acute or long-caudate-acute, bases cuneate, serrate above the middle of the margin, usually glabrous on both sides, abaxially without glandular points; petioles ca. 6 mm long. Cymes thin and short; corollas white or lavender. Fruits purple, globose. Fl. Jun.–Jul., fr. Aug.–Oct.

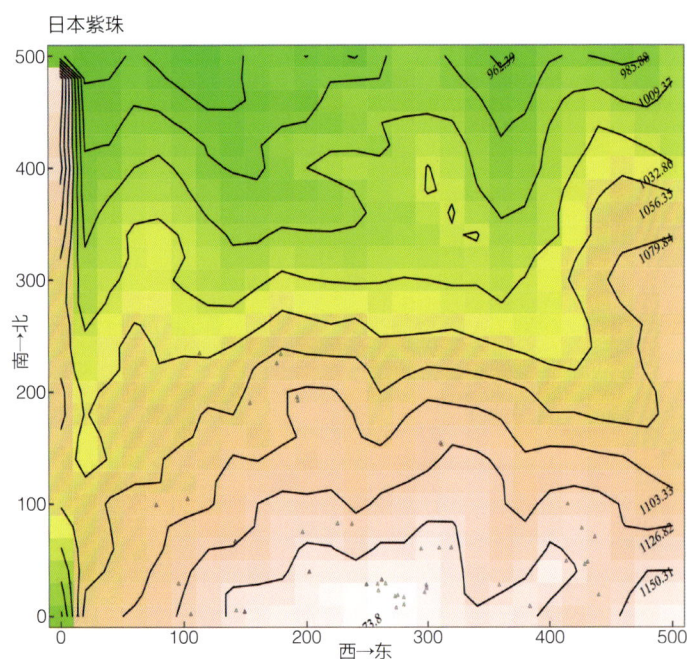

树干 / Trunk
摄影：王静轩 / Photo by: Wang Jingxuan

小枝和叶片 / Branchlets and leaves
摄影：王静轩 / Photo by: Wang Jingxuan

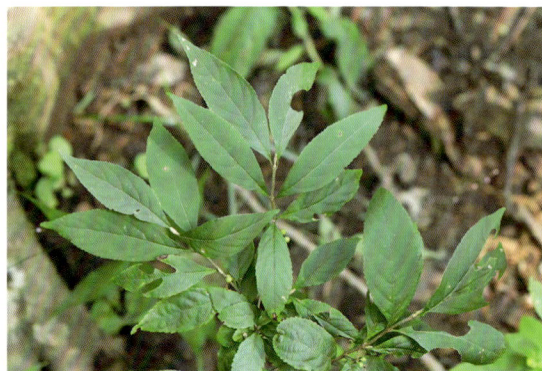

小枝和叶背 / Branchlets and leaf abaxial surfaces
摄影：王静轩 / Photo by: Wang Jingxuan

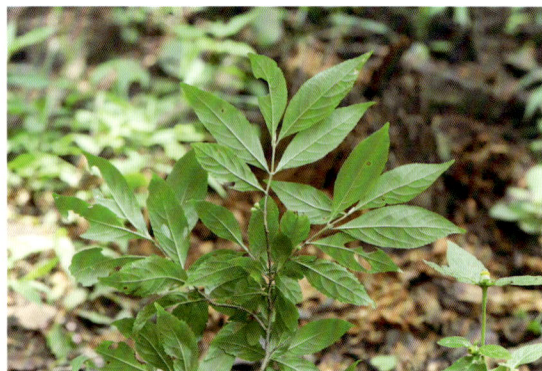

日本紫珠

个体分布图 / Distribution of individuals

径级分布表 / DBH class

径级区间 (Diameter class) (cm)	个体数 (No. of individuals)	比例 (Proportion) (%)
1.0~2.0	43	95.6
2.0~3.0	1	2.2
3.0~4.0	0	0.0
4.0~5.0	0	0.0
5.0~7.0	0	0.0
7.0~10.0	0	0.0
≥ 10.0	1	2.2

150 大青
Clerodendrum cyrtophyllum

唇形科 Lamiaceae 大青属 *Clerodendrum*

代码（Sp.Code）：**CLECYR**

个体数（Individual number / 25hm²）：**80**

最大胸径（Max DBH）：**5.7cm**

重要值排序（Important value rank）：**103/171**

落叶灌木或小乔木。叶片纸质，叶形多变，椭圆形、长圆形，两面无毛或沿脉疏生短柔毛；叶柄长1~8cm。伞房状聚伞花序；花冠白色，花冠管细长。果实球形或倒卵形，成熟时蓝紫色，为红色的宿萼所托。花果期6月至翌年2月。

Deciduous shrubs or small trees. Leaf blades papery, leaf shapes changeable, elliptic, oblong, both sides glabrous or sparsely pubescent along veins; petioles 1–8 cm long. Corymbose cymes; corollas white, corolla tubes slender. Fruits globose or obovate, supported by red persistent calyxes. Fl. and fr. Jun.–Feb. of the following year.

小枝和叶片 / Branchlets and leaves
摄影：王静轩 / Photo by: Wang Jingxuan

小枝和叶背 / Branchlets and leaf abaxial surfaces
摄影：王静轩 / Photo by: Wang Jingxuan

树干 / Trunk
摄影：王静轩 / Photo by: Wang Jingxuan

径级分布表 / DBH class

径级区间 (Diameter class) (cm)	个体数 (No. of individuals)	比例 (Proportion) (%)
1.0~2.5	55	68.8
2.5~5.0	24	30.0
5.0~8.0	1	1.2
8.0~11.0	0	0.0
11.0~15.0	0	0.0
15.0~20.0	0	0.0
≥ 20.0	0	0.0

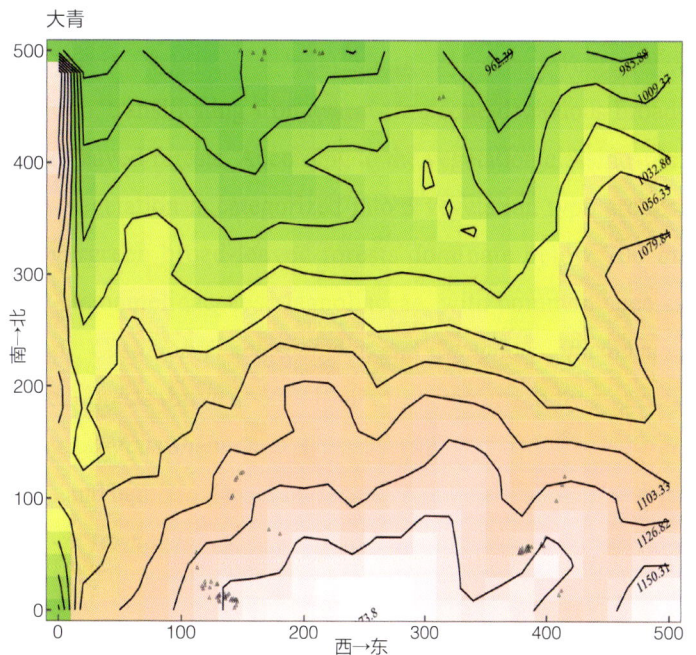
个体分布图 / Distribution of individuals

151 豆腐柴
Premna microphylla

唇形科 Lamiaceae 豆腐柴属 *Premna*

代码（Sp.Code）：**PREMIC**

个体数（Individual number / 25hm²）：**1**

最大胸径（Max DBH）：**1.25cm**

重要值排序（Important value rank）：**170/171**

直立灌木。幼枝有柔毛，老枝变无毛。叶揉之有臭味，卵状披针形、椭圆形、卵形或倒卵形，基部渐狭窄下延至叶柄两侧，全缘至有不规则粗齿；叶柄长0.5~2cm。聚伞花序组成顶生塔形的圆锥花序；花冠淡黄色，外有柔毛和腺点。核果紫色，球形至倒卵形。花果期5~10月。

Erect shrubs. Young branchlets pilose, old branches glabrous. Crushed leaves with foul odour, ovate-lanceolate, elliptic, ovate or obovate, bases gradually narrowing down to both sides of the petiole, margins entire to irregularly and roughly toothed; petioles 0.5–2 cm long. Cymes forming a terminal tower-shaped conical inflorescence; corollas light yellowish, outside puberulent and glandular. Nuts purple, globose to obovate. Fl. and fr. May–Oct.

树干 / Trunk
摄影：王静轩 / Photo by: Wang Jingxuan

小枝和叶片 / Branchlets and leaves
摄影：王静轩 / Photo by: Wang Jingxuan

小枝和叶背 / Branchlets and leaf abaxial surfaces
摄影：王静轩 / Photo by: Wang Jingxuan

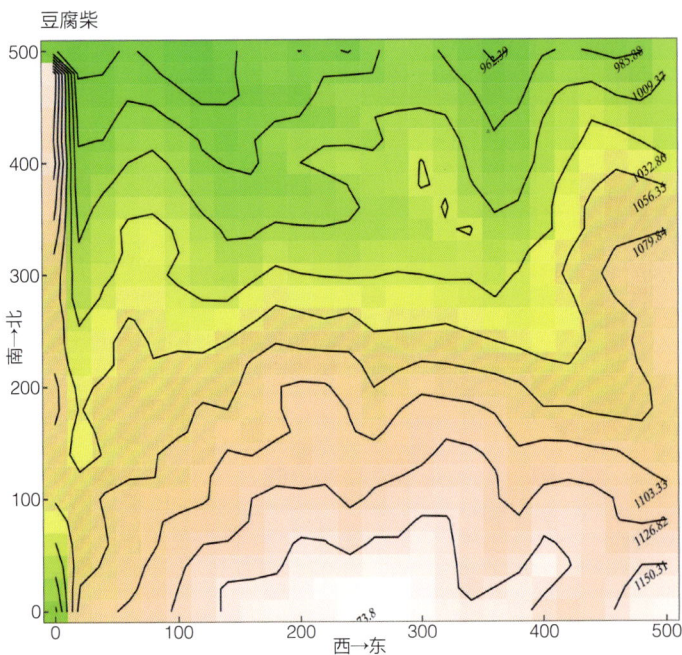
豆腐柴
个体分布图 / Distribution of individuals

径级分布表 / DBH class

径级区间 (Diameter class) (cm)	个体数 (No. of individuals)	比例 (Proportion) (%)
1.0~2.0	1	100.0
2.0~3.0	0	0.0
3.0~4.0	0	0.0
4.0~5.0	0	0.0
5.0~7.0	0	0.0
7.0~10.0	0	0.0
≥ 10.0	0	0.0

152 青荚叶
Helwingia japonica

青荚叶科 Helwingiaceae　青荚叶属 *Helwingia*

代码（Sp.Code）：**HELJAP**

个体数（Individual number / 25hm²）：**14**

最大胸径（Max DBH）：**1.9cm**

重要值排序（Important value rank）：**124/171**

落叶灌木。幼枝绿色，无毛，叶痕显著。叶纸质，卵形、卵圆形，边缘具刺状细锯齿；叶柄长1~5cm；托叶线状分裂。花淡绿色，3~5数，呈伞形或密伞花序，常着生于叶上面中脉的1/3~1/2处。浆果幼时绿色，成熟后黑色。花期4~5月，果期8~9月。

Deciduous shrubs. Young branches green, glabrous with conspicuous leaf scars. Leaf blades papery, oval, ovoid, margins acutely serrulated. Petioles 1–5 cm long, with stipular linear divisions. Petals light green, 3–5 pieces, umbels or fascicle, often borne at 1/3–1/2 of the abaxial midvein. Berries green when young and black when mature. Fl. Apr.–May, fr. Aug.–Sep.

树干 / Trunk
摄影：王静轩 / Photo by: Wang Jingxuan

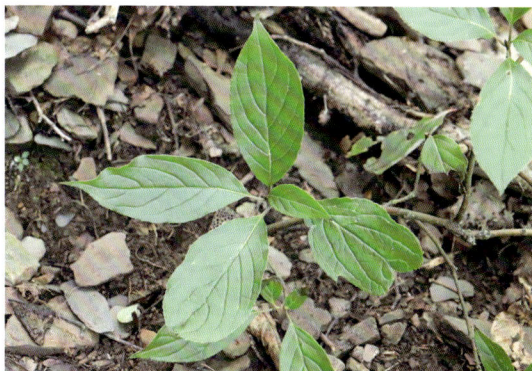
小枝和叶片 / Branchlets and leaves
摄影：王静轩 / Photo by: Wang Jingxuan

小枝和叶背 / Branchlets and leaf abaxial surfaces
摄影：王静轩 / Photo by: Wang Jingxuan

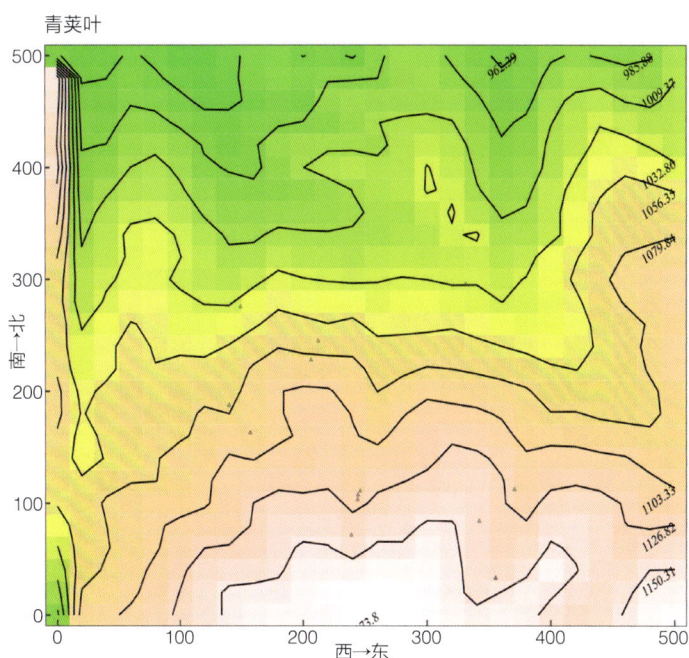
个体分布图 / Distribution of individuals

径级分布表 / DBH class

径级区间 (Diameter class) (cm)	个体数 (No. of individuals)	比例 (Proportion) (%)
1.0~2.0	14	100.0
2.0~3.0	0	0.0
3.0~4.0	0	0.0
4.0~5.0	0	0.0
5.0~7.0	0	0.0
7.0~10.0	0	0.0
≥ 10.0	0	0.0

153 冬青
Ilex chinensis

冬青科 Aquifoliaceae　冬青属 *Ilex*

代码（Sp.Code）：**ILECHI**

个体数（Individual number / 25hm²）：**6**

最大胸径（Max DBH）：**5.3cm**

重要值排序（Important value rank）：**133/171**

常绿乔木。叶片薄革质至革质，椭圆形或披针形，先端渐尖，基部楔形或钝，边缘具圆齿。雄花花序具三至四回分枝，花淡紫色或紫红色；雌花花序具一至二回分枝。果长球形，成熟时红色。花期4~6月，果期7~12月。

Evergreen trees. Leaf blades thinly leathery to leathery, elliptic or lanceolate, bases cuneate or obtuse, margins crenate. Male flower inflorescences with 3–4 branches; flowers light purple or purplish red; female flower inflorescences with 1–2 branches. Fruits long-oblong-globose, red when mature. Fl. Apr.–Jun., fr. Jul.–Dec.

小枝和叶片 / Branchlets and leaves
摄影：王静轩 / Photo by: Wang Jingxuan

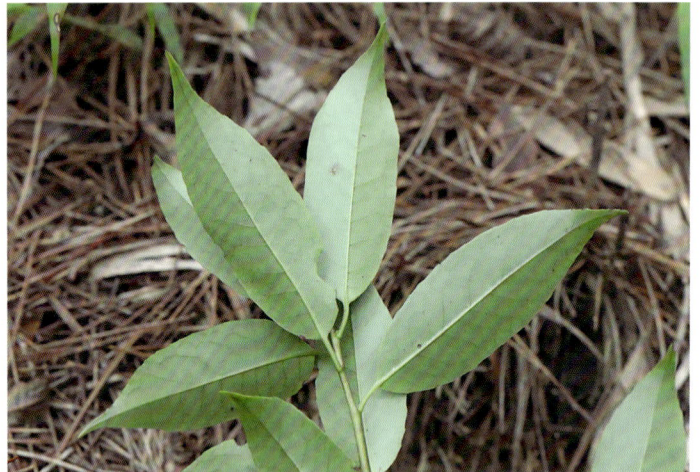
小枝和叶背 / Branchlets and leaf abaxial surfaces
摄影：王静轩 / Photo by: Wang Jingxuan

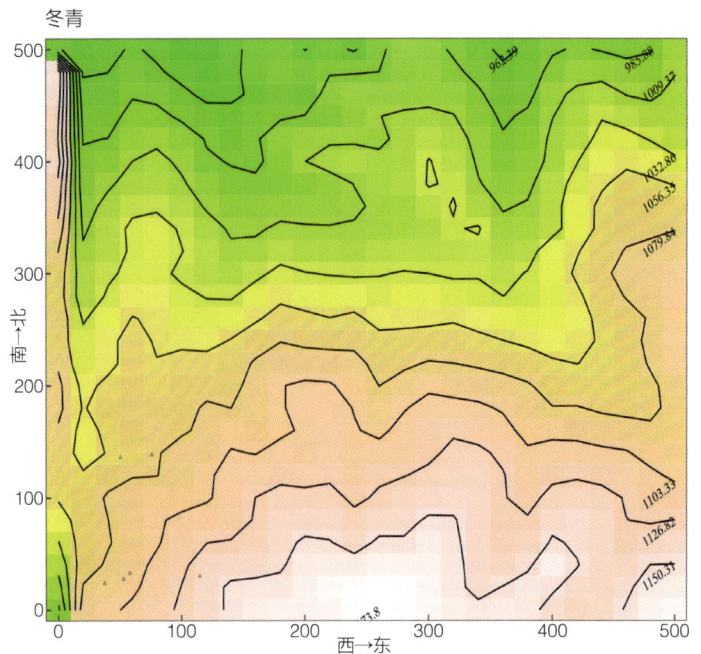
树干 / Trunk
摄影：王静轩 / Photo by: Wang Jingxuan

径级分布表 / DBH class

径级区间 (Diameter class) (cm)	个体数 (No. of individuals)	比例 (Proportion) (%)
1.0~2.5	3	50.0
2.5~5.0	2	33.3
5.0~10.0	1	16.7
10.0~25.0	0	0.0
25.0~50.0	0	0.0
50.0~100.0	0	0.0
≥ 100.0	0	0.0

冬青

个体分布图 / Distribution of individuals

154 大柄冬青
Ilex macropoda

冬青科 Aquifoliaceae　冬青属 *Ilex*

代码（Sp.Code）：**ILEMAC**

个体数（Individual number / 25hm²）：**449**

最大胸径（Max DBH）：**27.02cm**

重要值排序（Important value rank）：**41/171**

落叶乔木。枝有长枝和缩短枝，无毛，短枝长0.4~3cm，多皱，具宿存芽鳞及突起的叶痕和果柄痕。叶在长枝上互生，在短枝上3~5片簇生于枝顶部，叶片纸质或膜质，卵形或阔椭圆形；叶柄长1~2cm。果球形，成熟时红色。花期5~6月，果期10~11月。

Deciduous trees. Branches with long branches and short branches, glabrous, with multiple wrinkles, short branches 0.4–3 cm long, rugose with gibbous persistent bud scales, prominent leaf scars and stem scars. Leaves alternate on the long branch, 3–5 leaves clustered on the short branch apex, leaf blades papery or membranous, ovate or broadly elliptic; petioles 1–2 cm long. Fruits globose, red when mature. Fl. May–Jun., fr. Oct.–Nov.

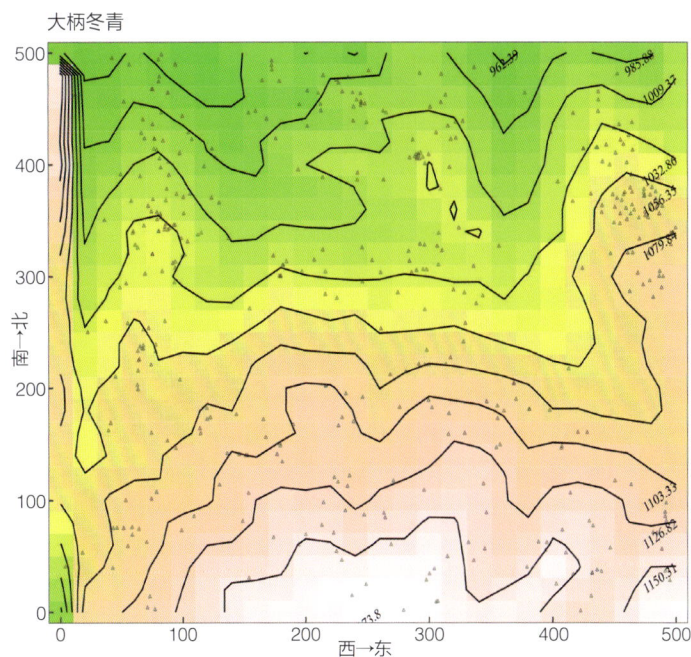

树干 / Trunk
摄影：王静轩 / Photo by: Wang Jingxuan

小枝和叶片 / Branchlets and leaves
摄影：王静轩 / Photo by: Wang Jingxuan

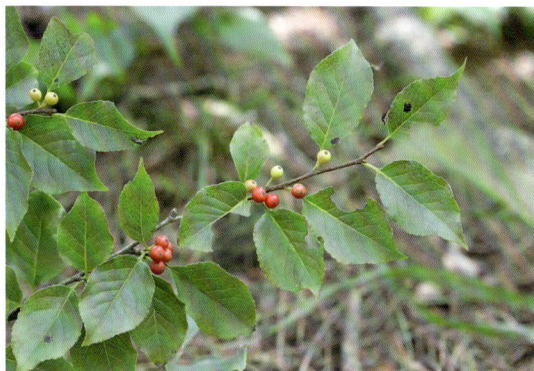

小枝和叶背 / Branchlets and leaf abaxial surfaces
摄影：王静轩 / Photo by: Wang Jingxuan

大柄冬青

个体分布图 / Distribution of individuals

径级分布表 / DBH class

径级区间 (Diameter class) (cm)	个体数 (No. of individuals)	比例 (Proportion) (%)
1.0~2.5	118	26.3
2.5~5.0	120	26.7
5.0~10.0	114	25.4
10.0~25.0	96	21.4
25.0~50.0	1	0.2
50.0~100.0	0	0.0
≥ 100.0	0	0.0

155 具柄冬青
Ilex pedunculosa

冬青科 Aquifoliaceae　冬青属 *Ilex*

代码（Sp.Code）：**ILEPED**

个体数（Individual number / 25hm²）：**11**

最大胸径（Max DBH）：**12.9cm**

重要值排序（Important value rank）：**126/171**

常绿灌木或乔木。叶片薄革质，卵形、长圆状椭圆形或椭圆形，先端渐尖，基部钝或圆形，全缘或近顶端常具少数疏而不明显的锯齿，叶两面无毛，主脉在叶面平坦或稍凹入，在背面隆起，侧脉不明显；叶柄纤细，长1.5~2.5cm，上面具纵槽。聚伞花序单生于当年生枝的叶腋内。果球形。花期6月，果期7~11月。

Evergreen shrubs or small trees. Leaf blades thinly leathery, ovate, oblong-elliptic or elliptic, apexes acuminate, bases obtuse or rounded, margins entire or often with a few and unconspicuous serrations near apex, both surfaces glabrous, main vein adaxially flat or slightly concave, abaxially bulge, lateral veins unconspicuous; petioles slender, 1.5–2.5 cm long, with longitudinal grooves. Cyme solitary in the leaf axil of the current-year branch. Fruits globose. Fl. Jun., fr. Jul.–Nov.

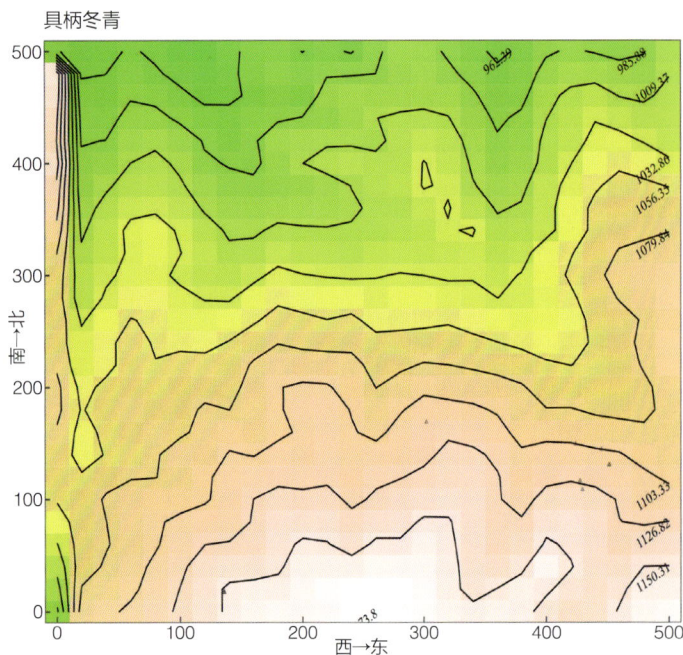
树干 / Trunk
摄影：王静轩 / Photo by: Wang Jingxuan

小枝和叶片 / Branchlets and leaves
摄影：王静轩 / Photo by: Wang Jingxuan

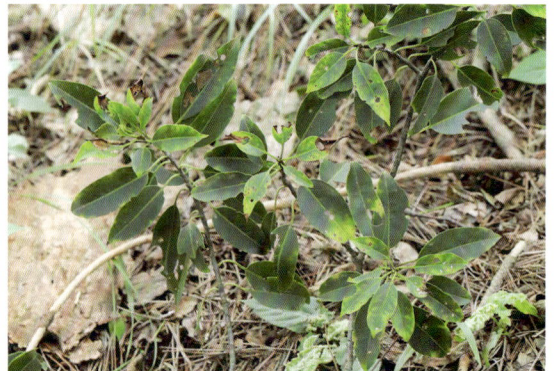
小枝和叶背 / Branchlets and leaf abaxial surfaces
摄影：王静轩 / Photo by: Wang Jingxuan

具柄冬青
个体分布图 / Distribution of individuals

径级分布表 / DBH class

径级区间 (Diameter class) (cm)	个体数 (No. of individuals)	比例 (Proportion) (%)
1.0~2.5	2	18.2
2.5~5.0	1	9.1
5.0~10.0	5	45.4
10.0~25.0	3	27.3
25.0~50.0	0	0.0
50.0~100.0	0	0.0
≥ 100.0	0	0.0

156 接骨木

Sambucus williamsii

五福花科 Adoxaceae　接骨木属 *Sambucus*

代码（Sp.Code）：**SAMWIL**

个体数（Individual number / 25hm²）：**2**

最大胸径（Max DBH）：**5.09cm**

重要值排序（Important value rank）：**149/171**

落叶灌木或小乔木。羽状复叶有小叶2~3对，侧生小叶片卵圆形、狭椭圆形至倒矩圆状披针形，边缘具不整齐锯齿，基部楔形或圆形，两侧不对称，叶搓揉后有臭气。花与叶同出，圆锥形聚伞花序顶生。果实红色，卵圆形或近圆形。花期4~5月，果熟期9~10月。

Deciduous shrubs or small trees. Pinnately compound leaves with 2–3 pairs of leaflets, lateral leaflets ovoid, narrowly elliptic to obovate-lanceolate, margins irregularly serrate, bases cuneate or rounded, asymmetrical, crushed leaves foul odored. Flowers and leaves appear at the same time, conical cymes terminal. Fruits red, ovate or suborbicular. Fl. Apr.–May, fr. maturity Sep.–Oct.

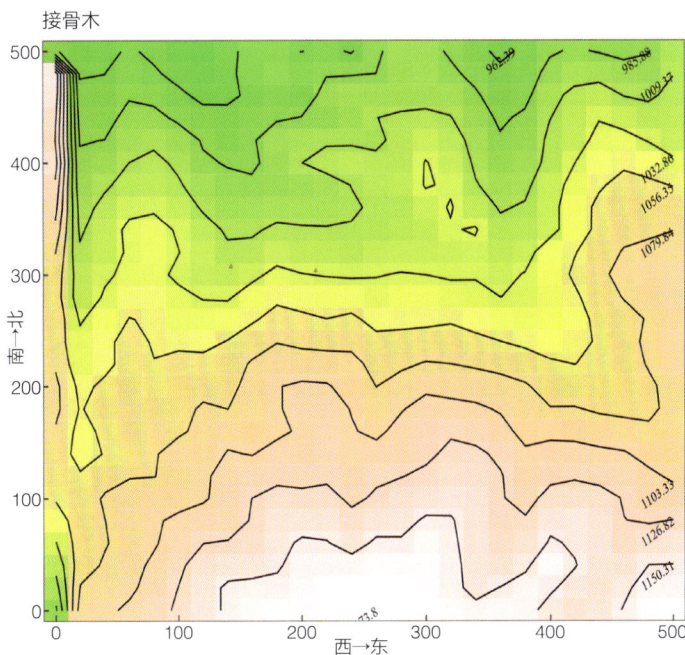

树干 / Trunk
摄影：王静轩 / Photo by: Wang Jingxuan

小枝和叶片 / Branchlets and leaves
摄影：王静轩 / Photo by: Wang Jingxuan

小枝和叶背 / Branchlets and leaf abaxial surfaces
摄影：王静轩 / Photo by: Wang Jingxuan

接骨木

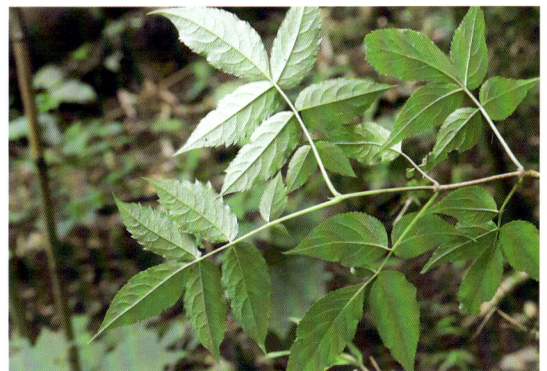

个体分布图 / Distribution of individuals

径级分布表 / DBH class

径级区间 (Diameter class) (cm)	个体数 (No. of individuals)	比例 (Proportion) (%)
1.0~2.5	1	50.0
2.5~5.0	0	0.0
5.0~8.0	1	50.0
8.0~11.0	0	0.0
11.0~15.0	0	0.0
15.0~20.0	0	0.0
≥ 20.0	0	0.0

157 桦叶荚蒾
Viburnum betulifolium

五福花科 Adoxaceae　荚蒾属 *Viburnum*

代码（Sp.Code）：**VIBBET**

个体数（Individual number / 25hm²）：**2**

最大胸径（Max DBH）：**1.49cm**

重要值排序（Important value rank）：**162/171**

落叶灌木或小乔木。叶厚纸质，宽卵形至菱状卵形，基部宽楔形至圆形，边缘离基1/3~1/2以上具开展的不规则浅波状牙齿，侧脉5~7对；叶柄纤细，疏生长毛或无毛。复伞形式聚伞花序顶生或生于具1对叶的侧生短枝上；花冠白色齿。果实红色，近圆形。花期6~7月，果熟期9~10月。

Deciduous shrubs or small trees. Leaves thick papery, broadly ovate to rhombic-ovate, bases broadly cuneate to rounded, margins from 1/3–1/2 above the base with unfolded irregular shallow wavy teeth, lateral veins 5–7 pairs; petioles slender, sparsely long hairy or glabrous. Compound umbel-like cymes at the apex or at the apices of lateral short branchlets with one pair of leaves; corollas white. Fruits red, subglobose. Fl. Jun.–Jul., fr. maturity Sep.–Oct.

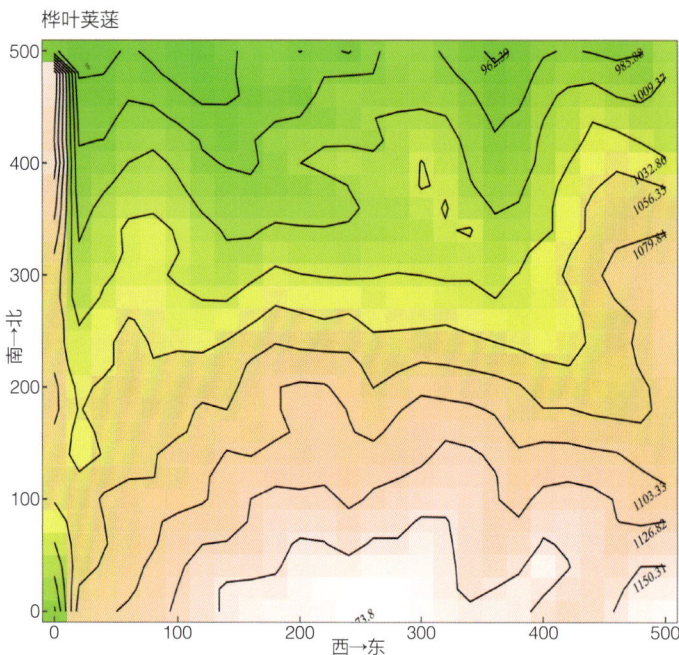
树干 / Trunk
摄影：王静轩 / Photo by: Wang Jingxuan

小枝和叶片 / Branchlets and leaves
摄影：王静轩 / Photo by: Wang Jingxuan

小枝和叶背 / Branchlets and leaf abaxial surfaces
摄影：王静轩 / Photo by: Wang Jingxuan

桦叶荚蒾
个体分布图 / Distribution of individuals

径级分布表 / DBH class

径级区间 (Diameter class) (cm)	个体数 (No. of individuals)	比例 (Proportion) (%)
1.0~2.5	2	100.0
2.5~5.0	0	0.0
5.0~8.0	0	0.0
8.0~11.0	0	0.0
11.0~15.0	0	0.0
15.0~20.0	0	0.0
≥ 20.0	0	0.0

158 荚蒾
Viburnum dilatatum

五福花科 Adoxaceae　荚蒾属 *Viburnum*

代码（Sp.Code）：**VIBDIL**

个体数（Individual number / 25hm²）：**2384**

最大胸径（Max DBH）：**22.2cm**

重要值排序（Important value rank）：**11/171**

落叶灌木。当年小枝连同芽、叶柄和花序均密被土黄色或黄绿色开展的小刚毛状粗毛及簇状短毛。叶纸质，宽倒卵形或宽卵形，基部圆形至钝形或微心形，边缘有牙齿状锯齿。复伞形式聚伞花序稠密。果实红色，椭圆状卵圆形。花期5~6月，果熟期9~11月。

Deciduous shrubs. Branchlets, buds, petioles and inflorescences of the current year densely khaki or chartreuse bristle-like hirtellous and stellate-pubescent. Leaf blades papery, broadly obovate or broadly ovate, bases rounded to obtuse or slightly cordate, margins with tooth-like serrate. Compound umbel-like cymes dense. Fruits red, ellipsoid-ovoid. Fl. May–Jun., fr. maturity Sep.–Nov.

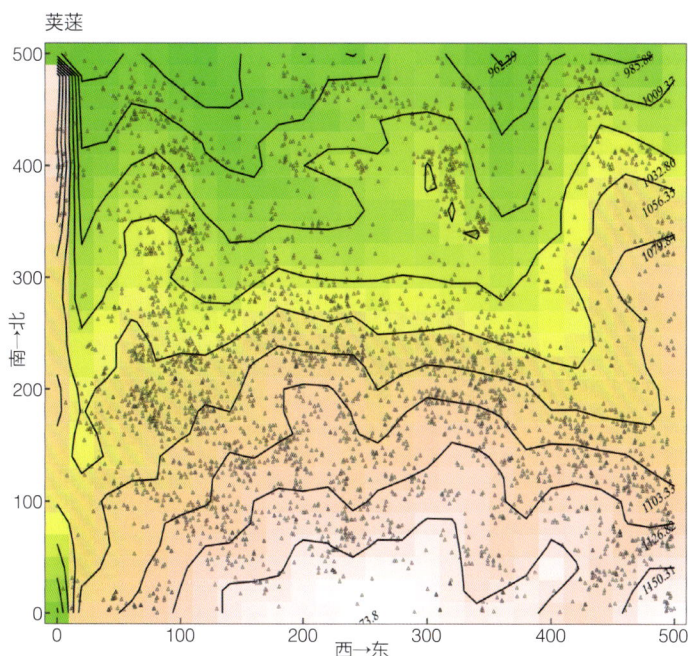
树干 / Trunk
摄影：王静轩 / Photo by: Wang Jingxuan

小枝和叶片 / Branchlets and leaves
摄影：王静轩 / Photo by: Wang Jingxuan

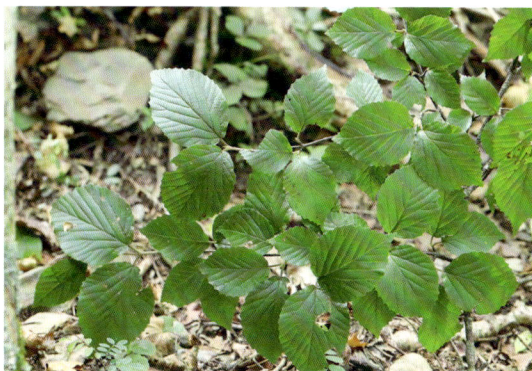
小枝和叶背 / Branchlets and leaf abaxial surfaces
摄影：王静轩 / Photo by: Wang Jingxuan

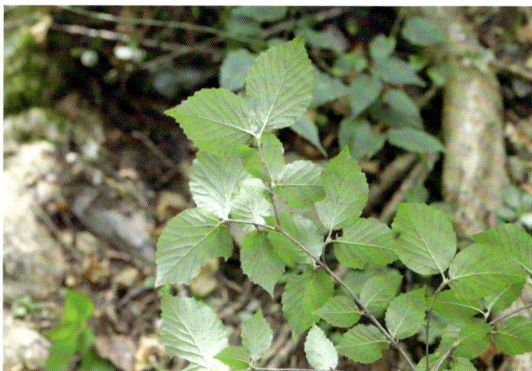
荚蒾
个体分布图 / Distribution of individuals

径级分布表 / DBH class

径级区间 (Diameter class) (cm)	个体数 (No. of individuals)	比例 (Proportion) (%)
1.0~2.0	1845	77.4
2.0~3.0	153	6.4
3.0~4.0	304	12.8
4.0~5.0	41	1.7
5.0~7.0	26	1.1
7.0~10.0	9	0.4
≥ 10.0	6	0.2

159 宜昌荚蒾
Viburnum erosum

五福花科 Adoxaceae　荚蒾属 *Viburnum*

代码（Sp.Code）：**VIBERO**

个体数（Individual number / 25hm²）：**841**

最大胸径（Max DBH）：**17.56cm**

重要值排序（Important value rank）：**29/171**

落叶灌木。当年小枝连同芽、叶柄和花序均密被星状短毛和简单长柔毛。叶纸质，形状变化很大，卵状披针形、卵状矩圆形，基部圆形、宽楔形或微心形，边缘有波状小尖齿，上面无毛或疏被叉状或簇状，下面密被由簇状毛组成的绒毛，侧脉7~10对，直达齿端。花期4~5月，果熟期8~10月。

Deciduous shrubs. Branchlets of the current year, buds, petioles and inflorescences densely stellate-pubescent and mixed with shaggy hair. Leaves papery, blades greatly varied, ovate-lanceolate, ovate-rectangular round, bases rounded, wide wedge-shaped or micro-cordate, margins with wavy small pointed teeth, adaxially glabrous or sparsely forked or clustered with short hair, abaxially densely villi composed of clustered hairs, lateral veins 7–10 pairs, straight to the tooth end. Fl. Apr.–May, fr. maturity Aug.–Oct.

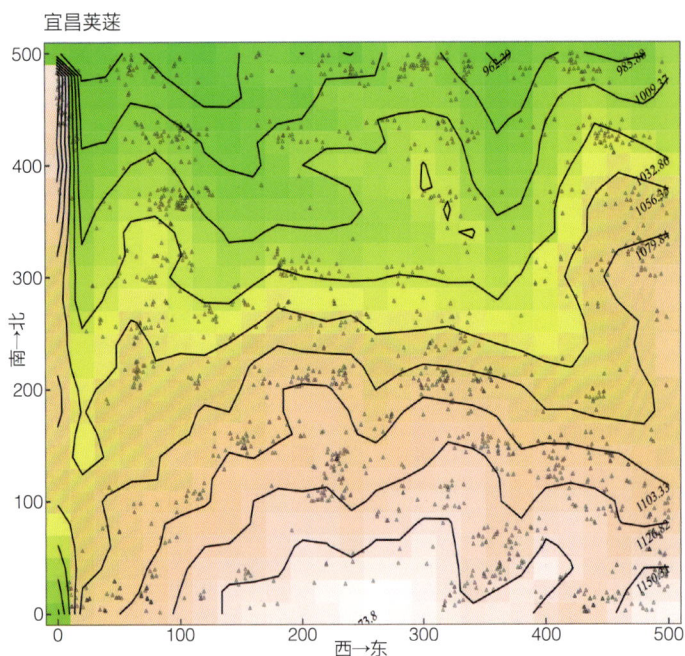
树干 / Trunk
摄影：王静轩 / Photo by: Wang Jingxuan

小枝和叶片 / Branchlets and leaves
摄影：王静轩 / Photo by: Wang Jingxuan

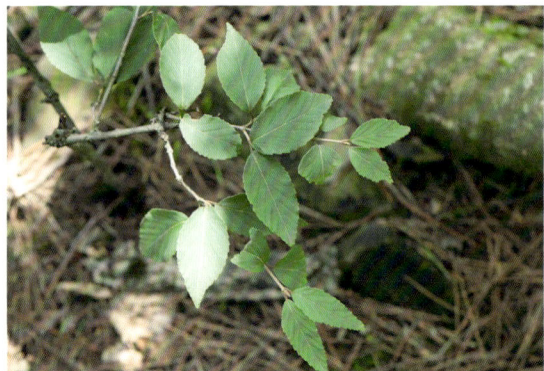
小枝和叶背 / Branchlets and leaf abaxial surfaces
摄影：王静轩 / Photo by: Wang Jingxuan

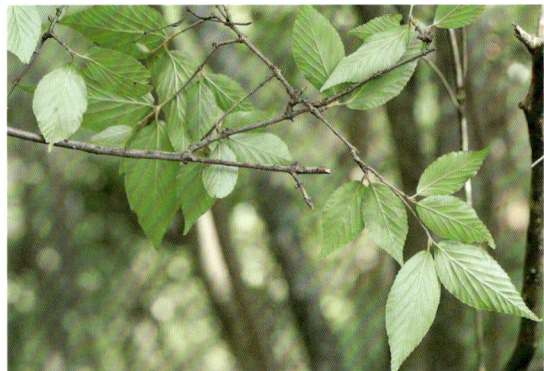
宜昌荚蒾
个体分布图 / Distribution of individuals

径级分布表 / DBH class

径级区间 (Diameter class) (cm)	个体数 (No. of individuals)	比例 (Proportion) (%)
1.0~2.0	634	75.4
2.0~3.0	48	5.7
3.0~4.0	126	15.0
4.0~5.0	14	1.6
5.0~7.0	10	1.2
7.0~10.0	5	0.6
≥ 10.0	4	0.5

160 南方荚蒾
Viburnum fordiae

五福花科 Adoxaceae　荚蒾属 *Viburnum*

代码（Sp.Code）：**VIBFOR**

个体数（Individual number / 25hm²）：**5**

最大胸径（Max DBH）：**2.58cm**

重要值排序（Important value rank）：**147/171**

落叶灌木或小乔木。小枝、芽、叶柄及花序均被暗黄色或黄褐色簇状绒毛。叶纸质至厚纸质，宽卵形或菱状卵形，先端钝或短尖至短渐尖，基部圆形至截形或宽楔形，稀楔形，边缘基部以上有小尖齿，侧脉直达齿端。复伞形式聚伞花序；花冠白色。果红色，卵球形。花期4~5月，果期10~11月。

Deciduous shrubs or small trees. Branchlets, buds, petioles and inflorescences covered with dark yellow or yellowish brown fascicled tomentose. Leaves papery to thickly papery, broadly ovate or rhombic-ovate, apexes obtuse or shortly acute to shortly acuminate, bases rounded to truncate or broadly cuneate, rarely cuneate, margins denticulate except at base, lateral veins straight to the tooth end. Compound umbel-like cymes; corollas white. Fruits red, ovoid. Fl. Apr.–May, fr. Oct.–Nov.

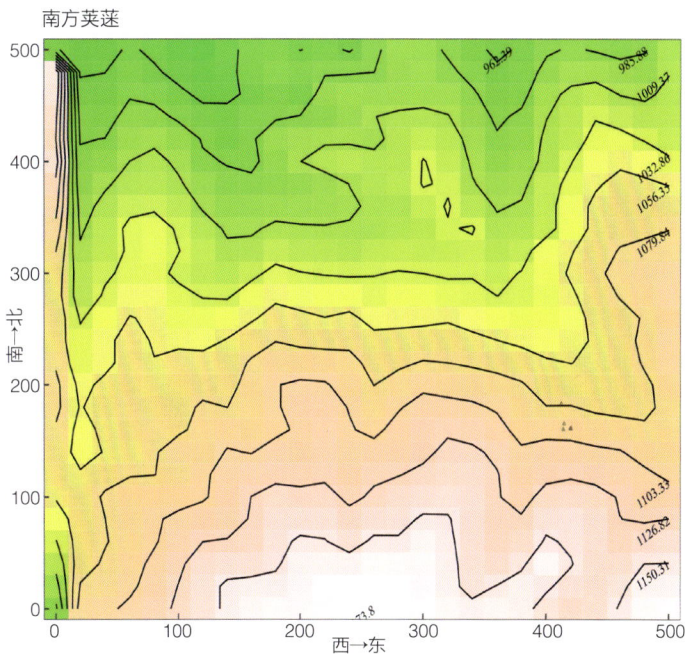
树干 / Trunk
摄影：王静轩 / Photo by: Wang Jingxuan

小枝和叶片 / Branchlets and leaves
摄影：王静轩 / Photo by: Wang Jingxuan

小枝和叶背 / Branchlets and leaf abaxial surfaces
摄影：王静轩 / Photo by: Wang Jingxuan

南方荚蒾
个体分布图 / Distribution of individuals

径级分布表 / DBH class

径级区间 (Diameter class) (cm)	个体数 (No. of individuals)	比例 (Proportion) (%)
1.0~2.5	4	80.0
2.5~5.0	1	20.0
5.0~8.0	0	0.0
8.0~11.0	0	0.0
11.0~15.0	0	0.0
15.0~20.0	0	0.0
≥ 20.0	0	0.0

161 蝴蝶戏珠花
Viburnum thunbergianum

五福花科 Adoxaceae　荚蒾属 *Viburnum*

代码（Sp.Code）：**VIBTHU**

个体数（Individual number / 25hm²）：**172**

最大胸径（Max DBH）：**9.41cm**

重要值排序（Important value rank）：**74/171**

落叶灌木或小乔木。叶较狭，宽卵形或矩圆状卵形，下面常带绿白色，侧脉10~17对。花序直径4~10cm，外围有4~6朵白色、木型的不孕花，具长花梗。果实先红色后变黑色，宽卵圆形或倒卵圆形。花期4~5月，果熟期8~9月。

Deciduous shrubs or small trees. Leaves narrower, broadly ovate or rectangular-orbicularovate, abaxially usually greenish-white, lateral veins 10–17 pairs. Inflorescences 4–10 cm in diameter, with 4–6 white and woody sterile flowers at the periphery, long pedicels. Fruits red and then black, broadly ovoid or obovoid. Fl. Apr.–May, fr. Aug.–Sep.

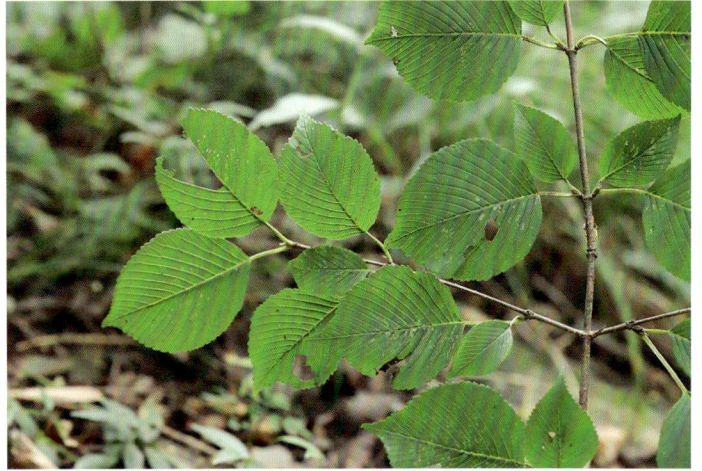
小枝和叶片 / Branchlets and leaves
摄影：王静轩 / Photo by: Wang Jingxuan

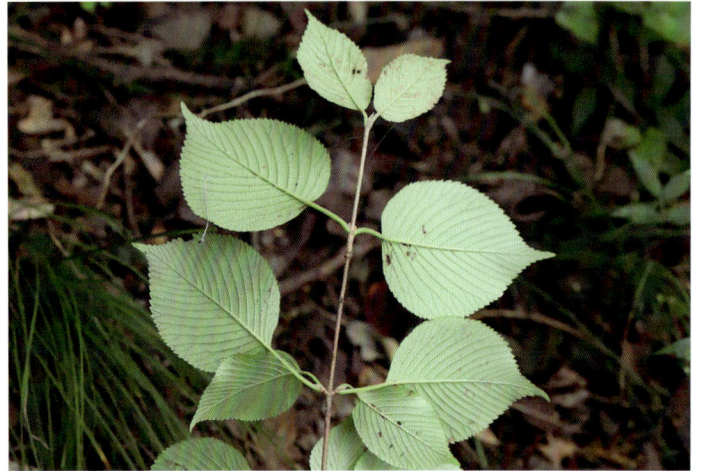
小枝和叶背 / Branchlets and leaf abaxial surfaces
摄影：王静轩 / Photo by: WangJingxuan

树干 / Trunk
摄影：王静轩 / Photo by: Wang Jingxuan

径级分布表 / DBH class

径级区间 (Diameter class) (cm)	个体数 (No. of individuals)	比例 (Proportion) (%)
1.0~2.5	90	52.3
2.5~5.0	74	43.0
5.0~8.0	7	4.1
8.0~11.0	1	0.6
11.0~15.0	0	0.0
15.0~20.0	0	0.0
≥ 20.0	0	0.0

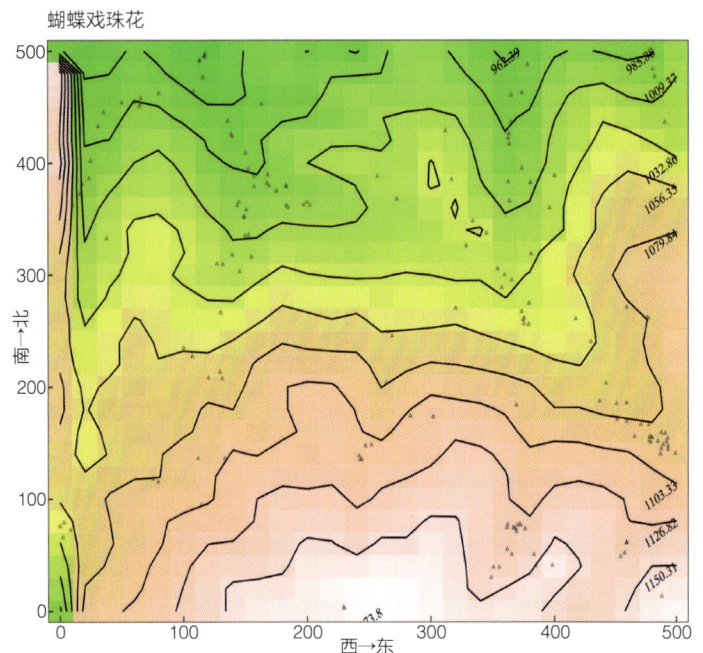
蝴蝶戏珠花
个体分布图 / Distribution of individuals

170 细柱五加

Eleutherococcus nodiflorus

五加科 Araliaceae　五加属 *Eleutherococcus*

代码（Sp.Code）：**ELENOD**

个体数（Individual number / 25hm²）：**3**

最大胸径（Max DBH）：**4.7cm**

重要值排序（Important value rank）：**148/171**

落叶灌木。枝灰棕色，蔓生状，无毛，节上通常疏生反曲扁刺。有小叶5片，稀3~4片，在长枝上互生，在短枝上簇生；叶柄长3~8cm，无毛；小叶片膜质至纸质，倒卵形至倒披针形；几无柄。伞形花序单个稀2个腋生，或顶生在短枝。果实扁球形，黑色。花期4~8月，果期6~10月。

Deciduous shrubs. Branches gray-brown, vine-like, glabrous, usually with sparsely reflexed oblate spines on the knot. Leaflets 5, few 3–4, alternate in long branches, clustered in short branches; petioles 3–8 cm long, glabrous; leaflets membranaceous to papery, obovate to oblanceolate; nearly sessile. Umbels sditary or rarely 2, axillary or terminally growing in short branches. Fruits spheroid, black. Fl. Apr.–Aug., fr. Jun.–Oct.

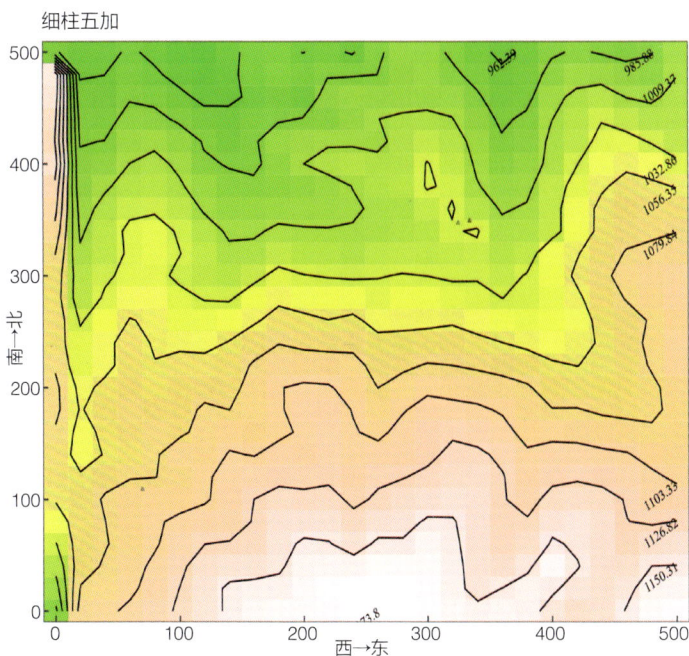

树干 / Trunk
摄影：王静轩 / Photo by: Wang Jingxuan

小枝和叶片 / Branchlets and leaves
摄影：朱宗威 / Photo by: Zhu Zongwei

叶背 / Leaf abaxial surfaces
摄影：王静轩 / Photo by: Wang Jingxuan

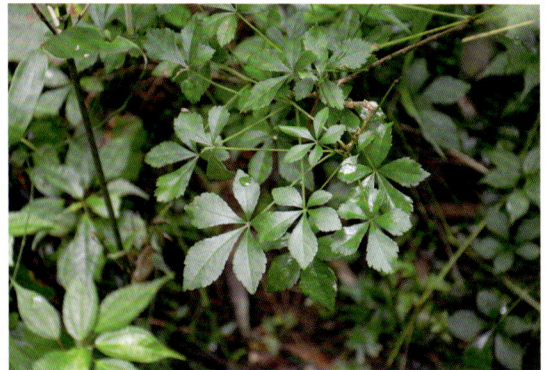

细柱五加

个体分布图 / Distribution of individuals

径级分布表 / DBH class

径级区间 (Diameter class) (cm)	个体数 (No. of individuals)	比例 (Proportion) (%)
1.0~2.0	2	66.7
2.0~3.0	0	0.0
3.0~4.0	0	0.0
4.0~5.0	1	33.3
5.0~7.0	0	0.0
7.0~10.0	0	0.0
≥ 10.0	0	0.0

171 吴茱萸五加
Gamblea ciliata var. *evodiifolia*

五加科 Araliaceae　萸叶五加属 *Gamblea*

代码（Sp.Code）：**GAMCIL**

个体数（Individual number / 25hm²）：**83**

最大胸径（Max DBH）：**21.02cm**

重要值排序（Important value rank）：**100/171**

灌木或乔木。枝暗色，无刺。叶有3片小叶，在长枝上互生，在短枝上簇生；叶柄长5~10cm，密生淡棕色短柔毛，易脱落；小叶片纸质至革质；小叶无柄或有短柄。伞形花序有多数或少数花，通常几个组成顶生复伞形花序。果实球形或略长，黑色。花期5~7月，果期8~10月。

Shrubs or trees. Branch dark in color, without prickles. 3 leaflets, alternate on long branches, clustered on short branches; petioles 5–10 cm long, densely light brown pubescent, easy to fall off; leaflets papery to leathery; leaflets sessile or with short stalk. Umbels with many or few flowers, usually several forming terminal compound umbellate inflorescences. Fruits spherical or slightly longer, black. Fl. May–Jul., fr. Aug.–Oct.

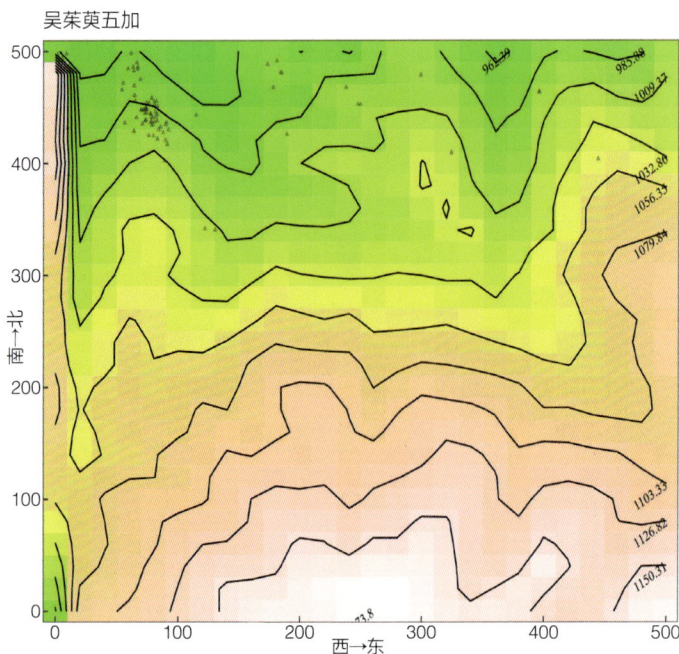
树干 / Trunk
摄影：王静轩 / Photo by: Wang Jingxuan

小枝和叶片 / Branchlets and leaves
摄影：王静轩 / Photo by: Wang Jingxuan

小枝和叶背 / Branchlets and leaf abaxial surfaces
摄影：王静轩 / Photo by: Wang Jingxuan

吴茱萸五加

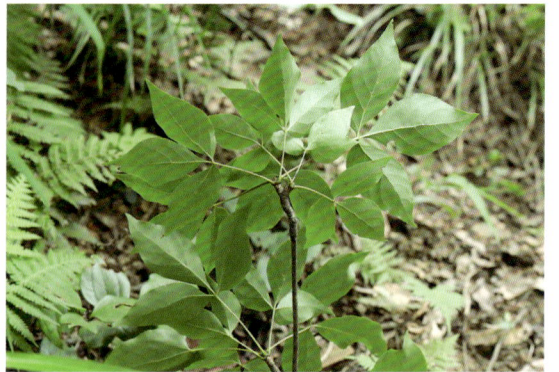
个体分布图 / Distribution of individuals

径级分布表 / DBH class

径级区间 (Diameter class) (cm)	个体数 (No. of individuals)	比例 (Proportion) (%)
1.0~2.5	60	72.3
2.5~5.0	14	16.9
5.0~10.0	7	8.4
10.0~25.0	2	2.4
25.0~50.0	0	0.0
50.0~100.0	0	0.0
≥ 100.0	0	0.0